全国机电类专业高职单考单招系列丛书

公差配合与测量技术基础

主　编　张良华
副主编　黄　挺　杨　力
参　编　黄　佶　娄　萍　徐　斌
主　审　郑德伟

机械工业出版社

本书是全国机电类专业高职单考单招系列丛书之一，全书共分为五个单元，主要内容包括极限与配合、测量技术基础、几何公差与几何误差检测、表面粗糙度及检测和螺纹的公差与检测。每个单元都有知识框架，每节内容都按学习要求、学习内容、考点分析和习题练习四部分编排。

本书可作为中等职业学校机械类专业学生基础练习、能力训练、考试复习和高考强化的教学用书，也可作为相关岗位培训人员、自考人员和专业爱好者的学习参考书，更是任教机械专业课程教师的必备书籍。

图书在版编目（CIP）数据

公差配合与测量技术基础/张良华主编. —北京：机械工业出版社，2017.4

（全国机电类专业高职单考单招系列丛书）

ISBN 978-7-111-56038-8

Ⅰ.①公… Ⅱ.①张… Ⅲ.①公差－配合－高等职业教育－教材②技术测量－高等职业教育－教材 Ⅳ.①TG801

中国版本图书馆 CIP 数据核字（2017）第 027014 号

机械工业出版社（北京市百万庄大街 22 号 邮政编码 100037）
策划编辑：汪光灿 责任编辑：汪光灿 张丹丹
责任校对：张 薇 封面设计：张 静
责任印制：李 昂
北京宝昌彩色印刷有限公司印刷
2017 年 4 月第 1 版第 1 次印刷
184mm×260mm · 11.75 印张 · 285 千字
0001–2000册
标准书号：ISBN 978-7-111-56038-8
定价：29.00 元

凡购本书，如有缺页、倒页、脱页，由本社发行部调换

电话服务
服务咨询热线：010－88379833
读者购书热线：010－88379649

网络服务
机 工 官 网：www. cmpbook. com
机 工 官 博：weibo. com/cmp1952
教育服务网：www. cmpedu. com
金 书 网：www. golden－book. com

前　　言

中等职业学校学生对口升学考试是国家高等职业学校招生考试制度的组成部分，也是我国职业教育人才培养构建中高职“人才培养立交桥”的重要措施。近年来，各省教育部门都在积极探索中等职业学校教育的发展方向，把对口升学考试作为一项重要的工作来进行。为了帮助广大中职学生全面掌握相关机电类专业的基础知识，做好考前复习，机械工业出版社组织编写了全国机电类专业高职单考单招系列丛书。

本书内容分五个单元，分别是极限与配合、测量技术基础、几何公差与几何误差检测、表面粗糙度及检测和螺纹的公差与检测。通过本书的学习，学生应能掌握测量的基本操作技能，熟悉最新的国家标准，学会各种常用量具、量仪的使用方法，培养学生的职业岗位能力。

全书用知识框架归纳了各单元的核心知识，每节均设置了学习要求、学习内容、考点分析和习题练习。其中，学习要求主要是结合教学大纲以及考试大纲要求，明确本节所要达到的学习目标；学习内容则紧扣教学大纲，与考试大纲紧密结合，且有一定的灵活性，除考试内容之外，还加入了就业岗位所需知识；考点分析结合考试大纲对一些重要的、必需的知识点进行分析、提示；习题练习主要用于本节知识的巩固和提高。

本书由张良华任主编，黄挺、杨力任副主编，黄佶、娄萍、徐斌参与编写，郑德伟担任主审。在编写过程中，参阅了大量的资料和相关文献，并得到了浙江信息工程学校领导、教科室、教务处，以及机电部各位老师的大力支持和帮助，在此深表感谢！

由于编者水平有限，书中错误之处在所难免，恳请广大读者批评指正。

编　者

目 录

第一单元　极限与配合

【知识框架】

- 极限与配合
  - 互换性与标准化
    - 互换性
    - 标准化
  - 极限与配合的基本术语及其定义
    - 孔和轴的定义
    - 尺寸的术语及其定义
    - 尺寸偏差的术语及其定义
    - 尺寸公差的术语及其定义
    - 配合的术语及其定义
  - 极限与配合标准的基本内容
    - 标准公差系列
    - 基本偏差系列
    - 公差带代号和配合代号
    - 常用和优先的公差带与配合
  - 极限与配合的选用
    - 基准制的选择
    - 标准公差等级的选用
    - 配合种类的选用

第一节　互换性与标准化

【学习要求】

1. 掌握互换性的概念及分类。
2. 知道标准化的含义。

【学习内容】

一、互换性

1. 互换性的概念

在日常生活中，有大量现象涉及互换性。例如，机器或仪器中掉了一个螺钉，按相同的规格买一个装上就行了；灯泡坏了，可以换个新的；汽车、自行车、手表、电视机的零件坏了，也是换个新的即可。之所以这样方便，是因为这些合格的产品和零件具有在尺寸、功能上能够彼此互相替换的性能，它们具有互换性。因此，互换性是指同一规格的零部件，不经过挑选、调整和修配，就能装到机器上去，并能够满足使用要求的特性。

2. 互换性的分类

在不同的场合，零部件互换的形式和程度有所不同，因此互换性可分为完全互换性和不完全互换性两类。

完全互换性简称互换性，指零部件在装配时不需要经过挑选、分组、调整和修配，装配后就能达到预定要求的特性。例如，将一批孔和轴装配后的间隙要求控制在某一范围内，据此可规定孔和轴的尺寸允许变动范围。孔和轴加工后只要符合设计的规定，则它们就具有完全互换性。

不完全互换性也称为有限互换性，指零部件在装配时需要经过挑选、分组，或者调整和修配。例如分组互换，是指一批零件完工后由于某些原因造成误差过大，致使一定数量的孔、轴会因超差而成为废品，但是若按照实际尺寸大小进行分组装配，遵循“大孔配大轴、小孔配小轴”的原则，对各组提出不同的精度要求，装配后仍能够满足不同精度的使用要求。

一般来说，对于厂际协作，应采用完全互换性；在企业内部的生产，可以采用不完全互换性。

3. 互换性生产在机械制造业中的作用

在设计方面，零部件具有互换性，就可以最大限度地采用标准件、通用件和标准部件，大大简化绘图和计算等工作，缩短设计周期，有利于计算机辅助设计和产品品种的多样化。

在制造方面，互换性有利于组织专业化生产，有利于采用先进工艺和高效率的专用设备，以至采用计算机辅助制造，有利于实现加工过程和装配过程的机械化、自动化，从而可以提高劳动生产率，提高产品质量，降低生产成本。

在使用和维修方面，零部件具有互换性，可以及时更换那些已经磨损或损坏了的零部件，因此可以减少机器的维修时间和费用，保证机器能连续而持久地运转，从而提高机器的使用价值。

综上所述，互换性是进行社会化大生产的重要基础，是企业提高经济效益的重要途径，已成为现代制造业普遍遵守的技术经济原则。

互换性是由公差来保证的，公差的制定依据是标准化，故标准化是实现互换性的基本保证。

二、标准化

1. 标准

在现代化生产中，一个机械产品的制造过程往往涉及许多行业和企业，有的还需要国际合作。为了满足相互在技术上的协调要求，必须有一个共同遵守的、规范的统一技术要求。

标准是规范技术要求的法规，是在一定范围内共同遵守的技术依据。标准按不同级别颁发，在世界范围，企业共同遵守的是国际标准（ISO）。我国标准分为国家标准（GB）、行业标准［如机械行业标准（JB）］、地方标准（DB）和企业标准。地方标准和企业标准是在没有国家标准及行业标准可依、而在某个范围内又需要统一技术要求的情况下制定的技术规范。

标准的范围很广，涉及人们生活的各个方面。按照针对的对象不同，标准可以分为基础标准、产品标准、方法标准和安全与环境保护标准等。

2. 标准化的重要性

标准化是指制定标准、组织实施标准和对标准实施进行监督的社会活动的全过程。这个过程从探索标准对象开始，经调查、实验和分析，进而起草、制定和贯彻标准，而后修订标准。因此，标准化是个不断循环而又不断提高其水平的过程。

标准化是组织社会生产的重要手段，是管理科学化的主要依据。在现代化生产中，标准化是一项重要的技术措施，为了适应生产中各部门与企业在技术上相互协调的要求，特制定一个共同的技术标准即标准化。标准化水平的高低体现了一个国家现代化的程度。

【考点分析】

［例1］ 简答题

1. 什么叫互换性？互换性有哪些种类？试比较它们的主要区别。

【解题指导】此题主要考查对互换性相关知识的理解。

【参考答案】互换性是指同一规格的零部件，不经过挑选、调整和修配，就能装到机器上去，并能够满足使用要求的特性。互换性按其程度和范围的不同可分为完全互换性和不完全互换性。

主要区别：

完全互换：更换后性能参数与原来一样。

不完全互换：更换后性能参数会有所变化，但不会影响正常工作。更换时要注意其极限参数，一般只是以大换小。

2. 什么叫标准化？试述它在现代化生产中的意义。

【解题指导】此题主要考查标准化的概念，认识标准化在现代化生产中的重要性。

【参考答案】标准化是指制定标准、组织实施标准和对标准实施进行监督的社会活动的全过程。

标准化是组织社会生产的重要手段，是管理科学化的主要依据。在现代化生产中，标准化是一项重要的技术措施。标准化水平的高低体现了一个国家现代化的程度。

【习题练习】

一、判断题

（　　）1. 凡是合格的零件一定具有互换性。

（　　）2. 为了实现互换性，零件的公差应规定得越小越好。

（　　）3. 不经过挑选、调整和修配就能相互替换、装配的零件，装配后能满足使用性能要求，就是具有互换性的零件。

（　　）4. 互换性原则适用于大批量生产。

（　　）5. 标准化是组织社会生产的重要手段，是管理科学化的主要依据。

二、单选题

1. 具有互换性的零件应是（　　）。

A. 相同规格的零件　　B. 不同规格的零件

C. 相互配合的零件　　D. 形状和尺寸完全相同的零件

2. 下列论述中正确的是（　　）。

A. 具有互换性的零件，其几何参数应是绝对准确的

B. 在装配时，只要不需经过挑选就能装配，就称为有互换性

C. 因为有了大批量生产，所以才有零件的互换性，因为有了互换性，生产才制定公差制

D. 不完全互换会降低使用性能，且经济效益较差

3. 用完全互换法装配机器，一般适用于（　）的场合。

A. 大批大量生产　　B. 高精度多环尺寸链

C. 高精度少环尺寸链　　D. 单件小批量生产

4. 标准是为了在一定范围内获得最佳（　　），经协商一致制定并由公认机构批准，共同使用和重复使用的一种规范性文件。

A. 效益　　B. 秩序　　C. 效果　　D. 效率

三、填空题

1. 互换性按其程度和范围的不同可分为________和________。例如齿轮、螺栓的互换属于________，滚动轴承内、外圈与滚动体的互换属于________。

2. 我国技术标准分为________、________、________和________四级。

四、简答题

1. 互换性在机器制造业中有什么作用？

2. 代号“GB/T 321—2005”“JB/T 2179—2006”和“ISO”各表示什么含义？

【参考答案】

一、判断题

1. ×　2. ×　3. √　4. ×　5. √

二、单选题

1. A　2. C　3. A　4. B

三、填空题

1. 完全互换　不完全互换　完全互换　不完全互换

2. 国家标准　行业标准　地方标准　企业标准

四、简答题

1. **答**：互换性在机器制造业中有以下作用：

在设计方面，零部件具有互换性，就可以最大限度地采用标准件、通用件和标准部件，大大简化绘图和计算等工作，缩短设计周期，有利于计算机辅助设计和产品品种的多样化。

在制造方面，互换性有利于组织专业化生产，有利于采用先进工艺和高效率的专用设备，以至采用计算机辅助制造，有利于实现加工过程和装配过程的机械化、自动化，从而可以提高劳动生产率，提高产品质量，降低生产成本。

在使用和维修方面，零部件具有互换性，可以及时更换那些已经磨损或损坏了的零部件，因此可以减少机器的维修时间和费用，保证机器能连续而持久地运转，从而提高机器的使用价值。

2. **答**：它们表示的含义是：

GB/T 321—2005

GB/T——国家标准；321——顺序号；2005——年号

JB/T 2179—2006

JB/T——机械行业标准；2179——顺序号；2006——年号

ISO——国际标准化组织（国际标准）

第二节　极限与配合的基本术语及其定义

【学习要求】

1. 掌握极限与配合的基本术语及其定义。
2. 掌握极限与配合的基本计算方法。
3. 会判断配合的性质。

【学习内容】

圆柱体零件的“极限与配合”是一项应用广泛、涉及面很大的重要基础标准。

在机器制造业中，“极限”用于协调零件的使用要求与制造经济性之间的矛盾；“配合”反映机器零件之间有关功能要求的相互关系。“极限与配合”的标准化，有利于机器的设计、制造、使用和维修，直接影响产品的精度、性能和使用寿命，是评定产品质量的重要技术标准。“极限与配合”的标准不仅是机械工业各部门进行产品设计、工艺设计制定其他标准的基础，而且是广泛组织协作和专业化生产的重要依据。“极限与配合”标准几乎涉及国民经济的各个部门，在机械工业中具有重要的作用。

1959 年，我国颁布了“公差与配合”国家标准（GB 159 ~ 174—1959，以下简称旧标准）。这个标准是参照苏联标准（TOCT）制定的。

由于科学技术飞速发展，产品精度不断提高，国际技术交流日益扩大，旧标准已不能适应生产技术发展的要求。原国家标准总局对该标准进行了修订，并于 1979 年颁布了“公差与配合”国家新标准（GB 1800 ~ 1804—1979），这个标准是参照国际标准（ISO）制定的。

随着时间的推移、技术的进步以及与国际标准接轨，按照等效采用国际标准原则，于 20 世纪 90 年代后期，对上述标准进行了修订。将原“公差与配合”国家标准（GB 1800 ~ 1804—1979）改为“极限与配合”国家标准（GB/T 1800，GB/T 1801 和 GB/T 1804）。相关标准如下：

GB/T 1800. 1—2009《产品几何技术规范（GPS）　极限与配合　第 1 部分：公差、偏差和配合的基础》

GB/T 1800. 2—2009《产品几何技术规范（GPS）　极限与配合　第 2 部分：标准公差等级和孔、轴极限偏差表》

GB/T 1801—2009《产品几何技术规范（GPS）　极限与配合　公差带和配合的选择》

GB/T 1804—2000《一般公差　未注公差的线性和角度尺寸的公差》

这些标准适用于圆柱表面和由单一尺寸确定的几何形状的内外表面的尺寸公差，以及由它们组成的配合。本节主要介绍 GB/T 1800. 1—2009 中规定的术语及定义。

一、孔和轴的定义

1. 孔

孔主要指圆柱形的内表面，也包括其他内表面中由单一尺寸确定的部分，如图 1-1a 所示。

其特点如下：①装配后是包容面；②加工过程中随零件实体材料减少，孔的尺寸由小变大。

2. 轴

轴主要指圆柱形的外表面，也包括其他外表面中由单一尺寸确定的部分，如图 1-1b 所示。

其特点如下：①装配后是被包容面；②加工过程中随零件实体材料减少，轴的尺寸由大变小。

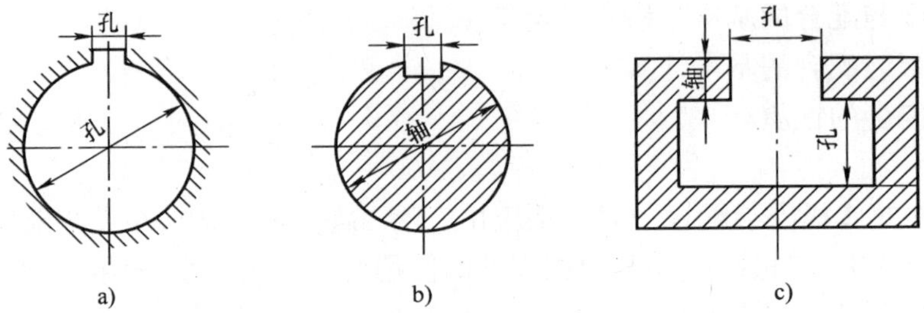

图 1-1 孔和轴

a）孔 b）轴 c）孔与轴装配

二、尺寸的术语及其定义

尺寸是指以特定单位表示线性尺寸值的数值，它包括直径、半径、宽度、深度、高度及中心距等尺寸，由数字和特定单位组成，例如 30mm。

注：机械图样中，尺寸单位为 mm 时，通常可以省略单位。

1. 公称尺寸

公称尺寸是指设计零件时给定的尺寸，是根据使用要求通过强度、刚度计算及结构等方面考虑，并按标准直径或标准长度圆整后所给定的尺寸。

孔的公称尺寸用大写字母“D”表示，轴的公称尺寸用小写字母“d”表示。

2. 极限尺寸

极限尺寸是指允许尺寸变化的两个界线值。其中较大的称为上极限尺寸，较小的称为下极限尺寸。对于孔或轴来说，极限尺寸是指一个孔或轴允许的尺寸的两个极端值，如图 1-2 所示。

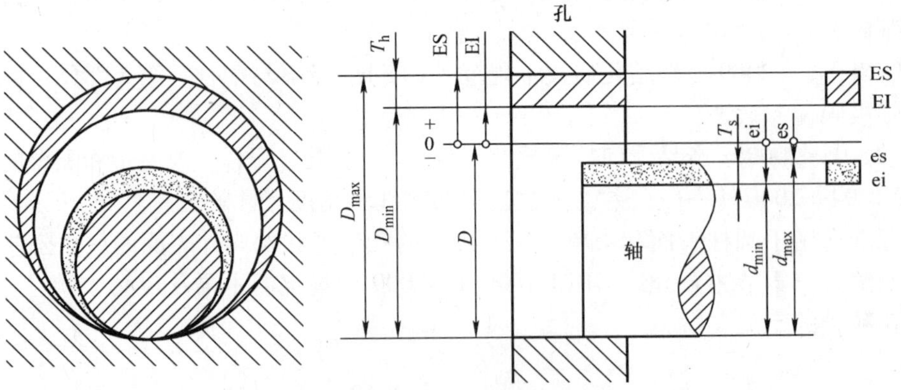

图 1-2 公称尺寸、极限尺寸、极限偏差及公差之间的关系

D—公称尺寸 D_{max}、D_{min}—孔的上极限尺寸和下极限尺寸

ES、EI—孔的上、下极限偏差 T_h—孔公差 d_{max}、d_{min}—轴的上极限尺寸和下极限尺寸 es、ei—轴的上、下极限偏差 T_s—轴公差

孔的上极限尺寸和下极限尺寸分别用 D_{max} 和 D_{min} 表示。

轴的上极限尺寸和下极限尺寸分别用 d_{max} 和 d_{min} 表示。

3. 实际尺寸

实际尺寸是指零件加工后通过测量所得到的尺寸。例如，用两点法测量孔或轴两相对点之间的距离，这便是实际尺寸。孔和轴的实际尺寸分别用 D_a 和 d_a 表示。由于测量过程中不可避免地存在测量误差，同一零件的相同部位用同一量具重复测量多次，其测量的实际尺寸也不完全相同，因而测量获得的实际尺寸并非真实尺寸，而是一近似于真实尺寸的尺寸。另外，由于零件表面加工后存在形状误差，因此零件同一表面不同部位的实际尺寸往往是不同的。

上述尺寸中，公称尺寸和极限尺寸是设计时给定的，而实际尺寸是加工后对零件进行测量得到的。实际尺寸应限制在一定范围内，也可达到极限尺寸。孔或轴实际尺寸合格的条件是：$D_{min} \leqslant D_a \leqslant D_{max}$，$d_{min} \leqslant d_a \leqslant d_{max}$。

4. 实体状态和实体尺寸

实体状态可分为最大实体状态和最小实体状态，实体尺寸也可分为最大实体尺寸和最小实体尺寸。

最大实体状态和最大实体尺寸：孔或轴在尺寸公差范围内，允许占有材料最多的状态称为最大实体状态，在该状态下的尺寸为最大实体尺寸。对于孔为下极限尺寸，对于轴为上极限尺寸，如图 1-3 所示。

最小实体状态和最小实体尺寸：孔或轴在尺寸公差范围内，允许占有材料最少的状态称为最小实体状态，在该状态下的尺寸为最小实体尺寸。对于孔为上极限尺寸，对于轴为下极限尺寸，如图 1-3 所示。

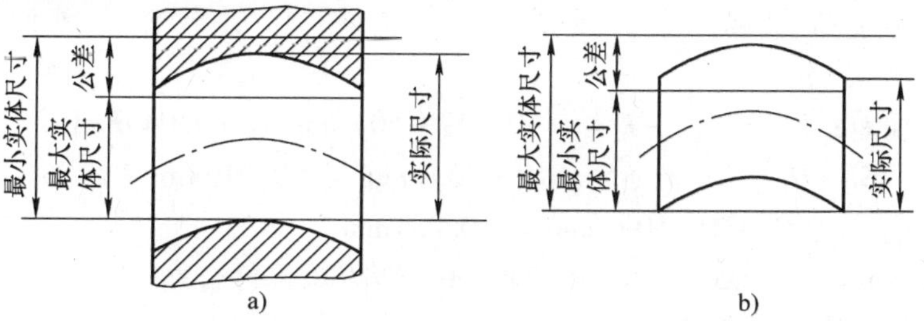

图 1-3　实体尺寸
a）弯曲的孔　b）弯曲的轴

三、尺寸偏差的术语及其定义

尺寸偏差（简称偏差）是指某一尺寸（实际尺寸、极限尺寸等）与其公称尺寸的代数差，包括极限偏差和实际偏差两种。偏差可为正值、负值或零。

1. 极限偏差

极限偏差是指极限尺寸减其公称尺寸所得的代数差，包括上、下极限偏差。

（1）上极限偏差　上极限尺寸减其公称尺寸所得的代数差即为上极限偏差。孔和轴的上极限偏差分别用符号 ES 和 es 表示，用公式表示为

$$ES = D_{max} - D$$
$$es = d_{max} - d$$

（2）下极限偏差　下极限尺寸减其公称尺寸所得的代数差即为下极限偏差。孔和轴的下极限偏差分别用符号 EI 和 ei 表示，用公式表示为

$$EI = D_{min} - D$$
$$ei = d_{min} - d$$

标注极限偏差时，上极限偏差应注在公称尺寸的右上方，下极限偏差注在公称尺寸的右下方，且上极限偏差必须大于下极限偏差，偏差数字的字体比尺寸数字的字体小一号，小数点必须对齐，小数点后的位数必须相同，如 $\phi50^{+0.059}_{+0.043}$mm。当上极限偏差或下极限偏差为零时，也必须标注在相应的位置上，不可忽略，并与上极限偏差或下极限偏差的小数点前的个位数对齐，如 $\phi50^{+0.025}_{0}$mm。当上、下极限偏差数值相同、符号相反时，需简化标注，偏差数字的字体高度与尺寸数字相同，如（$\phi100 \pm 0.14$）mm。

由于极限偏差是用代数差来定义的，极限尺寸可能大于、小于或等于公称尺寸，所以极限偏差可以为正值、负值或零。使用偏差时，除零外，前面必须标上相应的“+”号或“-”号。

2. 实际偏差

实际尺寸减其公称尺寸所得的代数差即为实际偏差。孔的实际偏差用符号 E_a 表示，轴的实际偏差用符号 e_a 表示，即

$$E_a = D_a - D$$
$$e_a = d_a - d$$

实际偏差应限制在极限偏差范围内，也可达到极限偏差。孔或轴实际偏差的合格条件：$EI \leqslant E_a \leqslant ES$，$ei \leqslant e_a \leqslant es$。

【例 1-1】 已知某孔公称尺寸为 ϕ50mm，上极限尺寸为 ϕ50.049mm，下极限尺寸为 ϕ50.019mm，试求上极限偏差、下极限偏差各为多少？并校核当零件的实际尺寸为 ϕ50.031mm 时是否合格。

解：上极限偏差：$ES = D_{max} - D =$（50.049 − 50）mm = +0.049mm

下极限偏差：$EI = D_{min} - D =$（50.019 − 50）mm = +0.019mm

实际偏差：$E_a =$（50.031 − 50）mm = +0.031mm

因为 +0.019mm < +0.031mm < +0.049mm，所以该零件合格。

四、尺寸公差的术语及其定义

1. 尺寸公差（简称公差）

公差是指上极限尺寸减去下极限尺寸所得的差值，或上极限偏差减去下极限偏差所得的差值。它是允许尺寸的变动量。孔的公差用符号 T_h 表示，轴的公差用符号 T_s 表示。公差与极限尺寸、极限偏差的关系为

$$T_h = D_{max} - D_{min} = ES - EI$$
$$T_s = d_{max} - d_{min} = es - ei$$

【例 1-2】 求孔 $\phi50^{+0.059}_{+0.043}$mm 的公差。

解：孔公差为

$$T_h = ES - EI = +0.059\text{mm} - (+0.043)\text{mm} = 0.016\text{mm}$$

或

$$T_h = D_{max} - D_{min} = (50.059 - 50.043)\text{mm} = 0.016\text{mm}$$

由于上极限尺寸总是大于下极限尺寸，或者说上极限偏差总是大于下极限偏差，所以公

差是一个没有正负号的绝对值。因为公差仅表示尺寸允许变动的范围，是指某种区域大小的数量指标，所以公差不是代数值，没有正、负值之分，也不可能为零。

公称尺寸、极限尺寸、极限偏差及公差之间的关系如图 1-2 所示。

必须指出：公差和极限偏差是两个不同的概念，在生产中应严格区分，不能混为一谈。公差大小决定了允许尺寸变动范围的大小，若公差值大，则允许尺寸变动的范围大，因而要求加工精度低；相反，若公差值小，则允许尺寸变动的范围小，因而要求加工精度高。极限偏差决定了极限尺寸相对公称尺寸的位置。在图 1-2 中，孔的上极限尺寸和下极限尺寸都大于公称尺寸，所以上、下极限偏差都为正值；轴的上极限尺寸和下极限尺寸都小于公称尺寸，所以上、下极限偏差都为负值。

2. 公差带及公差带图

图 1-2 直观地表示出了相互结合的孔和轴的公称尺寸、极限尺寸、极限偏差及公差之间的相互关系。在实际使用中，为方便起见，一般用公差带图（图 1-4）来表示其关系。

零线：确定偏差的一条基准直线，即零偏差线。通常零线表示公称尺寸。正偏差位于零线上方，负偏差位于零线下方。

公差带：在公差带图中，由代表上极限偏差和下极限偏差或上极限尺寸与下极限尺寸的两条直线所限定的区域，称为公差带（或尺寸公差带）。

公差带图：以公称尺寸为零线（即零偏差线），用适当的比例，画出两极限偏差或两极限尺寸，以表示尺寸允许的变动界线及范围，称为公差带图（或尺寸公差带图），如图 1-4 所示。

在国家标准中，公差带包括了“公差带大小”（即宽度）和“公差带的位置”（指相对于零线的位置）两个参数。前者由标准公差确定，后者由基本偏差确定。

标准公差：国家标准规定的，用于确定公差带大小的任一公差，称为标准公差。

基本偏差：基本偏差是用来确定公差带相对于零线位置的上极限偏差或下极限偏差，一般指靠近零线的那个偏差。当公差带位于零线以上时，其基本偏差为下极限偏差；当公差带位于零线以下时，其基本偏差为上极限偏差（图 1-5）。

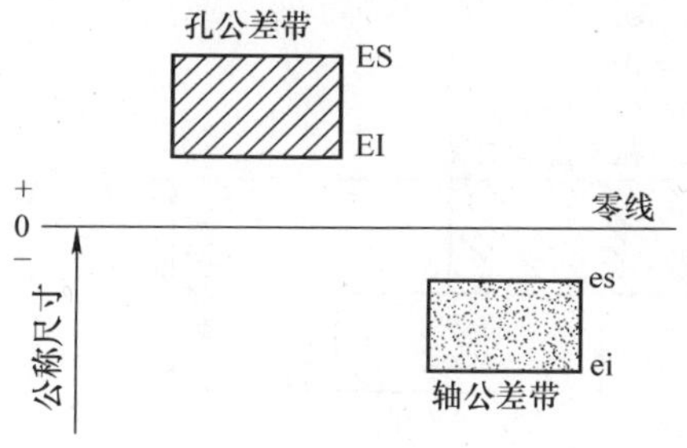

图 1-4　公差带图

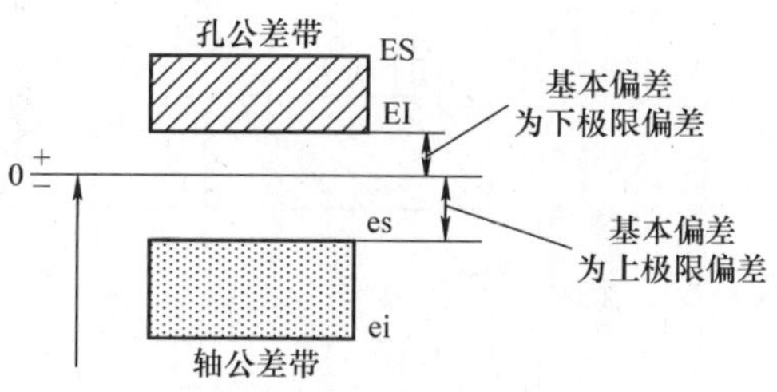

图 1-5　基本偏差示意图

【例 1-3】　公称尺寸为 $\phi 60$mm 的相互结合的孔和轴的极限尺寸分别为 $D_{max} = \phi 60.025$mm，$D_{min} = \phi 60$mm 和 $d_{max} = \phi 59.950$mm，$d_{min} = \phi 59.934$mm。加工后测得一孔和一轴的实际尺寸分别为 $D_a = \phi 60.010$mm、$d_a = \phi 59.946$mm。求孔和轴的极限偏差、公差和实际偏差，并画出该孔、轴的公差带图。

解：计算孔和轴的极限偏差，则

$$ES = D_{max} - D = (60.025 - 60)\text{mm} = +0.025\text{mm}$$
$$EI = D_{min} - D = (60 - 60)\text{mm} = 0$$
$$es = d_{max} - d = (59.950 - 60)\text{mm} = -0.050\text{mm}$$
$$ei = d_{min} - d = (59.934 - 60)\text{mm} = -0.066\text{mm}$$

计算孔和轴的公差，则

$$T_h = D_{max} - D_{min} = (60.025 - 60)\text{mm} = 0.025\text{mm}$$
$$T_s = d_{max} - d_{min} = (59.950 - 59.934)\text{mm} = 0.016\text{mm}$$

计算孔和轴的实际偏差，则

$$E_a = D_a - D = (60.010 - 60)\text{mm} = +0.010\text{mm}$$
$$e_a = d_a - d = (59.946 - 60)\text{mm} = -0.054\text{mm}$$

画孔、轴的公差带图，如图 1-6 所示。

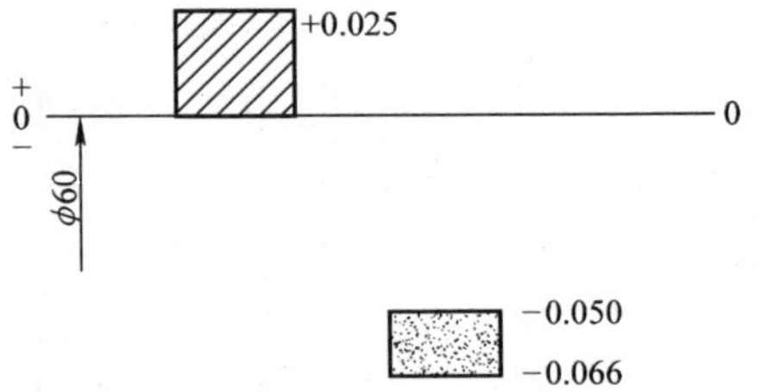

图 1-6　例 1-3 的公差带图

五、配合的术语及其定义

1. 配合的基本概念

（1）配合　配合指公称尺寸相同、相互结合的孔和轴的公差之间的关系。

（2）间隙　孔的尺寸减去相配合的轴的尺寸所得的代数差为正值时，此代数差为间隙，代号为 X。最大间隙和最小间隙分别用 X_{max} 和 X_{min} 表示。

（3）过盈　孔的尺寸减去相配合的轴的尺寸所得的代数差为负值时，此代数差为过盈，代号为 Y。最大过盈和最小过盈分别用 Y_{max} 和 Y_{min} 表示。

2. 配合的类别

根据孔和轴公差带相对位置的不同，配合可分为间隙配合、过盈配合和过渡配合三类。

（1）间隙配合　具有间隙（包括最小间隙等于零。当孔的下极限尺寸与轴的上极限尺寸相等时，则最小间隙为零）的配合。

其配合特点是：孔的公差带在轴的公差带之上，如图 1-7 所示，其孔、轴的极限尺寸和极限偏差的关系为 $D_{min} \geqslant d_{max}$ 和 $EI \geqslant es$。

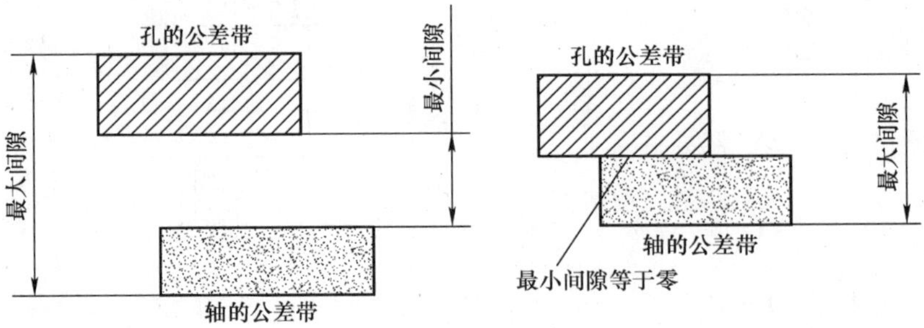

图 1-7　间隙配合

间隙配合中，由于孔和轴的实际尺寸在各自的公差带内变动，因此装配后每对孔、轴间的间隙也是变动的。当孔制成上极限尺寸、轴制成下极限尺寸时，装配后得到最大间隙；当孔制成下极限尺寸、轴制成上极限尺寸时，装配后得到最小间隙。也就是说，最大间隙（X_{max}）是指孔的上极限尺寸减去轴的下极限尺寸所得的代数差；最小间隙（X_{min}）是指孔

的下极限尺寸减去轴的上极限尺寸所得的代数差，即

$$X_{max}=D_{max}-d_{min}=ES-ei$$
$$X_{min}=D_{min}-d_{max}=EI-es$$

在实际设计中有时用到平均间隙。间隙配合中的平均松紧程度称为平均间隙，它是最大间隙与最小间隙的平均值，用符号 X_{av} 来表示，即

$$X_{av}=(X_{max}+X_{min})/2$$

最大间隙 X_{max}、最小间隙 X_{min} 和平均间隙 X_{av} 数值前面必须冠以正号。

【例 1-4】　试确定孔 $\phi30^{+0.01}_{0}$mm 与轴 $\phi30^{-0.029}_{-0.043}$mm 配合的极限间隙。

解：计算最大间隙，则

$$X_{max}=D_{max}-d_{min}=ES-ei=+0.01\text{mm}-(-0.043)\text{mm}=+0.053\text{mm}$$

计算最小间隙，则

$$X_{min}=D_{min}-d_{max}=EI-es=0-(-0.029)\text{mm}=+0.029\text{mm}$$

（2）过盈配合　具有过盈（包括最小过盈等于零。当孔的上极限尺寸与轴的下极限尺寸相等时，则最小过盈为零）的配合。

其配合特点是：孔的公差带在轴的公差带之下，如图 1-8 所示，其孔、轴的极限尺寸和极限偏差的关系为 $D_{max}\leqslant d_{min}$ 和 $ES\leqslant ei$。

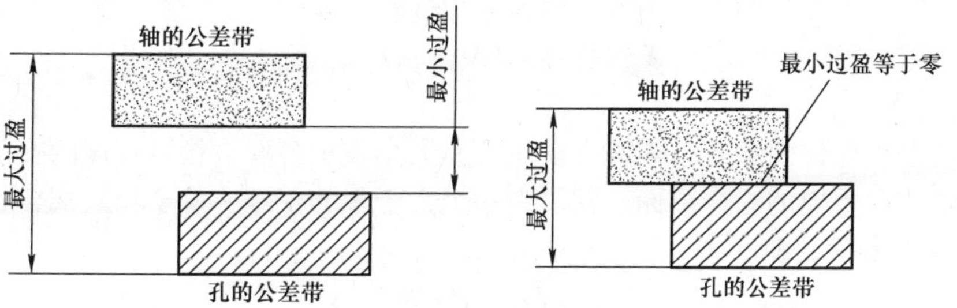

图 1-8　过盈配合

过盈配合中，装配后每对孔、轴的过盈也是变化的。孔的上极限尺寸减去轴的下极限尺寸所得的代数差，其值为负时称为最小过盈（Y_{min}）。孔的下极限尺寸减去轴的上极限尺寸所得的代数差，其值为负时称为最大过盈（Y_{max}），即

$$Y_{min}=D_{max}-d_{min}=ES-ei$$
$$Y_{max}=D_{min}-d_{max}=EI-es$$

在实际设计中有时用到平均过盈。过盈配合中的平均松紧程度称为平均过盈，它是最大过盈与最小过盈的平均值，用符号 Y_{av} 来表示，即

$$Y_{av}=(Y_{max}+Y_{min})/2$$

最大过盈 Y_{max}、最小过盈 Y_{min} 和平均过盈 Y_{av} 数值的前面冠以负号。

【例 1-5】　试确定孔 $\phi50^{+0.025}_{0}$mm 与轴 $\phi50^{+0.059}_{+0.043}$mm 配合的极限过盈。

解：计算最大过盈，则

$$Y_{max}=D_{min}-d_{max}=EI-es=0-(+0.059)\text{mm}=-0.059\text{mm}$$

计算最小过盈，则

$$Y_{min} = D_{max} - d_{min} = ES - ei = +0.025mm - (+0.043)mm = -0.018mm$$

（3）过渡配合　可能具有间隙或过盈的配合。

其配合特点是：孔的公差带与轴的公差带相互交叠，如图 1-9 所示，其孔、轴的极限尺寸和极限偏差的关系为 $D_{max} > d_{min}$ 且 $D_{min} < d_{max}$ 和 $ES > ei$ 且 $EI < es$。

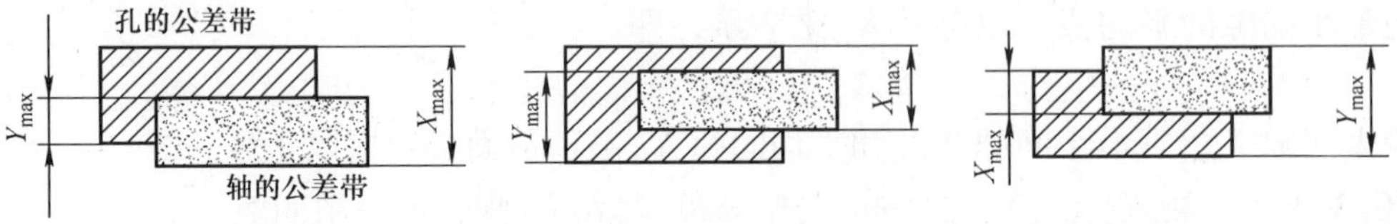

图 1-9　过渡配合

过渡配合中，每对孔和轴间的间隙或过盈也是变化的。当孔制成上极限尺寸、轴制成下极限尺寸时，装配后得到最大间隙；当孔制成下极限尺寸、轴制成上极限尺寸时，装配后得到最大过盈。也就是在过渡配合中，孔的上极限尺寸减去轴的下极限尺寸所得的代数差为最大间隙（X_{max}）；孔的下极限尺寸减去轴的上极限尺寸所得的代数差为最大过盈（Y_{max}）。

过渡配合的平均松紧程度，可能是平均间隙，也可能是平均过盈。当相互交叠的孔的公差带高于轴的公差带时，为平均间隙；当相互交叠的孔的公差带低于轴的公差带时，为平均过盈。在过渡配合中，平均间隙或平均过盈为最大间隙与最大过盈的平均值。所得的值为正值，则为平均间隙；所得的值为负值，则为平均过盈，即

$$X_{av}(Y_{av}) = (X_{max} + Y_{max})/2$$

3. 配合公差

配合公差是指允许间隙或过盈的变动量，其大小表示各配合松紧程度的变化范围，是评定配合质量的一项重要的综合指标。其值为一个大于零的正数，等于相互配合的孔、轴公差之和，用代号 T_f 表示，即

$$T_f = T_h + T_s$$

对于间隙配合公差　$T_f = |X_{max} - X_{min}|$

对于过盈配合公差　$T_f = |Y_{max} - Y_{min}|$

对于过渡配合公差　$T_f = |X_{max} - Y_{max}|$

【例 1-6】　试计算孔 $\phi50^{+0.025}_{0}$mm 与轴 $\phi50^{+0.019}_{+0.003}$mm 配合的最大间隙、最大过盈、平均间隙或平均过盈及配合公差。

解：计算最大间隙，则

$$X_{max} = D_{max} - d_{min} = ES - ei = +0.025mm - (+0.003)mm = +0.022mm$$

计算最大过盈，则

$$Y_{max} = D_{min} - d_{max} = EI - es = 0 - (+0.019)mm = -0.019mm$$

计算平均间隙或平均过盈，则

$$(X_{max} + Y_{max})/2 = (+0.022 - 0.019)mm/2 = +0.0015mm(\text{平均间隙})$$

计算配合公差，则

$$T_f = |X_{max} - Y_{max}| = |+0.022mm - (-0.019)mm| = 0.041mm$$

由此，配合精度（配合公差）取决于相互配合的孔与轴的尺寸精度，反映装配精度的高低，而零件的制造公差反映加工的难易程度。当公称尺寸一定时，配合公差 T_f 表示配合

的精密程度，反映使用要求，即设计要求；而孔公差 T_h 与轴公差 T_s 分别表示孔、轴零件加工的精密程度，反映制造要求，即工艺要求。

4. 配合公差带图

生产中为了便于清晰、直观地看出配合关系，以方便地选取或分析所需要的配合，通常可采用配合公差带图表示配合特性。

如同前述尺寸公差带一样，用直角坐标表示组成配合的孔与轴的间隙或过盈的配合公差变动范围示意图，称为配合公差带图，如图 1-10 所示。

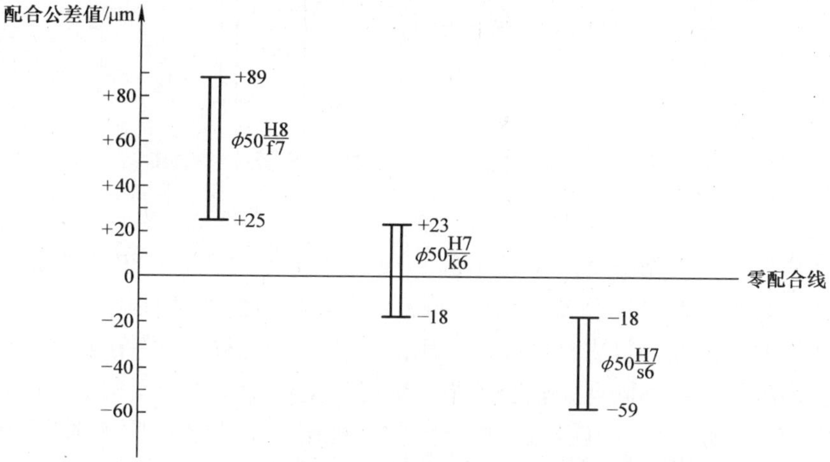

图 1-10　配合公差带图

图 1-10 中以水平线作为零配合线，纵坐标按一定比例取作配合公差值，零线上方为正值，表示配合间隙；零线下方为负值，表示配合过盈。因此，配合公差带完全在零线以上的是间隙配合，完全在零线以下的是过盈配合，跨在零线上、下两侧则是过渡配合。例如，图 1-10 中左侧表示 $\phi50\frac{H8}{f7}$为间隙配合的配合公差带，中间表示 $\phi50\frac{H7}{k6}$为过渡配合的配合公差带，右侧表示 $\phi50\frac{H7}{s6}$为过盈配合的配合公差带。绘制时，取其配合公差的两极限值在坐标上画出两短水平线，中间用两垂直方向平行线相连。

【例 1-7】 若已知某配合的公称尺寸为 $\phi60$mm，配合公差 $T_f=0.048$mm，最大间隙 $X_{max}=+0.019$mm，孔的公差 $T_h=0.030$mm，轴的下极限偏差 $ei=+0.011$mm。试画出该配合的尺寸公差带图和配合公差带图，并说明配合类别。

解：1）由 $T_f=T_h+T_s$，计算轴的公差，则

$T_s=T_f-T_h=(0.048-0.030)\text{mm}=0.018\text{mm}$

2）由 $X_{max}=ES-ei$，计算孔的上极限偏差，则

$ES=X_{max}+ei=(+0.019)\text{mm}+(+0.011)\text{mm}=+0.030\text{mm}$

3）由 $T_h=ES-EI$，计算孔的下极限偏差，则

$EI=ES-T_h=(+0.030)\text{mm}-0.030\text{mm}=0$

4）由 $T_s=es-ei$，计算轴的上极限偏差，则

$es=T_s+ei=0.018\text{mm}+(+0.011)\text{mm}=+0.029\text{mm}$

因为 ES > ei 且 EI < es，所以该配合为过渡配合。

5）由 $T_f = X_{max} - Y_{max}$，计算最大过盈，则

$Y_{max} = X_{max} - T_f = (+0.019)mm - 0.048mm = -0.029mm$

6）画出尺寸公差带图和配合公差带图，如图 1-11 所示。

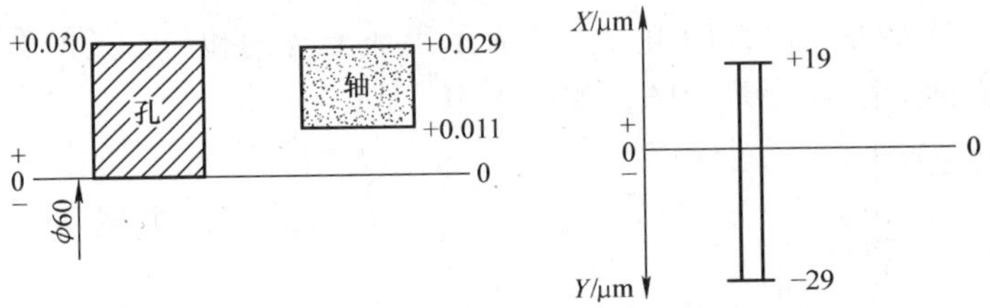

图 1-11　例 1-7 的尺寸公差带图和配合公差带图

5. 基准制

基准制是指保持两个相配合的零件中的一种零件（轴或孔）的基本偏差不变，而只改变另一种零件的基本偏差（即公差带的位置），以获得不同配合的性质。

零件尺寸公差的改变，将直接影响加工用的工装、刀具和量具等的规格。若为了获得不同性质的配合而随意选取不同孔、轴公差带，势必给生产带来不必要的麻烦，对零件互换性也造成不利影响。因此，在标准极限与配合制中，规定了基孔制和基轴制两种配合制度。按照这一标准规定选择孔、轴公差带，便可大大简化加工工艺，获得较大的技术经济效果，更好地满足互换性要求。

（1）基孔制　基本偏差为一定的孔的公差带，与不同基本偏差的轴的公差带形成各种配合的一种制度，如图 1-12a 所示。

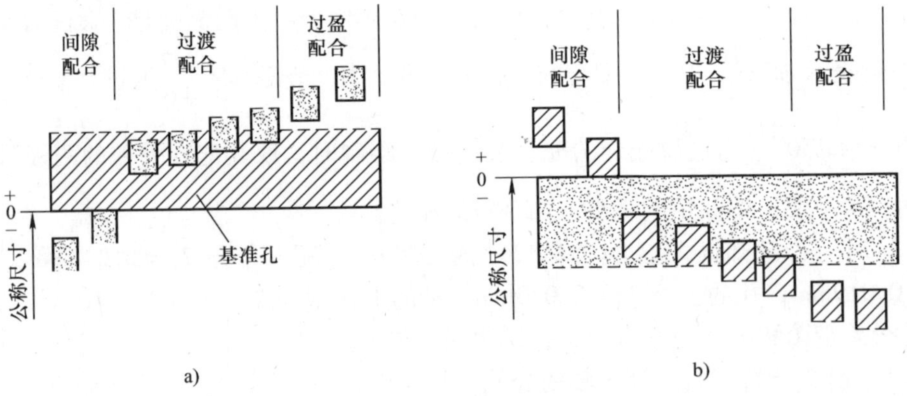

图 1-12　基准制
a）基孔制　b）基轴制

基本特点为：

1）基孔制中的孔为基准孔，用“H”表示。

2）基准孔的公差带位于零线上方，其下极限偏差为零。

3）基准孔的下极限尺寸等于公称尺寸。

（2）基轴制　基本偏差为一定的轴的公差带，与不同基本偏差的孔的公差带形成各种

配合的一种制度，如图 1-12b 所示。

基本特点为：

1）基轴制中的轴为基准轴，用“h”表示。

2）基准轴的公差带位于零线下方，其上极限偏差为零。

3）基准轴的上极限尺寸等于公称尺寸。

【考点分析】

［**例 2**］　单选题

当孔的上极限偏差小于相配合的轴的下极限偏差时，此配合性质为________。

A. 间隙配合　　B. 过渡配合　　C. 过盈配合　　D. 过渡配合或过盈配合

【解题指导】此题主要考查对孔和轴公差带相对位置的不同配合的理解。间隙配合的特点是：孔的公差带在轴的公差带之上；过盈配合的特点是：孔的公差带在轴的公差带之下；过渡配合的特点是：孔的公差带与轴的公差带相互交叠。

【参考答案】C

［**例 3**］　填空题

1. 实际偏差是指________减其________所得的代数差，极限偏差是指________减其________所得的代数差。

【解题指导】此题主要考查对两种偏差概念的理解。

【参考答案】实际尺寸　公称尺寸　极限尺寸　公称尺寸

2. 根据已知数据计算表 1-1 空格处的数值，并填写在相应的空格中。

表 1-1　公差与偏差的计算（一）　　（单位：mm）

公称尺寸	上极限偏差	下极限偏差	上极限尺寸	下极限尺寸	公差
孔 $\phi20$	+0.021				0.021
轴 $\phi18$		−0.02	18.23		

【解题指导】此题主要考查对公差与偏差的计算。

尺寸公差 = | 上极限尺寸 − 下极限尺寸 | = | 上极限偏差 − 下极限偏差 |

【参考答案】相应数值见表 1-2。

表 1-2　参考答案　　（单位：mm）

公称尺寸	上极限偏差	下极限偏差	上极限尺寸	下极限尺寸	公差
孔 $\phi20$	+0.021	0	20.021	20	0.021
轴 $\phi18$	+0.23	−0.02	18.23	17.98	0.25

［**例 4**］　计算题

孔、轴相配合，孔为 $\phi50^{+0.025}_{0}$ mm，轴为 $\phi50^{+0.059}_{+0.043}$ mm，计算间隙（过盈），并画出孔、轴公差带图。

【解题指导】根据孔、轴的极限偏差来判断配合性质是一种简便易行的方法。判断条件如下：①EI≥es 时为间隙配合；②ES≤ei 时为过盈配合；③以上两条均不成立时，为过渡配合。

【参考答案】因为 ES≤ei，所以此孔和轴为过盈配合。

$Y_{max} = EI - es = 0 - 0.059mm = -0.059mm$

$Y_{min} = ES - ei = (0.025 - 0.043)\ mm = -0.018mm$

尺寸公差带图如图 1-13 所示。

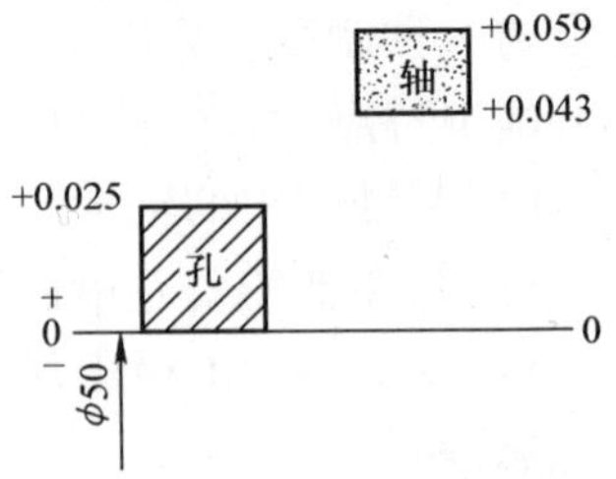

图 1-13 孔、轴的公差带图

【习题练习】

一、判断题

(　　) 1. 公差是零件尺寸允许的最大偏差。

(　　) 2. 零件的实际尺寸就是零件的真实尺寸。

(　　) 3. 过渡配合可能有间隙也可能有过盈，因此过渡配合可以是间隙配合也可以是过盈配合。

(　　) 4. 某一零件的实际尺寸正好等于其公称尺寸，则这尺寸必合格。

(　　) 5. 偏差可为正值、负值或零，而公差只能为正值。

(　　) 6. 配合公差总是大于孔或轴的尺寸公差。

二、单选题

1. 公称尺寸是（　　）。

A. 设计时给定的　　B. 测量时得到的

C. 加工时得到的　　D. 装配后得到的

2. 当孔的上极限偏差小于相配合的轴的下极限偏差时，此配合性质为（　　）。

A. 间隙配合　　B. 过渡配合　　C. 过盈配合　　D. 过渡配合或过盈配合

3. 尺寸公差带图的零线表示（　　）。

A. 下极限偏差　　B. 公称尺寸　　C. 实际尺寸　　D. 极限尺寸

4. 孔 φ25mm 上极限偏差 +0.021mm、下极限偏差 0，与轴 φ25mm 上极限偏差 −0.020mm、下极限偏差 −0.033mm 相配合时，其最大间隙是（　　）mm。

A. 0.02　　B. 0.033　　C. 0.041　　D. 0.054

5. 允许间隙或过盈的变动量称为（　　）。

A. 最大间隙　　B. 最大过盈　　C. 配合公差　　D. 变动误差

6. 公差与配合的基本规定中，H7 中的符号 H 代表基孔制，其上极限偏差为正，下极限偏差为（　　）。

A. 负值　　B. 正值　　C. 配合间隙值　　D. 零

三、填空题

1. 零件的尺寸合格时，其实际尺寸在________和________之间，其________在上极限偏差和下极限偏差之间。

2. 国家标准中规定了两种平行的基准制，即________和________。

3. ________相同的、相互结合的孔和轴________之间的关系称为配合。配合可分为________配合、________配合和________配合三种。

4. 孔、轴的 ES < ei 的配合属于________配合，EI > es 的配合属于________配合。

5. 构成公差带的两要素是：________和________。

6. 根据表 1-3 给出的数据求空格中应有的数据，并填入空格内。

表 1-3　公差与偏差的计算（二）　（单位：mm）

公称尺寸	孔			轴			X_{max}或Y_{min}	X_{min}或Y_{max}	X_{av}或Y_{av}	T_f
	ES	EI	T_h	es	ei	T_s				
$\phi30$		0		−0.040		0.021	+0.074	+0.040	+0.057	0.034
$\phi20$		0		+0.012		0.010	+0.017	−0.012	+0.0025	0.029
$\phi48$			0.025	0			−0.009	−0.050	−0.0295	0.041

四、计算题

已知 $D = d = \phi50\text{mm}$，$D_{max} = 50.025\text{mm}$，$D_{min} = 50\text{mm}$，$d_{max} = 49.975\text{mm}$，$d_{min} = 49.950\text{mm}$。求孔、轴的极限偏差、公差，配合后的极限间隙或过盈及配合公差。并画出公差带图。

【参考答案】

一、判断题

1. ×　2. ×　3. ×　4. ×　5. √　6. √

二、单选题

1. A　2. C　3. B　4. D　5. C　6. D

三、填空题

1. 上极限尺寸　下极限尺寸　实际偏差
2. 基孔制　基轴制
3. 公称尺寸　公差带　间隙　过盈　过渡
4. 过盈　间隙
5. 公差带的大小　公差带的位置
6. 参考答案见表 1-4。

表 1-4　参考答案

公称尺寸	孔			轴			X_{max}或Y_{min}	X_{min}或Y_{max}	X_{av}或Y_{av}	T_f
	ES	EI	T_h	es	ei	T_s				
$\phi30$	+0.013	0	0.013	−0.040	−0.061	0.021	+0.074	+0.040	+0.057	0.034
$\phi20$	+0.019	0	0.019	+0.012	+0.002	0.010	+0.017	−0.012	+0.0025	0.029
$\phi48$	−0.025	−0.050	0.025	0	−0.016	0.016	−0.009	−0.050	−0.0295	0.041

四、计算题

解：1）计算孔和轴的极限偏差，则

$$\text{ES} = D_{max} - D = (50.025 - 50)\text{mm} = +0.025\text{mm}$$

$$\text{EI} = D_{min} - D = (50 - 50)\text{mm} = 0$$

$$\text{es} = d_{max} - d = (49.975 - 50)\text{mm} = -0.025\text{mm}$$

$$\text{ei} = d_{min} - d = (49.950 - 50)\text{mm} = -0.050\text{mm}$$

2）计算孔和轴的公差，则

$$T_h = D_{max} - D_{min} = (50.025 - 50)\text{mm} = 0.025\text{mm}$$

$$T_s = d_{max} - d_{min} = (49.975 - 49.950)\text{mm} = 0.025\text{mm}$$

3）计算孔、轴的极限间隙或过盈。由于 EI > es，所以为间隙配合，则

$$X_{max} = D_{max} - d_{min} = (50.025 - 49.950)\text{mm} = +0.075\text{mm}$$

$$X_{min} = D_{min} - d_{max} = (50 - 49.975)\text{mm} = +0.025\text{mm}$$

4）计算配合公差，则

$$T_f = T_h + T_s = (0.025 + 0.025)\text{mm} = 0.050\text{mm}$$

5）画孔、轴的公差带图，如图 1-14 所示。

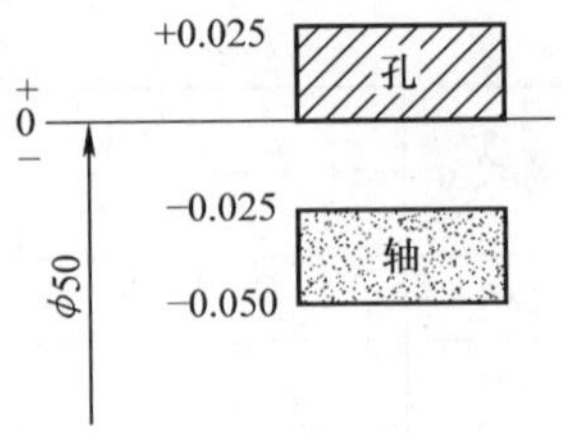

图 1-14　孔、轴的公差带图

第三节　极限与配合标准的基本内容

【学习要求】

1. 掌握国家标准对标准公差等级的规定，会查标准公差数值。
2. 了解孔、轴 28 个基本偏差的代号，掌握基本偏差系列的分布特点。
3. 能根据公称尺寸和公差带代号，通过查表和计算的方法，确定极限偏差。
4. 了解尺寸公差和配合代号在图样中的标注形式。

【学习内容】

公差带的标准化是指公差带大小和公差带位置的标准化。标准公差决定公差带的大小，基本偏差决定公差带的位置。GB/T 1800.1—2009 规定了两个基本系列，即标准公差系列和基本偏差系列。

一、标准公差系列

标准公差是国家标准 GB/T 1800.2—2009《产品几何技术规范（GPS）极限与配合　第 2 部分：标准公差等级和孔、轴极限偏差表》中所规定的任一公差。标准公差代号用 IT（国际公差）表示。由若干标准公差所组成的系列称为标准公差系列，它以表格的形式列出，称为标准公差数值表（表 1-5）。由表 1-5 可以看出标准公差的数值大小与两个因素有关：标准公差等级和公称尺寸分段。

表 1-5　标准公差数值（摘自 GB/T 1800.1—2009）

公称尺寸/mm		标准公差等级（IT）																	
		1	2	3	4	5	6	7	8	9	10	11	12	13	14	15	16	17	18
大于	至	μm											mm						
—	3	0.8	1.2	2	3	4	6	10	14	25	40	60	0.10	0.14	0.25	0.40	0.60	1.0	1.4
3	6	1	1.5	2.5	4	5	8	12	18	30	48	75	0.12	0.18	0.30	0.48	0.75	1.2	1.8
6	10	1	1.5	2.5	4	6	9	15	22	36	58	90	0.15	0.22	0.36	0.58	0.90	1.5	2.2
10	18	1.2	2	3	5	8	11	18	27	43	70	110	0.18	0.27	0.43	0.70	1.10	1.8	2.7
18	30	1.5	2.5	4	6	9	13	21	33	52	84	130	0.21	0.33	0.52	0.84	1.30	2.1	3.3
30	50	1.5	2.5	4	7	11	16	25	39	62	100	160	0.25	0.39	0.62	1.00	1.60	2.5	3.9
50	80	2	3	5	8	13	19	30	46	74	120	190	0.30	0.46	0.74	1.20	1.90	3.0	4.6
80	120	2.5	4	6	10	15	22	35	54	87	140	220	0.35	0.54	0.87	1.40	2.20	3.5	5.4

（续）

公称尺寸/mm		标准公差等级（IT）																	
		1	2	3	4	5	6	7	8	9	10	11	12	13	14	15	16	17	18
大于	至	μm											mm						
120	180	3.5	5	8	12	18	25	40	63	100	160	250	0.40	0.63	1.00	1.60	2.50	4.0	6.3
180	250	4.5	7	10	14	20	29	46	72	115	185	290	0.46	0.72	1.15	1.85	2.90	4.6	7.2
250	315	6	8	12	16	23	32	52	81	130	210	320	0.52	0.81	1.3	2.1	3.2	5.2	8.1
315	400	7	9	13	18	25	36	57	89	140	230	360	0.57	0.89	1.4	2.3	3.6	5.7	8.9
400	500	8	10	15	20	27	40	63	97	155	250	400	0.63	0.97	1.55	2.50	4.00	6.3	9.7

注：公称尺寸小于或等于 1mm 时，无 IT14 ~ IT18。

1. 标准公差等级

公差等级是指确定尺寸精确程度的等级。由于不同零件和零件上不同部位的尺寸对精确程度的要求往往不相同，为了满足生产的需要，国家标准在常用公称尺寸段内（500mm）规定了 IT01、IT0、…、IT17、IT18 共 20 个公差等级。从 IT01 ~ IT18 公差等级依次降低，标准公差由小到大，加工从难到易。

2. 公称尺寸分段

由表 1-5 可知，标准公差数值不仅与公差等级有关，还与公称尺寸有关。在实践生产中应用的公称尺寸是很多的。为便于应用，对公称尺寸进行分段，对同一尺寸段内的所有公称尺寸，在相同公差等级下规定具有相同的公差数值。

二、基本偏差系列

1. 基本偏差及其代号

基本偏差是国家标准极限与配合制中，用以确定公差带相对零线位置的极限偏差（上极限偏差或下极限偏差），一般指靠近零线或位于零线的那个极限偏差。公差带位于零线上方时是下极限偏差；公差带位于零线下方时是上极限偏差；当公差带对称于零线时，可为上极限偏差或下极限偏差。

规定基本偏差既为了使公差带的位置标准化，也为了满足不同配合的需要。每种基本偏差用一个（或两个）拉丁字母表示。孔的基本偏差代号用大写字母表示，轴的基本偏差代号用小写字母表示。为了避免混淆，在 26 个拉丁字母中基本偏差代号不使用其中的 5 个字母：I、L、O、Q、W（i、l、o、q、w），同时增加 CD、EF、FG、JS、ZA、ZB、ZC（cd、ef、fg、js、za、zb、zc）7 个双字母，即孔、轴各有 28 个基本偏差，见表 1-6。

表 1-6　孔和轴的基本偏差代号

孔	A	B	C	D	E	F	G	H	J	K	M	N	P	R	S	T	U	V	X	Y	Z			
			CD		EF	FG			JS													ZA	ZB	ZC
轴	a	b	c	d	e	f	g	h	j	k	m	n	p	r	s	t	u	v	x	y	z			
			cd		ef	fg			js													za	zb	zc

2. 基本偏差系列图

基本偏差系列图表示公差尺寸相同的 28 种孔、轴的基本偏差相对于零线的位置，如图 1-15 所示。

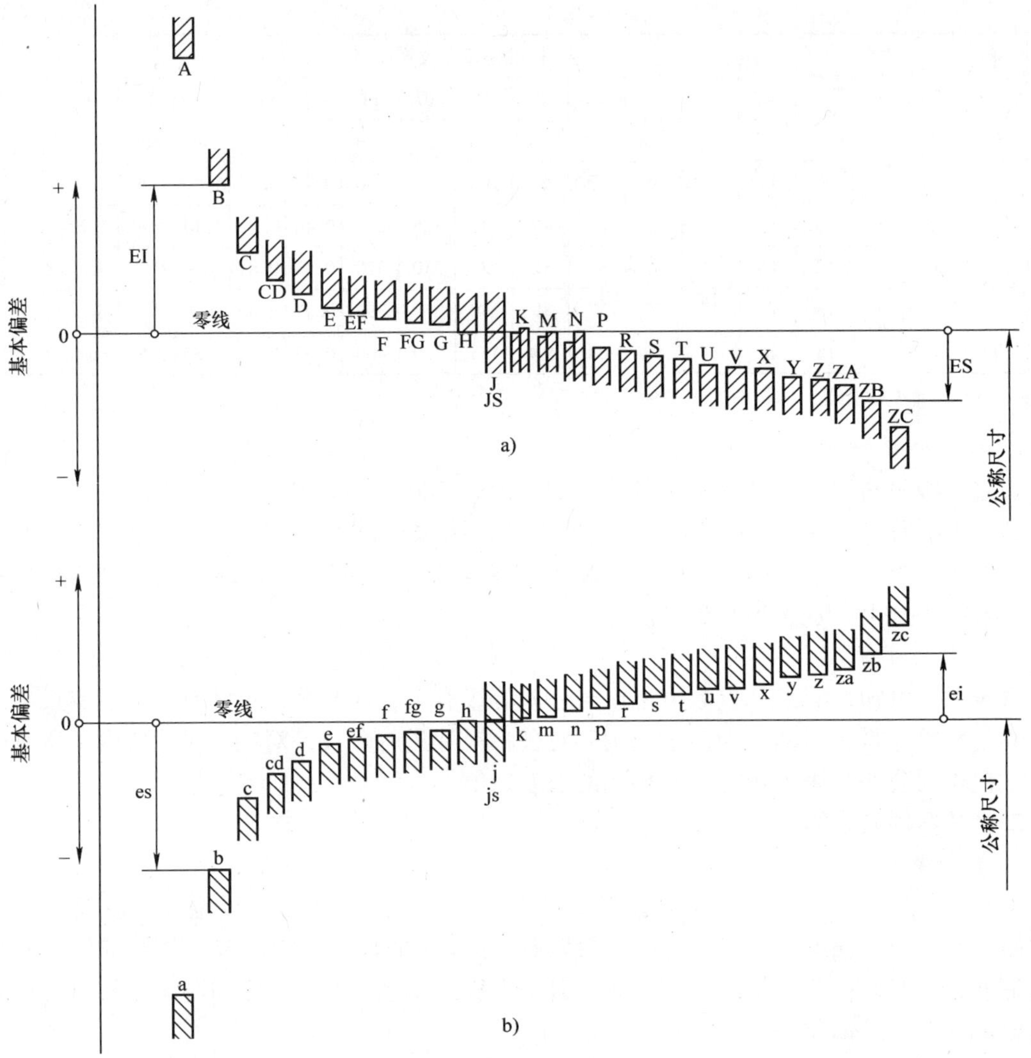

图 1-15 基本偏差系列图

a）孔的基本偏差系列 b）轴的基本偏差系列

（1）孔的基本偏差系列的特点 孔的基本偏差代号中，代号为 A ~ G 的基本偏差皆为下极限偏差 EI（正值），按从 A 到 G 的顺序，基本偏差的数值依次逐渐减小。

代号为 H 的基本偏差为下极限偏差 EI = 0，它是基孔制中基准孔的基本偏差代号。

代号为 JS 的孔的公差带相对于零线对称分布，基本偏差可取为上极限偏差 ES = + IT/2（IT 为标准公差数值），也可取为下极限偏差 EI = − IT/2。根据 GB/T 1800. 1—2009 的规定，当标准公差等级为 IT7 ~ IT11 时，若公差数值是奇数，则按 ±（IT − 1）/2 计算。

代号为 J ~ ZC 的基本偏差为上极限偏差 ES（除 J、K 为正值外，其余皆为负值），按 K ~ ZC 的顺序，基本偏差的数值依次逐渐增大。

（2）轴的基本偏差系列的特点 轴的基本偏差代号中，代号为 a ~ g 的基本偏差皆为上极限偏差 es（负值），按从 a 到 g 的顺序，基本偏差的数值依次逐渐减小。

代号为 h 的基本偏差为上极限偏差 es = 0，它是基轴制中基准轴的基本偏差代号。

代号为 js 的轴的公差带相对于零线对称分布，基本偏差可取为上极限偏差 es = +IT/2（IT 为标准公差数值），也可取为下极限偏差 ei = -IT/2。根据 GB/T 1800.1—2009 的规定，当标准公差等级为 IT7 ~ IT11 时，若公差数值是奇数，则按 ±（IT-1）/2 计算。

代号为 j ~ zc 的基本偏差为下极限偏差 ei（除 j 为负值外，其余皆为正值），按 k ~ zc 的顺序，基本偏差的数值依次逐渐增大。

从图 1-15 可看出，轴、孔的各基本偏差图形是基本对称的，它们的性质和关系见表 1-7。

表 1-7　基本偏差的性质和关系

类别	基本偏差代号	偏差性质	基本或部分倒影关系	倒影关系
轴（小写）	a ~ g	es = -		
	h	es = 0		
	js	es(ei) = +IT/2(-IT/2)		
	k ~ zc	ei = +		
孔（大写）	K ~ ZC	ES = -		
	JS	EI(ES) = -IT/2(+IT/2)		
	H	EI = 0		
	A ~ G	EI = +		

3. 各种基本偏差所形成的配合的特征

（1）间隙配合　基准轴的 a ~ h（或基准孔的 A ~ H）11 种基本偏差与基准孔基本偏差 H（或基准轴基本偏差 h）形成间隙配合。其中 a 与 H（或 A 与 h）形成配合的最小间隙（孔与轴基本偏差的差值）最大。此后，最小间隙依次减小，基本偏差 h 与 H 形成配合的最小间隙为零。

（2）过渡配合　基准轴的 js、j、k、m、n（或基准孔的 JS、J、K、M、N）5 种基本偏差与基准孔基本偏差 H（或基准轴基本偏差 h）形成过渡配合。其中 js 与 H（或 JS 与 h）形成的配合较松，获得间隙的概率较大。此后，配合依次变紧，n 与 H（或 N 与 h）形成的配合较紧，获得过盈的概率较大。而标准公差等级很高的 n 与 H（或 N 与 h）形成的配合则为过盈配合。

（3）过盈配合　基准轴的 p ~ zc（或基准孔的 P ~ ZC）12 种基本偏差与基准孔基本偏差 H（或基准轴基本偏差 h）形成过盈配合。其中 p 与 H（或 P 与 h）形成配合的过盈最小。此后，过盈依次增大，zc 与 H（或 ZC 与 h）形成配合的过盈最大。而标准公差等级不高的 p 与 H（或 P 与 h）形成的配合则为过渡配合。

4. 基本偏差数值

（1）轴的基本偏差数值　轴的基本偏差数值是以基孔制配合为基础，按照各种配合要求，再根据生产实践经验和统计分析结果所得出的一系列公式，经计算后圆整尾数而得出的。轴的基本偏差数值见表 1-8。

轴的基本偏差可查表 1-8 确定，另一个极限偏差可根据轴的基本偏差数值和标准公差值按下列关系式计算

$$ei = es - IT \text{（公差带在零线以下）}$$

$$es = ei + IT \text{（公差带在零线以上）}$$

表 1-8 轴的基本偏差数值 （单位：μm）

公称尺寸/mm		基本偏差数值（上极限偏差 es）												基本偏差数值（下极限偏差 ei）				
大于	至	所有标准公差等级												IT5、IT6	IT7	IT8	IT4 ~ IT7	≤IT3 >IT7
		a	b	c	cd	d	e	ef	f	fg	g	h	js	j			k	
—	3	−270	−140	−60	−34	−20	−14	−10	−6	−4	−2	0	偏差 = ± IT_n /2	−2	−4	−6	0	0
3	6	−270	−140	−70	−46	−30	−20	−14	−10	−6	−4	0		−2	−4	—	+1	0
6	10	−280	−150	−80	−56	−40	−25	−18	−13	−8	−5	0		−2	−5	—	+1	0
10	18	−290	−150	−95	—	−50	−32	—	−16	—	−6	0		−3	−6	—	+1	0
18	30	−300	−160	−110	—	−65	−40	—	−20	—	−7	0		−4	−8	—	+2	0
30	40	−310	−170	−120	—	−80	−50	—	−25	—	−9	0		−5	−10	—	+2	0
40	50	−320	−180	−130														
50	65	−340	−190	−140	—	−100	−60	—	−30	—	−10	0		−7	−12	—	+2	0
65	80	−360	−200	−150														
80	100	−380	−220	−170	—	−120	−72	—	−36	—	−12	0		−9	−15	—	+3	0
100	120	−410	−240	−180														
120	140	−460	−260	−200	—	−145	−85	—	−43	—	−14	0		−11	−18	—	+3	0
140	160	−520	−280	−210														
160	180	−580	−310	−230														
180	200	−660	−340	−240	—	−170	−100	—	−50	—	−15	0		−13	−21	—	+4	0
200	225	−740	−380	−260														
225	250	−820	−420	−280														
250	280	−920	−480	−300	—	−190	−110	—	−56	—	−17	0		−16	−26	—	+4	0
280	315	−1050	−540	−330														
315	355	−1200	−600	−360	—	−210	−125	—	−62	—	−18	0		−18	−28	—	+4	0
355	400	−1350	−680	−400														
400	450	−1500	−760	−440	—	−230	−135	—	−68	—	−20	0		−20	−32	—	+5	0
450	500	−1650	−840	−480														

（续）

公称尺寸/mm		基本偏差数值（下极限偏差 ei）													
		所有标准公差等级													
大于	至	m	n	p	r	s	t	u	v	x	y	z	za	zb	zc
—	3	+2	+4	+6	+10	+14	—	+18	—	+20	—	+26	+32	+40	+60
3	6	+4	+8	+12	+15	+19	—	+23	—	+28	—	+35	+42	+50	+80
6	10	+6	+10	+15	+19	+23	—	+28	—	+34	—	+42	+52	+67	+97
10	14	+7	+12	+18	+23	+28	—	+33	—	+40	—	+50	+64	+90	+130
14	18								+39	+45	—	+60	+77	+108	+150
18	24	+8	+15	+22	+28	+35	—	+41	+47	+54	+63	+73	+98	+136	+188
24	30						+41	+48	+55	+64	+75	+88	+118	+160	+218
30	40	+9	+17	+26	+34	+43	+48	+60	+68	+80	+94	+112	+148	+200	+274
40	50						+54	+70	+81	+97	+114	+136	+180	+242	+325
50	65	+11	+20	+32	+41	+53	+66	+87	+102	+122	+144	+172	+226	+300	+405
65	80				+43	+59	+75	+102	+120	+146	+174	+210	+274	+360	+480
80	100	+13	+23	+37	+51	+71	+91	+124	+146	+178	+214	+258	+335	+445	+585
100	120				+54	+79	+104	+144	+172	+210	+254	+310	+400	+525	+690
120	140	+15	+27	+43	+63	+92	+122	+170	+202	+248	+300	+365	+470	+620	+800
140	160				+65	+100	+134	+190	+228	+280	+340	+415	+535	+700	+900
160	180				+68	+108	+146	+210	+252	+310	+380	+465	+600	+780	+1000
180	200	+17	+31	+50	+77	+122	+166	+236	+284	+350	+425	+520	+670	+880	+1150
200	225				+80	+130	+180	+258	+310	+385	+470	+575	+740	+960	+1250
225	250				+84	+140	+196	+284	+340	+425	+520	+640	+820	+1050	+1350
250	280	+20	+34	+56	+94	+158	+218	+315	+385	+475	+580	+710	+920	+1200	+1550
280	315				+98	+170	+240	+350	+425	+525	+650	+790	+1000	+1300	+1700
315	355	+21	+37	+62	+108	+190	+268	+390	+475	+590	+730	+900	+1150	+1500	+1900
355	400				+114	+208	+294	+435	+530	+660	+820	+1000	+1300	+1650	+2100
400	450	+23	+40	+68	+126	+232	+330	+490	+595	+740	+920	+1100	+1450	+1850	+2400
450	500				+132	+252	+360	+540	+600	+820	+1000	+1250	+1600	+2100	+2600

注：1. 公称尺寸小于或等于 1mm 时，基本偏差 a 和 b 均不采用。

2. 公差带 js7 ~ js11，若 IT_n 值数是奇数，则取偏差 = ±（IT_n − 1）/2。

（2）孔的基本偏差数值　孔的基本偏差数值是由同名轴的基本偏差换算得到的。换算前提是：基孔制配合变成同名的基轴制配合（例如，H8/f8 变成 F8/h8，H6/f5 变成 F6/h5），它们的配合性质必须相同，即两种配合制配合的极限间隙或极限过盈必须相同。在实际生产中，考虑到孔比轴难加工，故在孔、轴的标准公差等级较高时，孔通常与高一级的轴配合。而孔、轴的标准公差等级不高时，则孔与轴采用同级配合。根据这个前提，孔的基本偏差数值应按两种规则进行换算。

1）通用规则。用同一字母表示的孔、轴的基本偏差的绝对值相等，符号相反。孔的基本偏差是轴的基本偏差相对于零线的倒影。即

$$EI = -es \text{（适用于 A～H）}$$

$$ES = -ei \text{（适用于同级配合的 K～ZC）}$$

通用规则的应用范围如下：公称尺寸≤500mm 的所有公差等级的 A～H，标准公差＞IT8 的 K、M、N 和标准公差大于 IT7 的 P～ZC。但也有例外，对于公称尺寸大于 3mm、标准公差大于 IT8 的 N，其基本偏差 ES＝0。

2）特殊规则。对于公称尺寸≤500mm 且标准公差≤IT8 的 J、K、M、N 和标准公差≤IT7 的 P～ZC 的孔，其基本偏差 ES 采用特殊规则换算。也就是说，ES 与同名轴的基本偏差 ei 的符号相反，而绝对值相差一个 Δ 值，即

$$ES = -ei + \Delta$$

孔的另一个极限偏差可根据孔的基本偏差数值和标准公差值按下列关系式计算，即

$$EI = ES - IT \text{（公差带在零线以下）}$$

$$ES = EI + IT \text{（公差带在零线以上）}$$

根据上述换算规则，可得到公称尺寸≤500mm 孔的基本偏差数值。表 1-9 给出了公称尺寸≤500mm 的孔的基本偏差数值。

表 1-9　孔的基本偏差数值　（单位：μm）

<table>
<tr><td colspan="2">公称尺寸/mm</td><td colspan="12">基本偏差数值（下极限偏差 EI）</td><td colspan="9">基本偏差数值（上极限偏差 ES）</td></tr>
<tr><td rowspan="2">大于</td><td rowspan="2">至</td><td colspan="12">所有标准公差等级</td><td>IT6</td><td>IT7</td><td>IT8</td><td>≤IT8</td><td>＞IT8</td><td>≤IT8</td><td>＞IT8</td><td>≤IT8</td><td>＞IT8</td></tr>
<tr><td>A</td><td>B</td><td>C</td><td>CD</td><td>D</td><td>E</td><td>EF</td><td>F</td><td>FG</td><td>G</td><td>H</td><td>JS</td><td colspan="3">J</td><td colspan="2">K</td><td colspan="2">M</td><td colspan="2">N</td></tr>
<tr><td>—</td><td>3</td><td>+270</td><td>+140</td><td>+60</td><td>+34</td><td>+20</td><td>+14</td><td>+10</td><td>+6</td><td>+4</td><td>+2</td><td>0</td><td rowspan="7">偏差＝±IT_n/2</td><td>+2</td><td>+4</td><td>+6</td><td>0</td><td>0</td><td>−2</td><td>−2</td><td>−4</td><td>−4</td></tr>
<tr><td>3</td><td>6</td><td>+270</td><td>+140</td><td>+70</td><td>+46</td><td>+30</td><td>+20</td><td>+14</td><td>+10</td><td>+6</td><td>+4</td><td>0</td><td>+5</td><td>+6</td><td>+10</td><td>$-1+\Delta$</td><td></td><td>$-4+\Delta$</td><td>−4</td><td>$-8+\Delta$</td><td>0</td></tr>
<tr><td>6</td><td>10</td><td>+280</td><td>+150</td><td>+80</td><td>+56</td><td>+40</td><td>+25</td><td>+18</td><td>+13</td><td>+8</td><td>+5</td><td>0</td><td>+5</td><td>+8</td><td>+12</td><td>$-1+\Delta$</td><td>—</td><td>$-6+\Delta$</td><td>−6</td><td>$-10+\Delta$</td><td>0</td></tr>
<tr><td>10</td><td>14</td><td rowspan="2">+290</td><td rowspan="2">+150</td><td rowspan="2">+95</td><td rowspan="2">—</td><td rowspan="2">+50</td><td rowspan="2">+32</td><td rowspan="2">—</td><td rowspan="2">+16</td><td rowspan="2">—</td><td rowspan="2">+6</td><td rowspan="2">0</td><td rowspan="2">+6</td><td rowspan="2">+10</td><td rowspan="2">+15</td><td rowspan="2">$-1+\Delta$</td><td rowspan="2">—</td><td rowspan="2">$-7+\Delta$</td><td rowspan="2">−7</td><td rowspan="2">$-12+\Delta$</td><td rowspan="2">0</td></tr>
<tr><td>14</td><td>18</td></tr>
<tr><td>18</td><td>24</td><td rowspan="2">+300</td><td rowspan="2">+160</td><td rowspan="2">+110</td><td rowspan="2">—</td><td rowspan="2">+65</td><td rowspan="2">+40</td><td rowspan="2">—</td><td rowspan="2">+20</td><td rowspan="2">—</td><td rowspan="2">+7</td><td rowspan="2">0</td><td rowspan="2">+8</td><td rowspan="2">+12</td><td rowspan="2">+20</td><td rowspan="2">$-2+\Delta$</td><td rowspan="2">—</td><td rowspan="2">$-8+\Delta$</td><td rowspan="2">−8</td><td rowspan="2">$-15+\Delta$</td><td rowspan="2">0</td></tr>
<tr><td>24</td><td>30</td></tr>
</table>

（续）

公称尺寸/mm		基本偏差数值（下极限偏差 EI）												基本偏差数值（上极限偏差 ES）								
大于	至	所有标准公差等级												IT6	IT7	IT8	≤IT8	>IT8	≤IT8	>IT8	≤IT8	>IT8
		A	B	C	CD	D	E	EF	F	FG	G	H	JS	J			K		M		N	
30	40	+310	+170	+120	—	+80	+50	—	+25	—	+9	0	偏差=$\pm IT_n/2$	+10	+14	+24	$-2+\Delta$	—	$-9+\Delta$	−9	$-17+\Delta$	0
40	50	+320	+180	+130																		
50	65	+340	+190	+140	—	+100	+60	—	+30	—	+10	0		+13	+18	+28	$-2+\Delta$	—	$-11+\Delta$	−11	$-20+\Delta$	0
65	80	+360	+200	+150																		
80	100	+380	+220	+170	—	+120	+72	—	+36	—	+12	0		+16	+22	+34	$-3+\Delta$	—	$-13+\Delta$	−13	$-23+\Delta$	0
100	120	+410	+240	+180																		
120	140	+460	+260	+200	—	+145	+85	—	+43	—	+14	0		+18	+26	+41	$-3+\Delta$	—	$-15+\Delta$	−15	$-27+\Delta$	0
140	160	+520	+280	+210																		
160	180	+580	+310	+230																		
180	200	+660	+340	+240	—	+170	+100	—	+50	—	+15	0		+22	+30	+47	$-4+\Delta$	—	$-17+\Delta$	−17	$-31+\Delta$	0
200	225	+740	+380	+260																		
225	250	+820	+420	+280																		
250	280	+920	+480	+300	—	+190	+110	—	+56		+17	0		+25	+36	+55	$-4+\Delta$	—	$-20+\Delta$	−20	$-34+\Delta$	0
280	315	+1050	+540	+330																		
315	355	+1200	+600	+360	—	+210	+125	—	+62	—	+18	0		+29	+39	+60	$-4+\Delta$	—	$-21+\Delta$	−21	$-37+\Delta$	0
355	400	+1350	+680	+400																		
400	450	+1500	+760	+440	—	+230	+135	—	+68	—	+20	0		+33	+43	+66	$-5+\Delta$	—	$-23+\Delta$	−23	$-40+\Delta$	0
450	500	+1650	+840	+480																		

公称尺寸/mm		基本偏差数值（上极限偏差 ES）													Δ值					
															标准公差等级					
大于	至	≤IT7	>IT7												IT3	IT4	IT5	IT6	IT7	IT8
		P至ZC	P	R	S	T	U	V	X	Y	Z	ZA	ZB	ZC						
—	3		−6	−10	−14	—	−18	—	−20	—	−26	−32	−40	−60	Δ=0					
3	6		−12	−15	−19	—	−23	—	−28	—	−35	−42	−50	−80	1	1.5	1	3	4	6
6	10		−15	−19	−23	—	−28	—	−34	—	−42	−52	−67	−97	1	1.5	2	3	6	7

（续）

公称尺寸/mm		基本偏差数值（上极限偏差 ES）												Δ值					
		≤IT7	>IT7											标准公差等级					
大于	至	P至ZC	P	R	S	T	U	V	X	Y	Z	ZA	ZB	ZC	IT3	IT4	IT5	IT6	IT7	IT8
10	14	在大于IT7的相应数值上增加一个Δ值	-18	-23	-28	—	-33	—	-40	—	-50	-64	-90	-130	1	2	3	3	7	9
14	18							-39	-45	—	-60	-77	-108	-150						
18	24		-22	-28	-35	—	-41	-47	-54	-63	-73	-98	-136	-188	1.5	2	3	4	8	12
24	30					-41	-48	-55	-64	-75	-88	-118	-160	-218						
30	40		-26	-34	-43	-48	-60	-68	-80	-94	-112	-148	-200	-274	1.5	3	4	5	9	14
40	50					-54	-70	-81	-97	-114	-136	-180	-242	-325						
50	65		-32	-41	-53	-66	-87	-102	-122	-144	-172	-226	-300	-405	2	3	5	6	11	16
65	80			-43	-59	-75	-102	-120	-146	-174	-210	-274	-360	-480						
80	100		-37	-51	-71	-91	-124	-146	-178	-214	-258	-335	-445	-585	2	4	5	7	13	19
100	120			-54	-79	-104	-144	-172	-210	-254	-310	-400	-525	-690						
120	140		-43	-63	-92	-122	-170	-202	-248	-300	-365	-470	-620	-800	3	4	6	7	15	23
140	160			-65	-100	-134	-190	-228	-280	-340	-415	-535	-700	-900						
160	180			-68	-108	-146	-210	-252	-310	-380	-465	-600	-780	-1000						
180	200		-50	-77	-122	-166	-236	-284	-350	-425	-520	-670	-880	-1150	3	4	6	9	17	26
200	225			-80	-130	-180	-258	-310	-385	-470	-575	-740	-960	-1250						
225	250			-84	-140	-196	-284	-340	-425	-520	-640	-820	-1050	-1350						
250	280		-56	-94	-158	-218	-315	-385	-475	-580	-710	-920	-1200	-1550	4	4	7	9	20	29
280	315			-98	-170	-240	-350	-425	-525	-650	-790	-1000	-1300	-1700						
315	355		-62	-108	-190	-268	-390	-475	-590	-730	-900	-1150	-1500	-1900	4	5	7	11	21	32
355	400			-114	-208	-294	-435	-530	-660	-820	-1000	-1300	-1650	-2100						
400	450		-68	-126	-232	-330	-490	-595	-740	-920	-1100	-1450	-1850	-2400	5	5	7	13	23	34
450	500			-132	-252	-360	-540	-660	-820	-1000	-1250	-1600	-2100	-2600						

注：1. 公称尺寸小于或等于1mm时，基本偏差A和B及大于IT8的N均不采用。

2. 公差带JS7～JS11，若 IT_n 值数是奇数，则取偏差 = ±（IT_n -1）/2。

3. 特殊情况：250～315mm段的M6，ES = -9μm（代替-11μm）。

4. 对小于或等于IT8的K、M、N和小于或等于IT7的P～ZC，所需Δ值从表内右侧选取；例如18～30mm段的K7：Δ=8μm，所以ES =（-2+8）μm=6μm；18～30mm段的S6，Δ=4μm，所以ES=(-35+4)μm = -31μm。

【例1-8】 利用标准公差数值表和轴的基本偏差数值表，确定 ϕ50H7/p6 和 ϕ50P7/h6 配合中孔和轴的极限偏差及极限间隙或极限过盈。

解：1）由表1-5查得：公称尺寸为50mm的标准公差数值IT7 =25μm，IT6 =16μm。

2）ϕ50H7 为基准孔，即EI =0，ES = EI + IT7 =25μm。

3）ϕ50p6 的基本偏差，查表表1-8得：ei = +26μm，则

$$es = ei + IT6 = (+26)\mu m + 16\mu m = +42\mu m$$

4）ϕ50H7/p6 配合的极限过盈：

$$Y_{max}=EI-es=0-(+42)\mu m=-42\mu m$$
$$Y_{min}=ES-ei=(+25)\mu m-(+26)\mu m=-1\mu m$$

5）ϕ50h6 为基准轴，即 $es=0$，$ei=es-IT6=0-16\mu m=-16\mu m$

6）ϕ50P7 应按特殊规则计算：

因为 $\Delta=IT7-IT6=(25-16)\ \mu m=9\mu m$，查表 1-8 得 $ei=+26\mu m$，则

$$ES=-ei+\Delta=-26\mu m+9\mu m=-17\mu m$$
$$EI=ES-IT7=(-17)\mu m-25\mu m=-42\mu m$$

7）ϕ50P7/h6 配合的极限过盈：

$$Y_{max}=EI-es=(-42)\mu m-0=-42\mu m$$
$$Y_{min}=ES-ei=(-17)\mu m-(-16)\mu m=-1\mu m$$

8）比较 ϕ50H7/p6 和 ϕ50P7/h6 两个配合，由上述计算可看出，它们的配合性质完全相同，即 $Y_{max}=-42\mu m$，$Y_{min}=-1\mu m$。

三、公差带代号和配合代号

1. 公差带代号

孔、轴的公差带代号由基本偏差代号（字母）和标准公差等级代号（数字）组成。孔的公差带代号中基本偏差代号为大写，轴的公差带代号中基本偏差代号为小写。公差等级数字和基本偏差代号用同一个字号、字体书写。例如孔的公差带代号 H7、F6、K7；轴的公差带代号 h7、f6、k7。

2. 配合代号

当孔与轴组成配合时，配合代号就是把孔、轴公差带代号组合起来，写成分数形式，分子为孔的公差带代号，分母为轴的公差带代号，例如 H8/f7 或 $\frac{H8}{f7}$。如指某公称尺寸的配合，则公称尺寸标在配合代号之前，例如 ϕ30F8/h8 或 $\phi 60\,\frac{H8}{f7}$。

3. 公差带及配合代号的含义

例如：

ϕ90k7——ϕ90 表示公称尺寸是 ϕ90mm，k7 表示轴的公差带代号，基本偏差代号为 k，标准公差等级为 IT7。

ϕ40H7/g6——表示配合代号，公称尺寸是 ϕ40mm，基孔制（分子是 H），基本偏差孔是 H，轴是 g，标准公差等级孔是 IT7，轴是 IT6 的间隙配合。

ϕ45K7/h6——表示配合代号，公称尺寸是 ϕ45mm，基轴制（分母是 h），基本偏差孔是 K，轴是 h，标准公差等级孔是 IT7，轴是 IT6 的过渡配合。

4. 尺寸公差在图样中的标注形式

零件图中尺寸公差有三种标注形式，分别介绍如下：

（1）标注公称尺寸和公差带代号　如图 1-16 所示，此种标注适用于大批量生产的产品零件。

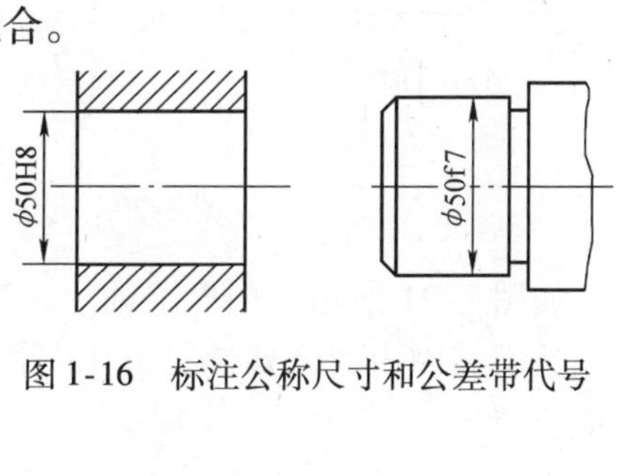

图 1-16　标注公称尺寸和公差带代号

（2）标注公称尺寸及极限偏差值　如图 1-17 所

示，此种标注适于在单件或小批生产的产品零件图样上采用，应用广泛。

（3）标注公称尺寸、公差带代号及极限偏差值 如图 1-18 所示，此种标注适用于中、小批量的产品零件。

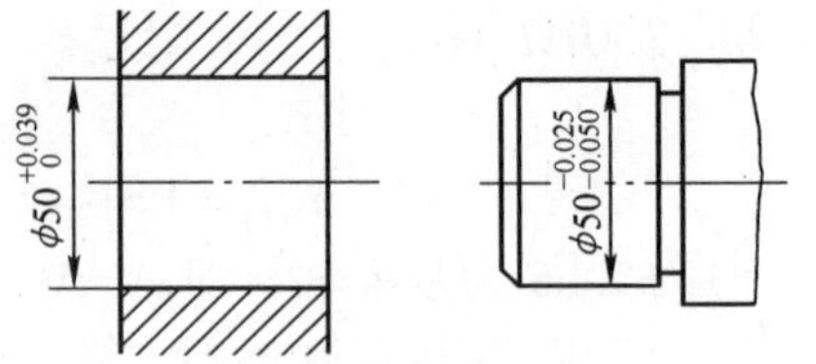

图 1-17 标注公称尺寸和极限偏差值

5. 配合代号在图样中的标注形式

在装配图上，主要标注配合代号，即标注孔、轴的基本偏差代号及公差等级代号，如图 1-19 所示。

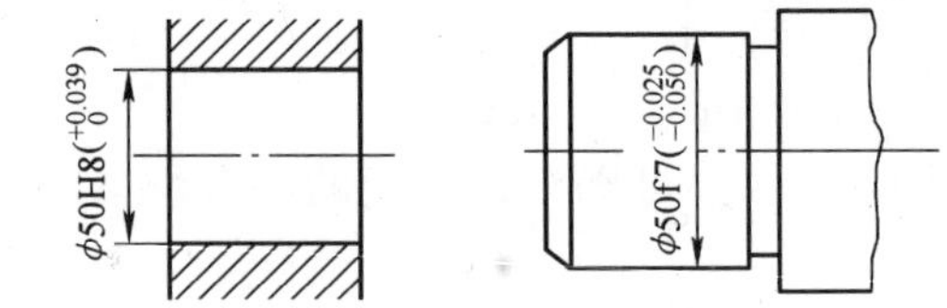

图 1-18 标注公称尺寸、公差带代号及极限偏差值

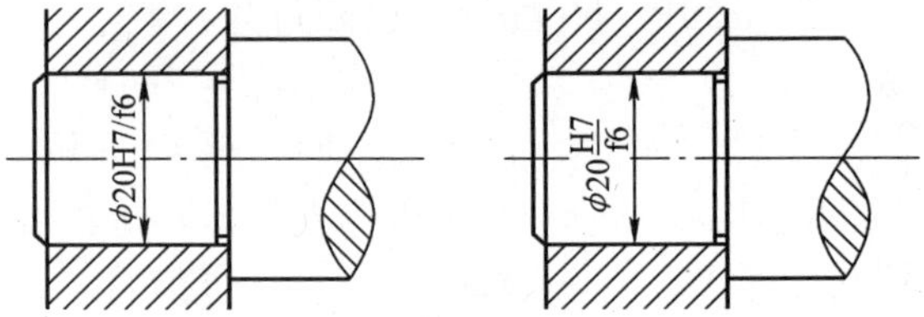

图 1-19 装配图上配合代号的标注

四、常用和优先的公差带与配合

GB/T 1800.1—2009 规定了 20 个公差等级和 28 种基本偏差，如将任一基本偏差与任一标准公差组合，在公称尺寸≤500mm 范围内，孔公差带有 20×27+3（J6、J7、J8）=543（个），轴公差带有 20×27+4（j5、j6、j7、j8）=544（个）。如此多的公差带都使用显然是不经济的，因为它必然导致定值刀具和量具规格的繁多。为此，国家标准 GB/T 1800.1—2009 对公称尺寸≤500mm 的孔、轴规定了一般用途公差带、常用公差带和优先选用公差带。

1. 孔、轴的常用公差带

如图 1-20 所示，列出了孔的一般、常用和优先选用的公差带代号，共 105 种。选择时，优先选用圆圈内的公差带（共 13 种），其次选用粗线框内的公差带（共 44 种），最后选用其他公差带。

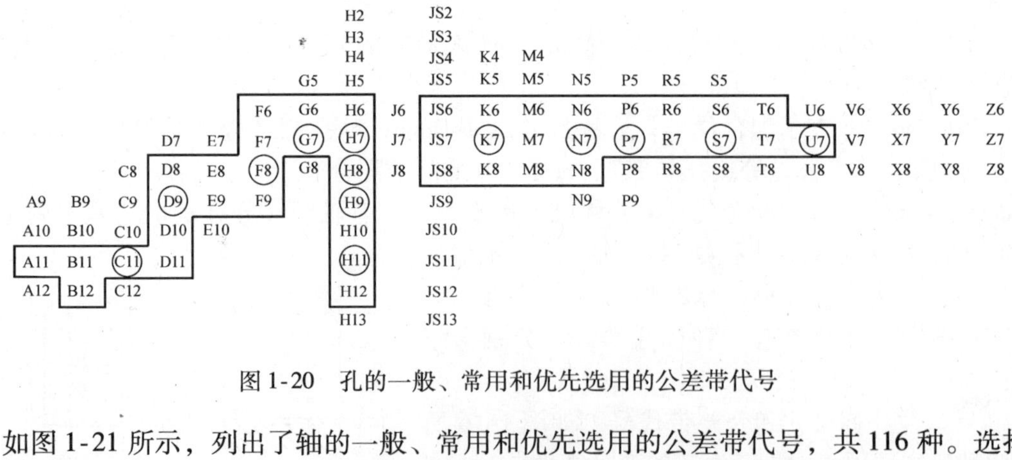

图 1-20 孔的一般、常用和优先选用的公差带代号

如图 1-21 所示，列出了轴的一般、常用和优先选用的公差带代号，共 116 种。选择时，优先选用圆圈内的公差带（共 13 种），其次选用粗线框内的公差带（共 59 种），最后选用其他公差带。

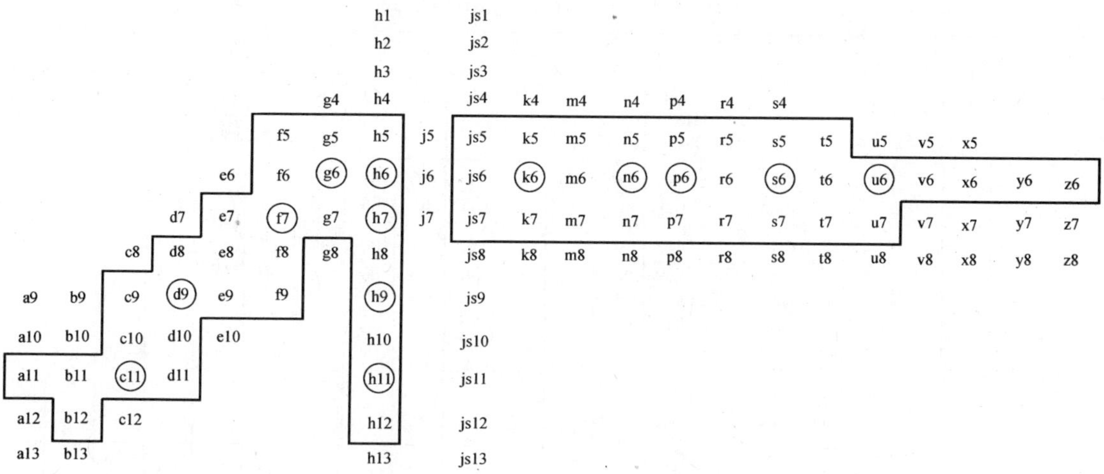

图 1-21　轴的一般、常用和优先选用的公差带代号

2. 孔、轴的常用和优先配合

国家标准 GB/T 1800.1—2009 对公称尺寸≤500mm 范围内，基孔制规定了 13 种优先配合和 59 种常用配合，见表 1-10；基轴制规定了 13 种优先配合和 47 种常用配合，见表 1-11。

表 1-10　基孔制优先和常用配合

基准孔	轴																				
	a	b	c	d	e	f	g	h	js	k	m	n	p	r	s	t	u	v	x	y	z
	间隙配合								过渡配合				过盈配合								
H6						H6/f5	H6/g5	H6/h5	H6/js5	H6/k5	H6/m5	H6/n5	H6/p5	H6/r5	H6/s5	H6/t5					
H7						H7/f6	◤H7/g6	◤H7/h6	H7/js6	◤H7/k6	H7/m6	◤H7/n6	◤H7/p6	H7/r6	◤H7/s6	H7/t6	◤H7/u6	H7/v6	H7/x6	H7/y6	H7/z6
H8					H8/e7	◤H8/f7	H8/g7	◤H8/h7	H8/js7	H8/k7	H8/m7	H8/n7	H8/p7	H8/r7	H8/s7	H8/t7	H8/u7				
				H8/d8	H8/e8	H8/f8		H8/h8													
H9			H9/c9	◤H9/d9	H9/e9	H9/f9		◤H9/h9													
H10			H10/c10	H10/d10				H10/h10													
H11	H11/a11	H11/b11	◤H11/c11	H11/d11				◤H11/h11													
H12		H12/b12						H12/h12													

注：1. H6/n5、H7/p6 在公称尺寸≤3mm 和 H8/r7 在公称尺寸≤100mm 时，为过渡配合。

2. 带◤符号的配合为优先配合。

表 1-11 基轴制优先和常用配合

基准轴	孔																				
	A	B	C	D	E	F	G	H	JS	K	M	N	P	R	S	T	U	V	X	Y	Z
	间隙配合								过渡配合				过盈配合								
h5						$\frac{F6}{h5}$	$\frac{G6}{h5}$	$\frac{H6}{h5}$	$\frac{JS6}{h5}$	$\frac{K6}{h5}$	$\frac{M6}{h5}$	$\frac{N6}{h5}$	$\frac{P6}{h5}$	$\frac{R6}{h5}$	$\frac{S6}{h5}$	$\frac{T6}{h5}$					
h6						$\frac{F7}{h6}$	◤$\frac{G7}{h6}$	◤$\frac{H7}{h6}$	$\frac{JS7}{h6}$	◤$\frac{K7}{h6}$	$\frac{M7}{h6}$	◤$\frac{N7}{h6}$	◤$\frac{P7}{h6}$	$\frac{R7}{h6}$	◤$\frac{S7}{h6}$	$\frac{T7}{h6}$	◤$\frac{U7}{h6}$				
h7					$\frac{E8}{h7}$	◤$\frac{F8}{h7}$		◤$\frac{H8}{h7}$	$\frac{JS8}{h7}$	$\frac{K8}{h7}$	$\frac{M8}{h7}$	$\frac{N8}{h7}$									
h8				$\frac{D8}{h8}$	$\frac{E8}{h8}$	$\frac{F8}{h8}$		$\frac{H8}{h8}$													
h9				◤$\frac{D9}{h9}$	$\frac{E9}{h9}$	$\frac{F9}{h9}$		◤$\frac{H9}{h9}$													
h10				$\frac{D10}{h10}$				$\frac{H10}{h10}$													
h11	$\frac{A11}{h11}$	$\frac{B11}{h11}$	◤$\frac{C11}{h11}$	$\frac{D11}{h11}$				◤$\frac{H11}{h11}$													
h12		$\frac{B12}{h12}$						$\frac{H12}{h12}$													

注：带◤符号的配合为优先配合。

【考点分析】

［**例 5**］ 单选题

下列有关标准公差等级的论述中，准确的有________。

A. 标准公差等级越高，则公差带越宽

B. 在满足要求的前提下，应尽量选择高的标准公差等级

C. 标准公差等级的高低，影响公差带的大小，决定配合的精度

D. 孔、轴相配合，均为同级配合

【解题指导】此题主要考查对标准公差等级的理解。

【参考答案】C

［**例 6**］ 分析计算题

查表确定 ϕ50j6 的基本偏差与另一极限偏差。

【解题指导】此题主要考查标准公差数值表和基本偏差数值表的查表方法。

【参考答案】查表 1-5 标准公差数值得，IT6 时轴的公差 IT = 16μm = 0.016mm。

查表 1-8 轴的基本偏差数值得，ei = −5μm = −0.005mm。

则 $es = ei + IT = (-0.005 + 0.016)\ \text{mm} = +0.011\text{mm}$

因此，ϕ50j6 的上极限偏差为 +0.011mm，下极限偏差为 −0.005mm，即 $\phi50^{+0.011}_{-0.005}\text{mm}$。

［**例 7**］ 综合分析计算题

已知相配合的孔和轴，其公称尺寸为 25mm，孔的基本偏差代号为 H、公差等级为 IT8，轴的基本偏差代号为 f、公差等级为 IT7。查表确定孔、轴的标准公差和基本偏差数值，并

计算另一极限偏差和极限尺寸，求配合的极限间隙或极限过盈及配合公差。

【解题指导】 此题是综合题，主要考查公差与配合各计算公式的灵活应用。

【参考答案】

解：由表1-5得 IT7 = 21μm = 0.021mm，IT8 = 33μm = 0.033mm。

查表1-9孔的基本偏差数值得 EI = 0。

所以　ES = EI + IT = 0 + 0.033mm = +0.033mm

$D_{max} = D + ES = (25 + 0.033)\ mm = 25.033mm$　$D_{min} = D + EI = 25mm + 0 = 25mm$

可写成 $\phi 25H8\ (^{+0.033}_{0})$。

查表1-8轴的基本偏差数值得 es = −20μm = −0.020mm。

所以　ei = es − IT = (−0.020 − 0.021) mm = −0.041mm

可写成 $\phi 25f7\ (^{-0.020}_{-0.041})$。

$$d_{max} = d + es = 25mm + (-0.020)\ mm = 24.98mm$$

$$d_{min} = d + ei = 25mm + (-0.041)\ mm = 24.959mm$$

由于孔的下极限偏差为零，且 EI > es，所以此配合为基孔制间隙配合。

$$X_{max} = ES - ei = 0.033mm - (-0.041)\ mm = +0.074mm$$

$$X_{min} = EI - es = 0 - (-0.020)\ mm = +0.020mm$$

$$T_f = |X_{max} - X_{min}| = (0.074 - 0.020)\ mm = 0.054mm$$

或　$T_f = T_h + T_s = (0.033 + 0.021)\ mm = 0.054mm$

【习题练习】

一、判断题

(　　) 1. 因 JS 为完全对称偏差，故其上、下极限偏差相等。

(　　) 2. 标准公差数值不仅与公差等级有关，还与公称尺寸有关。

(　　) 3. 公称尺寸越大，标准公差必定越大。

(　　) 4. 在同一尺寸段，标准公差随着公差等级的降低而增大（如 IT6 降到 IT9）。

(　　) 5. 将标准公差与基本偏差相互搭配，可得到每一公称尺寸的不同公差带。

二、单选题

1. 基本偏差确定了（　　），从而确定了配合的性质。

A. 公差带的形状　B. 公差带的位置　C. 公差带的方向　D. 公差带的大小

2. 对于孔，基本偏差从 A ~ H 为（　　）。

A. 上极限偏差　B. 下极限偏差

C. 上极限偏差和下极限偏差

D. 上极限偏差或下极限偏差

3. 对于轴，基本偏差从 j ~ zc 为（　　）。

A. 下极限偏差　B. 上极限偏差

C. 上极限偏差和下极限偏差

D. 上极限偏差或下极限偏差

4. 比较 $\phi 45d8$、$\phi 45d9$、$\phi 45d10$ 三个公差带，（　　）相同。

A. 上极限偏差　B. 下极限偏差　C. 实际偏差　D. 公差

5. 当孔的基本偏差为下极限偏差时，计算上极限偏差数值的计算公式为（　）。

A. EI = ES − IT　　B. ES = EI + IT　　C. EI = ES + IT　　D. es = ei + IT

6. 当轴的基本偏差为下极限偏差时，计算上极限偏差数值的计算公式为（　）。

A. EI = ES − IT　　B. ei = es − IT　　C. ei = es + IT　　D. es = ei + IT

三、填空题

1. 国家标准在常用公称尺寸段内共设置了________个标准公差等级，其中________级精度最高，________级精度最低。

2. $\phi 45^{+0.005}_{0}$mm 孔的基本偏差数值为________ mm，$\phi 50^{-0.050}_{-0.112}$mm 轴的基本偏差数值为________ mm。

3. 国家标准对孔和轴分别规定了________个基本偏差，其代号用________表示，其中大写字母代表________的基本偏差代号，小写字母代表________的基本偏差代号。

4. 孔、轴的公差带代号由________代号和________代号组成。

5. 配合公差带代号由________代号组合表示，写成________形式，分子为________代号，分母为________代号。

6. 在公称尺寸相同的情况下，公差等级________，公差值越大。

四、查表计算题

1. 查表确定 ϕ50h5、ϕ10R5 的标准公差和基本偏差，并计算另一极限偏差。

2. 利用标准公差数值表和轴的基本偏差数值表，确定 ϕ30H8/k7 和 ϕ30K8/h7 配合中孔和轴的极限偏差及极限间隙或极限过盈。

【参考答案】

一、判断题

1. ×　2. √　3. ×　4. √　5. √

二、单选题

1. B　2. B　3. A　4. A　5. B　6. D

三、填空题

1. 20　IT01　IT18

2. 0　−0.050

3. 28　拉丁字母　孔　轴

4. 基本偏差　公差等级

5. 基本偏差和公差等级　分数　孔的公差带　轴的公差带

6. 越大

四、查表计算题

1. **解**：1）ϕ50h5。查表 1-5 标准公差数值得，轴的标准公差 IT5 = 11μm。

查表 1-8 轴的基本偏差数值，h 为上极限偏差 es = 0。

则　下极限偏差 ei = es − IT5 = 0 − 11μm = −11μm

因此，ϕ50h5 的上极限偏差为 0，下极限偏差为 −0.011mm，可表达为 $\phi 50^{0}_{-0.011}$mm。

2）ϕ10R5。查表 1-5 标准公差数值得，孔的标准公差 IT5 = 6μm。

查表 1-9 孔的基本偏差数值，R 为上极限偏差 ES = −19μm + Δ = −19μm + 2μm =

$-17\mu m$。

则另一极限偏差 $EI = ES - IT5 = (-17)\mu m - 6\mu m = -23\mu m$。

因此 $\phi 10R5$ 可表达为 $\phi 10^{-0.017}_{-0.023}mm$。

2. **解**：1）由表 1-5 查得：公称尺寸为 30mm 的标准公差数值 $IT8 = 33\mu m$，$IT7 = 21\mu m$。

2）$\phi 30H8$ 为基准孔，即 $EI = 0$，$ES = EI + IT8 = +33\mu m$。

3）$\phi 30k7$ 的基本偏差查表 1-8 得 $ei = +2\mu m$，则

$$es = ei + IT7 = (+2)\mu m + 21\mu m = +23\mu m$$

4）$\phi 30H8/k7$ 配合的极限间隙、极限过盈：

$$X_{max} = ES - ei = (+33)\mu m - (+2)\mu m = +31\mu m$$

$$Y_{max} = EI - es = 0 - (+23)\mu m = -23\mu m$$

5）$\phi 30h7$ 为基准轴，即 $es = 0$，$ei = es - IT7 = 0 - 21\mu m = -21\mu m$。

6）$\phi 30K8$ 应按特殊规则计算。

因为 $\Delta = IT8 - IT7 = 33\mu m - 21\mu m = 12\mu m$，查表 1-8 得 $ei = +2\mu m$，则

$$ES = -ei + \Delta = -(+2)\mu m + 12\mu m = +10\mu m$$

$$EI = ES - IT8 = (+10)\mu m - 33\mu m = -23\mu m$$

7）$\phi 30K8/h7$ 配合的极限间隙、极限过盈：

$$X_{max} = ES - ei = (+10)\mu m - (-21)\mu m = +31\mu m$$

$$Y_{max} = EI - es = (-23)\mu m - 0 = -23\mu m$$

8）比较 $\phi 30H8/k7$ 和 $\phi 30K8/h7$ 两个配合，由上述计算可看出，它们的配合性质完全相同。即 $X_{max} = +31\mu m$，$Y_{max} = -23\mu m$。

第四节　极限与配合的选用

【学习要求】

1. 掌握基准制的选择原则，以及基孔制、基轴制的应用条件。
2. 掌握公差等级和配合的选用方法。

【学习内容】

孔、轴公差与配合的选择是机械设计中的重要部分，它直接影响机械产品的使用精度、性能和加工成本。孔、轴公差与配合的选择包括基准制、标准公差等级和配合种类三方面的选择。选择的原则是在满足使用要求的前提下，获得最佳的经济效益。

一、基准制的选择

1. 优先选用基孔制

一般情况下应优先选用基孔制。选用基孔制，主要是从经济性方面考虑，同时兼顾功能、结构、工艺条件和其他方面的要求。因为从工艺上看，加工中等尺寸高精度的孔，一般用铰刀、拉刀等定尺寸刀具加工，而加工轴则用一把车刀或砂轮，就可加工不同的尺寸。并且加工孔比轴更困难，而且所用刀具、量具尺寸规格也多些，因此优先选用基孔制，可以减少定值刀具、量具的规格数目，降低成本，提高加工的经济性。

2. 特殊情况采用基轴制

对于下列情况，采用基轴制比较经济合理。

（1）使用冷拉钢材直接作为轴　在农业机械和纺织机械中，常使用具有一定精度（IT9～IT11）的冷拉钢材，不必切削加工而直接作为轴来与其他零件的孔配合，因此应采用基轴制。

（2）结构上的需要　在结构上，轴的同一公称尺寸的不同部分上装配几个不同配合要求的孔的零件时，轴的这一部分与几个孔的配合应采用基轴制。如图1-22所示为活塞销与活塞和连杆头衬套孔的配合。按照使用要求，活塞销与连杆头衬套孔的配合应为间隙配合，而活塞销与活塞的配合应为过渡配合，两种配合的公称尺寸相同。如果采用基孔制配合，虽然三个孔的公差带一样，但活塞销必须制成两头大中间小的阶梯形，如图1-23a所示。这样，活塞销两头的直径将大于连杆头衬套孔的直径，不仅挤过衬套孔壁会有困难，还会刮伤孔的表面。另外，这种阶梯形的活塞销比无阶梯的活塞销加工困难，工艺复杂，经济效益差。如果采用基轴制，如图1-23b所示，活塞销可采用无阶梯结构，衬套孔与活塞销孔可分别采用不同的公差带。显然，这样既可满足使用要求，又可减少加工工作量，从而使加工成本降低，还可方便装配。

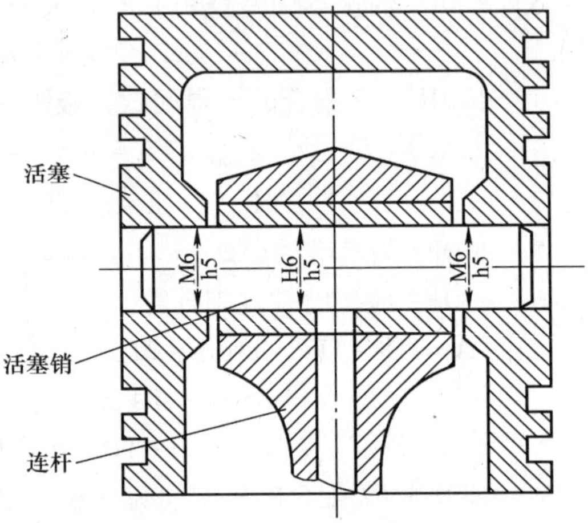

图1-22　活塞、连杆机构中的三处配合

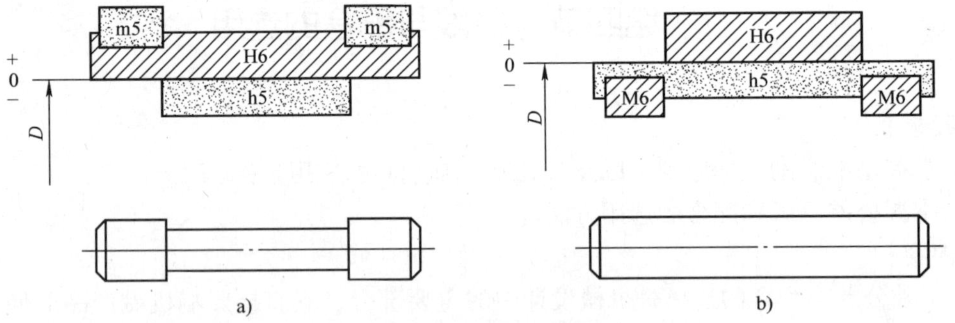

图1-23　活塞销与活塞销孔及连杆头衬套孔的公差带

a）基孔制配合　b）基轴制配合

（3）以标准零部件为基准选择配合制　使用标准件时，基准制的选择应依据标准件而定。例如，滚动轴承为标准件，则其内圈与轴颈的配合应是基孔制，而外圈与外壳孔的配合应是基轴制。轴承配合处的标注如图1-24所示，其标注方法与孔、轴配合的标注是有区别的，仅标注非标准件的公差带即可。

（4）必要时采用任何适当的孔、轴公差带组成的配合　为了满足特殊的配合需要，允许采用任意孔与轴的公差带组成配合，即非基准制配合。如图1-24所示，由于在滚动轴承与孔的配合中，已选定孔的公差带为ϕ100J7，而轴承盖与孔的配合对定心精度要求不高，因此应选用间隙配合 $\phi100\ \frac{J7}{f9}$。

二、标准公差等级的选用

选择标准公差等级时，要正确处理机器零件的使用性能、制造工艺和生产成本之间的关系。因此，选择标准公差等级的基本原则是：在满足使用要求的条件下，尽量选取较低的标准公差等级。

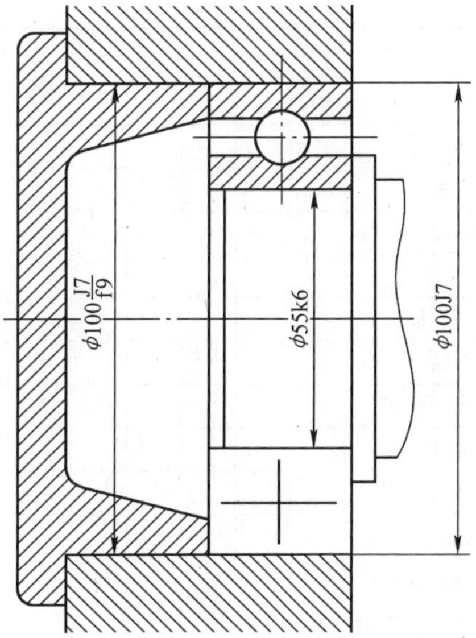

图 1-24　滚动轴承与孔、轴配合的标注

标准公差等级可用类比法选择。类比法就是对同类机器和零部件以及它们的图样进行分析，参考从生产实践中总结出来的技术资料，把所设计产品的技术要求与之进行对比，来选择孔、轴的公差与配合。用类比法选择标准公差等级时，应掌握各个标准公差等级的应用范围和各种加工方法所能达到的标准公差等级，以便有所依据。表 1-12 为标准公差等级的应用范围，表 1-13 为各种加工方法可能达到的标准公差等级，表 1-14 为各标准公差等级的主要应用范围。

表 1-12　标准公差等级的应用范围

应用	标准公差等级（IT）																			
	01	0	1	2	3	4	5	6	7	8	9	10	11	12	13	14	15	16	17	18
量块	—	—	—																	
量规			—	—	—	—	—	—	—											
配合尺寸							—	—	—	—	—	—	—	—	—					
特别精密的配合				—	—	—	—													
非配合尺寸														—	—	—	—	—	—	—
原材料尺寸										—	—	—	—	—	—	—				

注：“—”表示应用的标准公差等级。

表 1-13　各种加工方法可能达到的标准公差等级

加工方法	标准公差等级（IT）																			
	01	0	1	2	3	4	5	6	7	8	9	10	11	12	13	14	15	16	17	18
研磨	—	—	—	—	—	—	—													
珩磨						—	—	—	—											
圆磨							—	—	—	—										
平磨							—	—	—	—										
金刚石车							—	—	—											
金刚石镗							—	—	—											
拉削							—	—	—	—										

（续）

加工方法	标准公差等级（IT）																			
	01	0	1	2	3	4	5	6	7	8	9	10	11	12	13	14	15	16	17	18
铰孔								—	—	—	—	—								
车									—	—	—	—	—							
镗									—	—	—	—	—							
铣										—	—	—	—							
刨、插												—	—							
钻												—	—	—	—	—				
滚压、挤压												—	—							
冲压												—	—	—	—	—				
压铸													—	—	—	—				
粉末冶金成形								—	—	—										
粉末冶金烧结									—	—	—	—								
砂型铸造、气割																		—	—	—
锻造																	—	—		

注：“—”表示可达到的标准公差等级。

表 1-14　各标准公差等级的主要应用范围

标准公差等级	主要应用范围
IT01、IT0、IT1	一般用于精密标准量块。IT1 也用于检验 IT6、IT7 轴用量规的校对量规
IT2 ~ IT7	用于检验工件 IT5 ~ IT6 量规的尺寸公差
IT3、IT5 （孔的 IT6）	用于精度要求很高的重要配合，如机床主轴与精密滚动轴承的配合、发动机活塞销与连杆孔和活塞销孔的配合 配合公差很小，对加工要求很高，应用较少
IT6 （孔的 IT7）	用于机床、发动机和仪表中的重要配合。例如机床传动机构中的齿轮与轴的配合，轴与轴承的配合，发动机中活塞与气缸、曲轴与轴承、气门杆与导套等的配合 配合公差较小，一般精密加工能够实现，在精密机械中广泛应用
IT7、IT8	用于机床、发动机中次要配合上，也用于重型机械、农业机械、纺织机械、机车车辆等的重要配合上。例如机床上操纵杆的支承配合、发动机中活塞环与活塞环槽的配合、农业机械中齿轮与轴的配合等 配合公差中等，加工易于实现，在一般机械中广泛应用
IT9、IT10	用于一般要求或长度精度要求较高的配合。某些非配合尺寸的特殊要求，例如飞机机身的外壳尺寸，由于重量限制，要求达到 IT9 或 IT10
IT11、IT12	用于不重要的配合处，多用于各种没有严格要求，只要求便于连接的配合，例如螺柱和螺孔、铆钉和孔等的配合
IT12 ~ IT18	用于未注公差的尺寸和粗加工的工序尺寸上，例如手柄的直径、壳体的外形、壁厚尺寸等

用类比法选择标准公差等级时，除参考表 1-12 ~ 表 1-14 中说明的情况外，还应考虑下列几个问题。

1）同一配合中孔与轴的工艺等价性。孔和轴的工艺等价性是指同一配合中孔和轴的加工难易程度应大致相同。

① 公称尺寸至500mm的配合。从目前的技术水平来看，当标准公差等级≤IT8时，中小尺寸孔的加工，比同尺寸、同等级轴的加工要困难，加工成本要高些，其工艺是不等价的。为了使组成配合的孔和轴的工艺等价，其标准公差等级应按优先、常用配合，且孔与轴相差一级选用。标准公差等级＞IT8的孔和轴，其加工难易程度相当，工艺是等价的，可以同级配合使用，见表1-15。

表1-15　按工艺等价性选择轴的标准公差等级

配合类别	孔的标准公差等级	轴应选的标准公差等级	实例
间隙配合	≤IT8	轴比孔高一级	H7/f6
过渡配合	＞IT8	轴与孔同级	H9/f9
过盈配合	≤IT7	轴比孔高一级	H7/p6
	＞IT7	轴与孔同级	H8/s8

② 公称尺寸大于500mm的配合。国家标准推荐孔和轴同级配合，尽量保证孔、轴的加工难易程度相同。

2）相配合的零件、部件的精度应相互匹配。某些孔、轴的标准公差等级取决于相配件的结构或精度。例如，与滚动轴承内、外圈配合的轴颈和外壳孔的标准公差等级，取决于与之相配合的滚动轴承的类型和标准公差等级；与齿轮内孔配合的轴的标准公差等级，要与齿轮内孔的精度相适应。

3）过盈、过渡和较紧间隙配合的精度不能太低。一般孔的公差应不低于IT8，轴的公差应不低于IT7。这是因为如果标准公差等级过低，会使过盈配合的最大过盈过大，材料容易受到损坏；使过渡配合不能保证其装卸的方便性，不能满足较高的定心要求；使间隙配合产生较大的间隙，不能满足较紧的配合要求。

4）在非基准制中，当配合精度要求不高时，为降低成本，允许相互配合零件的标准公差等级相差2～3级。

三、配合种类的选用

确定了配合制和孔、轴的标准公差等级之后，就是选择配合种类，实际上就是确定基孔制中的非基准轴或基轴制中的非基准孔的基本偏差代号。

1. 配合类别的选择

选择配合时，应首先根据配合的具体要求，确定配合的类别（间隙配合、过渡配合或过盈配合）。表1-16提供了配合类别选择的一般方法，可供参考。

表1-16　配合类别选择的一般方法

无相对运动	要求传递力矩	定心精度高	永久结合	过盈配合
			可拆结合	过渡配合或基本偏差代号为H（h）的间隙配合加紧固件
		定心精度不高		间隙配合加紧固件
有相对运动	不需要传递力矩			过渡配合或小过盈配合
	缓慢转动、移动			基本偏差为H、G（h、g）等间隙配合
	转动、移动或复合运动			基本偏差为A～F（a～f）等间隙配合

2. 配合代号的选择

配合代号的选择是指在确定了基准制和标准公差等级后，确定与基准件配合的孔或轴的基本偏差代号。

(1) 选择配合种类的基本方法　选择配合种类通常有三种方法，分别是计算法、试验法和类比法。

计算法是根据一定的理论和公式，经过计算得出所需的间隙或过盈，计算结果也是一个近似值，实际中还需要经过试验来确定；对产品性能影响很大的一些配合，常用试验法来确定最佳的间隙或过盈，这种方法要进行大量试验，成本比较高；类比法是参照类似的经过生产实践验证的机械，分析零件的工作条件及使用要求，以它们为样本来选择配合种类。类比法是机械设计中最常用的方法。使用类比法设计时，各种基本偏差的选择可参考表1-17。

表1-17　各种基本偏差的应用说明

配合	基本偏差	特点及应用实例
间隙配合	a (A) b (B)	可得到特别大的间隙，应用很少。主要用于工作时温度高、热变形大的零件的配合，如发动机中活塞与气缸套的配合为H9/a9
	c (C)	可得到很大的间隙。一般用于工作条件较差（如农业机械）、工作时受力变形大及装配工艺性不好的零件的配合，也适用于在高温下工作的间隙配合，如内燃机排气阀杆与导管的配合为H8/c7
	d (D)	与IT7～IT11对应，适用于较松的间隙配合（如滑轮、空转的带轮与轴的配合），以及大尺寸的滑动轴承与轴颈的配合（如涡轮机、球磨机等的滑动轴承）。如活塞环与活塞环槽的配合可用H9/d9
	e (E)	与IT6～IT9对应，具有明显的间隙，用于大跨距及多支点的转轴与轴承的配合，以及高速、重载的大尺寸轴与轴承的配合，如大型电动机、内燃机的主要轴承处的配合为H8/e7
	f (F)	多与IT6～IT8对应，用于一般转动的配合，以及受温度影响不大，采用普通润滑油的轴颈与滑动轴承的配合，如齿轮箱、小电动机、泵等的转轴与滑动轴承的配合为H7/f6
	g (G)	多与IT5、IT6、IT7对应，形成配合间隙较小，用于轻载精密装置中的转动配合，插销的定位配合，以及滑阀、连杆销等处的配合，如钻套导向孔多用G6
	h (H)	多与IT4～IT11对应，广泛用于无相对转动的配合，以及一般的定位配合。若没有温度、变形的影响，也可用于精密的滑动轴承，如车床尾座孔与滑动套筒的配合为H6/h5
过渡配合	js (JS)	多用于IT4～IT7具有平均间隙的过渡配合，用于略有过盈的定位配合，如联轴器、齿圈与轮毂的配合，滚动轴承外圈与外壳孔的配合多用JS7。一般用手或木槌装配
	k (K)	多用于IT4～IT7平均间隙接近于零的配合，用于定位配合，如滚动轴承的内、外圈分别与轴颈、外壳孔的配合。用木槌装配
	m (M)	多用于IT4～IT7平均过盈较小的配合，用于精密定位的配合，如蜗轮的青铜轮缘与轮毂的配合为H7/m6
	n (N)	多用于IT4～IT7平均过盈较大的配合，很少形成间隙。用于加键传递较大转矩的配合，如压力机上的齿轮与轴的配合。用槌子或压力机装配

（续）

配合	基本偏差	特点及应用实例
过盈配合	p（P）	用于过盈小的配合。与 H6 或 H7 孔形成过盈配合，而与 H8 孔形成过渡配合。碳钢和铸铁制零件形成的配合为标准压入配合，如卷扬机的绳轮与齿圈的配合为 H7/p6。合金钢零件的配合需要过盈小时可用 p（或 P）
	r（R）	用于传递大转矩或受冲击负荷而需要加键的配合，如蜗轮与轴的配合 H7/r6。H8/r8 配合在公称尺寸 <100mm 时，为过渡配合
	s（S）	用于钢和铸铁零件的永久性和半永久性结合，可产生相当大的结合力，如套环压在轴、阀座上用 H7/s6 配合
	t（T）	用于钢和铸铁零件的永久性结合，不用键就可传递转矩，需要热套法或冷轴法装配，如联轴器与轴的配合为 H7/t6
	u（U）	用于过盈大的配合，最大过盈需验算。用热套法进行装配，如火车轮毂与轴的配合为 H6/u5
	V（V）、x（X） y（Y）、z（Z）	用于过盈特大的配合，目前使用的经验和资料很少，须经试验后才能应用，一般不推荐

（2）标准规定的公差带的优先、常用和一般配合　在选用配合时应尽量选择国家标准中规定的公差带和配合。在实际设计中，应该首先采用优先配合（表 1-18）；当优先配合不能满足要求时，再从常用配合中选择；当常用配合不能满足时，再选择一般配合。在特殊情况下，可根据国家标准的规定，用标准公差系列和基本偏差系列组成配合，以满足特殊的要求。

表 1-18　优先配合的选用

优先配合		说明
基孔制	基轴制	
$\frac{H11}{c11}$	$\frac{C11}{h11}$	间隙很大，常用于很松、转速低的间隙配合，也用于装配方便的松配合
$\frac{H9}{d9}$	$\frac{D9}{h9}$	用于间隙很大的自由转动配合，也用于非主要精度要求时，或是温度变化大、转速高和轴颈压力很大时
$\frac{H8}{f7}$	$\frac{F8}{h7}$	用于间隙不大的转动配合，也用于中等转速与中等轴颈压力的精确传动和较容易的中等定位配合
$\frac{H7}{g6}$	$\frac{G7}{h6}$	用于小间隙的滑动配合，也用于不能转动，但可自由移动和能滑动并能精密定位的配合
$\frac{H7}{h6}$ $\frac{H8}{h7}$ $\frac{H9}{h9}$ $\frac{H11}{h11}$	$\frac{H7}{h6}$ $\frac{H8}{h7}$ $\frac{H9}{h9}$ $\frac{H11}{h11}$	用于在工作时没有相对运动，但装拆很方便的间隙定位配合

（续）

优先配合		说明
基孔制	基轴制	
$\frac{H7}{k6}$	$\frac{K7}{h6}$	用于精密定位的过渡配合
$\frac{H7}{n6}$	$\frac{N7}{h6}$	有较大过盈的更精密定位的过盈配合
$\frac{H7}{p6}$	$\frac{P7}{h6}$	用于定位精度很重要的小过盈配合，并且能以最好的定位精度达到部件的刚性和对中性要求
$\frac{H7}{s6}$	$\frac{S7}{h6}$	用于普通钢件压入配合和薄壁件的冷缩配合
$\frac{H7}{u6}$	$\frac{U7}{h6}$	用于承受大压入力零件的压入配合和不适宜承受大压入力的冷缩配合

3. 选择配合种类应考虑的主要因素

选择配合时，还要综合考虑以下因素。

（1）孔和轴的定心精度　当相互配合的孔、轴定心精度要求高时，不宜用间隙配合，多用过渡配合。过盈配合也能保证定心精度。

（2）受载荷情况　若载荷较大，对于过盈配合，过盈量要增大；对于过渡配合，要选用过盈概率大的过渡配合。

（3）拆装情况　经常拆装的孔和轴的配合比不经常拆装的配合要松些。有时零件虽然不经常拆装，但受结构限制装配困难的配合，也要选松一些的配合。

（4）配合件的材料　当配合件中有一件是铜或铝等弹塑性材料时，因其容易变形，故选择配合时可适当增大过盈或减小间隙。

（5）装配变形　对于薄壁套筒的装配，还要考虑到装配变形的问题。如图 1-25 所示，套筒外表面与机座孔的配合为过盈配合（ϕ80H7/u6），套筒内孔与轴的配合为间隙配合（ϕ60H7/f6）。当套筒压入机座孔后套筒内孔会收缩，使内孔变小，因而就无法满足ϕ60H7/f6预定的间隙要求。在选择套筒内孔与轴的配合时，此变形量应加以考虑。具体办法有两个：一是将内孔做大些，以补偿装配变形；二是用工艺措施来保证，将套筒压入机座后，再按 ϕ60H7 加工套筒内孔。

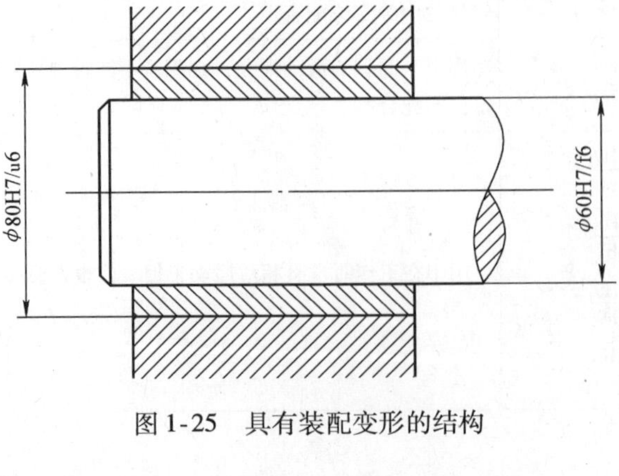

图 1-25　具有装配变形的结构

（6）工作温度　当工作温度与装配温度相差较大时，选择配合时要考虑到热变形的影响。

（7）生产类型　大批量生产时，加工后的尺寸通常按正态分布。但在单件小批量生产时，多采用试切法，加工后孔的尺寸多偏向下极限尺寸，轴的尺寸多偏向上极限尺寸。这样，对同一配合，单件小批生产比大批量生产总体上就显得紧一些。因此，在选择配合时，对同一使用要求，单件小批生产采用的配合应比大批量生产时要松一些。例如大批量生产时配合为 ϕ50H7/js6，则在单件小批量生产时应选择 ϕ50H7/h6。

在选择配合时，应根据零件的工作条件，综合考虑以上各因素的影响。当工作条件变化时，对配合的间隙或过盈的大小进行适当的调整。

【考点分析】

［**例 8**］　单选题

下列配合中，标准公差等级选择恰当的是（　　）。

A. H7/f7　　B. H7/p6　　C. H8/s7　　D. H9/d8

【解题指导】此题主要考查选择标准公差等级时应考虑同一配合中孔与轴的工艺等价性。当标准公差等级≤IT8 时，中小尺寸孔的加工，比同尺寸、同等级轴的加工要困难，加工成本要高些，其工艺是不等价的。为了使组成配合的孔和轴的工艺等价，孔与轴的标准公差等级应按相差一级选用。标准公差等级＞IT8 的孔和轴，其加工难易程度相当，工艺是等价的，可以同级配合使用。

【参考答案】B

［**例 9**］　简答题

标准公差等级和基准制的选用原则分别是什么？

【解题指导】此题主要考查对公差等级和基准制的选用原则的理解。

【参考答案】选用原则主要考虑工艺的经济性和结构的合理性，一般情况下，优先采用基孔制，这样可以减少备用的定尺寸刀具、量具的种类，经济效益比较好。

标准公差等级的选择原则是：在满足使用要求的条件下，尽量选取低的公差等级。

基准制的选用原则是：①一般情况下，应优先选用基孔制；②与标准件配合时，基准制的选择通常依标准件而定；③为了满足配合的特殊要求，允许采用混合配合。

【习题练习】

一、判断题

（　　）1. 基准制的选择，一般情况下应优先选用基轴制。

（　　）2. 标准公差等级选用的原则是在满足使用要求的条件下，公差等级尽量选取较高的等级。

（　　）3. 采用基孔制可大大减少定尺寸刀具和量具的品种和规格，有利于生产及储备，从而降低生产成本，提高经济效益。

（　　）4. 为满足配合的特殊需要，允许采用混合配合。

（　　）5. 公称尺寸至 500mm 的配合，标准公差等级＞IT8 的孔和轴，可以同级配合使用。

二、单选题

1. 国家标准规定优先选用基孔制配合是（　　）。

A. 为了减少定值孔用刀、量具的规格和数量

B. 为了减少孔和轴的公差带数量

C. 因为孔比轴难加工

D. 因为从工艺上讲，应先加工孔，后加工轴

2. 在下列情况中，不能采用基轴制配合的是（　　）。

A. 滚动轴承外圈与壳体孔的配合　　B. 滚动轴承内圈与转轴轴颈的配合

C. 采用冷拔圆型材作为轴　　D. 柴油机中活塞连杆组件的配合

3. 下列配合中，公差等级选择不当的是（　　）。

A. F6/h5　　B. H6/m5　　C. A8/h9　　D. H9/g8

4. 基孔制配合 ϕ55H7/g6 的配合性质为（　　）。

A. 间隙　　B. 过渡　　C. 过盈　　D. 不确定

5. 下列孔、轴配合中，不应选用过渡配合的是（　　）。

A. 既要求对中，又要拆卸方便

B. 工作时有相对运动

C. 保证静止或传递载荷的可拆结合

D. 要求定心好，载荷由键传递

三、填空题

1. 在公称尺寸已经确定的情况下，选用极限与配合主要包括________、________和________三个方面。

2. 与标准件配合时，基准制的选择通常按________确定。

3. 选择标准公差等级时要正确处理机器零件的________、________和________之间的关系。在满足使用要求的条件下，尽量选取________的公差等级。

4. 选用配合的方法有________、________和________三种。在一般的情况下通常采用________，即与经过生产和使用验证后的某种配合进行比较，经过修正后确定其________。

【参考答案】

一、判断题

1. ×　　2. ×　　3. √　　4. √　　5. √

二、单选题

1. A　　2. B　　3. C　　4. A　　5. A

三、填空题

1. 基准制　标准公差等级　配合种类

2. 标准件

3. 使用性能　制造工艺　生产成本　低

4. 计算法　试验法　类比法　类比法　配合种类

第二单元　测量技术基础

【知识框架】

- 测量技术基础
  - 测量的基本知识
    - 测量的基本要素
    - 测量器具
    - 测量器具的基本度量指标
    - 测量方法
    - 测量误差
  - 测量长度尺寸的常用计量器具
    - 量块
    - 游标卡尺
    - 千分尺类量具
    - 机械式量仪
  - 测量角度的常用计量器具
    - 90°角尺
    - 游标万能角度尺
    - 正弦规

第一节　测量的基本知识

【学习要求】

1. 了解常用测量器具及测量器具的主要技术指标。
2. 熟悉常用的测量方法。
3. 掌握测量误差的产生原因、测量误差的分类及处理方法。

【学习内容】

一、测量的基本要素

测量是以确定被测对象的量值为目的的全部操作。测量过程实际上就是将被测的量 x 与具有计量单位 E 的标准量进行比较，从而确定其比值 q 的过程。因此，被测量可表示为

$$x = qE$$

例如，用游标卡尺对一轴径进行测量就是将被测量对象（轴的直径）用特定测量方法（游标卡尺）与长度单位（毫米）相比较。若比值为 30.50，准确度为 ±0.02mm，则测量结果可表达为（30.50 ±0.02）mm。

与测量相近的概念还有检验。检验是确定被测量是否在规定的验收极限范围内，以便做出零件是否合格的判断，但不一定要确定其量值。

任何一个测量过程必须有被测对象和所采用的计量单位，同时要采用与被测对象相适应

的测量方法，并且测量结果还要达到所要求的测量精度。因此，一个完整的测量过程应包含被测对象、计量单位、测量方法和测量精度四个要素。

1. 被测对象

机械制造业的技术测量对象主要指长度、角度、几何误差和表面粗糙度。

2. 计量单位

为了保证测量的准确性，首先需要建立国际统一、稳定可靠的长度基准。我国采用以国际单位制为基础的法定计量单位。在长度计量单位中以米（m）作为基本单位。在机械制造中通常以毫米（mm）作为计量单位。在精密测量中，以微米（μm）作为计量单位。角度计量单位为弧度（rad）和度（°）、分（′）、秒（″）。

3. 测量方法

测量方法是指在进行测量时所采用的测量原理、测量器具（计量器具）和测量条件（环境和操作者）的总和。在测量过程中，应根据被测零件几何参数的定义，被测零件尺寸的大小、数量的多少以及测量精度和测量效率等来确定所采用的测量方法。

4. 测量精度

测量精度是指测量结果与真值的一致程度。由于在测量过程中总是不可避免地出现测量误差，因此测量结果只是在一定范围内近似于真值。测量误差的大小反映测量精度的高低，测量误差大则测量精度低，测量误差小则测量精度高。只有测量误差足够小，才表明测量结果是可靠的。因此，不知道测量精度的测量是不可信的测量。

二、测量器具

测量器具按结构特点可分为量具、量规、量仪和计量装置四类。

（1）量具　量具是指用来测量或检验零件尺寸的器具，其结构比较简单，一般能直接指示出长度的单位或界限，通常没有放大装置，如量块、90°角尺、游标卡尺和千分尺等。

（2）量规　量规是一种没有刻度的专用检验器具。量规用以检验零件要素的实际尺寸和几何误差的综合结果，其检验结果只能判断被测几何量合格与否，而不能得出几何量的具体数值，如光滑极限量规和螺纹量规等。

（3）量仪　量仪是一种将被测的或有关的量转换成直接观测的指示值或等效信息的一种计量器具。量仪一般具有传动放大系统，按原始信号转换原理的不同，量仪可分为以下四种。

1）机械式量仪。用机械方法实现原始信号转变的量仪，如指示表和杠杆齿轮比较仪等。这种量仪结构简单，性能稳定，使用方便。

2）光学式量仪。用光学方法实现原始信号的量仪，如光学比较仪和工具显微镜等。这种量仪精度高，性能稳定。

3）电动式量仪。将原始信号转换为电量形式信息的量仪，如电感比较仪、电容比较仪和干涉仪等。这种量仪精度高，测量信号易于与计算机接口，实现测量和数据处理的自动化。

4）气动式量仪。以压缩空气为介质，通过气动系统流量或压力的变化来实现原始信号转换的量仪，如水柱式气动量仪和浮标式气动量仪等。这种量仪结构简单，测量精度和效率都高，操作方便，但示值范围小。

（4）计量装置　计量装置是确定被测几何值所必需的计量器具和辅助设备的总称。它能够测量较多的几何量和较复杂的零件，有助于实现检测自动化或半自动化。

三、测量器具的基本度量指标

度量指标是合理选择和使用测量器具的主要技术指标。

1. 标尺间距（又称分度间距）

标尺间距是指测量器具的刻度标尺或刻度盘上相邻两刻线间的距离。为了便于读数，一般标尺间距为1～2.5mm。

2. 分度值（又称刻度值）

分度值是指测量器具的刻度标尺或刻度盘上每一标尺间距所代表的量值。例如，游标卡尺的分度值分别是0.02mm、0.05mm、0.10mm，千分尺的分度值是0.01mm。一般来说，分度值越小，测量器具的精度越高。

3. 示值范围

示值范围是由测量器具所显示或指示的最低值到最高值的范围。例如，杠杆千分尺的示值范围为±0.02mm。

4. 测量范围

测量范围是指在允许不确定度内，测量器具所能测量的被测量值的下限值至上限值范围。如千分尺的测量范围就有0～25mm、25～50mm、50～75mm、75～100mm等多种。

5. 示值误差

示值误差是指测量仪器的示值与被测量真值的代数差，主要由仪器制造误差和仪器调整误差引起。一般来说，示值误差越小，测量器具精度越高。

6. 修正值

修正值是指为消除示值误差，加到测量结果上的代数值。其大小与示值误差绝对值相等，而符号相反。例如，示值误差为-0.004mm，则修正值为+0.004mm。

7. 回程误差

回程误差是指在相同测量条件下，被测量值不变，测量器具行程方向不同时，两示值之差的绝对值。它主要由测量器具中零件的间隙、变形和摩擦等引起。

8. 灵敏度（也称放大比）

灵敏度是指测量器具对被测量微小变化的反应能力。对于一般长度测量器具，它等于标尺间距与分度值之比。例如，百分表的标尺间距为1.5mm，分度值为0.01mm，其放大比为1.5/0.01=150。

9. 示值稳定性

示值稳定性是指在测量条件不做任何变动的情况下，对同一被测量进行多次重复测量时，其示值的最大变化范围。

10. 测量重复性

测量重复性是在相同的测量条件下，对同一被测参数进行多次重复测量，其结果的最大差异。它反映的是测量仪器的工作稳定性。

11. 测量力

测量力是指接触测量过程中测头与被测物体之间的接触压力。测量力的大小应适当，太大会引起弹性变形，太小则影响接触的可靠性。因此，必须合理控制测量力的大小。

12. 不确定度

不确定度是指由于测量误差的存在而对被测几何量量值不能确定的程度。不确定度是一个综合指标，包括示值误差和回程误差等。不确定度大，则测量精度低。

四、测量方法

在长度测量中，测量方法是根据被测对象的特点来选择和确定的。被测对象的特点主要指它的精度要求、几何形状、尺寸大小、材料性质以及数量等。常用的测量方法见表2-1。

表2-1 常用的测量方法

分类方法	测量方法	含义	说明
是否直接测量被测参数	直接测量	无须对被测量与其他实测量进行一定函数关系的辅助计算，直接得到被测量值的测量	测量精度只与测量过程有关，如用游标卡尺测量轴的直径、长度
	间接测量	通过直接测量与被测参数有已知关系的其他量而得到该被测参数量值的测量	精确度不仅取决于有关参数的测量精确度，且与所依据的计算公式有关
测量器具的读数是否直接表示被测量的量值	绝对测量	由测量器具的读数装置上读出被测量的整个量值	如用千分尺测量零件的直径
	相对测量（又称比较测量）	测量器具的读数装置指示的值只是被测量对标准量的偏差，被测量的整个量值等于测量器具所指偏差与标准量的代数和	如用正弦规测量锥度、用百分表测孔径
零件被测参数的多少	单项测量	对被测零件的某个参数进行单独测量	如分别测量齿轮的齿厚、齿形和齿距等。这种方法一般用于量规的检定、工序间的测量等
	综合测量	对被测零件的几个相关参数进行测量	如用螺纹量规检验螺纹
被测表面与测量器具的测头是否接触	接触测量	测量器具的触端直接与被测零件表面相接触得到测量结果	如用游标卡尺测量轴的直径、长度
	非接触测量	测量器具的测头与被测零件表面不直接接触（表面无测力存在），而是通过其他介质（如光、气流等）与零件接触得到测量结果	如用投影仪测量复杂零件的尺寸
测量在加工过程中的作用	被动测量	零件加工后进行的测量，又称消极测量	测量结果仅限于发现并挑出废品
	主动测量	在加工过程中进行的零件测量，又称为积极测量	测量结果直接用来控制零件的加工过程，从而预防废品的产生
被测零件在测量过程中的状态	静态测量	测量时零件被测表面与测量器具的测头是相对静止的	如用千分尺测量零件的直径
	动态测量	测量时零件被测表面与测量器具的测头之间有相对运动	如用激光比长仪测量精密线纹尺、用电动轮廓仪测量表面粗糙度

五、测量误差

由于测量器具本身的误差以及受测量方法和条件的限制，任何测量过程中测量所得的值不可能是被测量的真值，即使对同一被测的几何量重复进行多次测量，其测量所得的值也不会完全相同。测量值与被测量的真值之间的差异在数值上表现为测量误差。

1. 测量误差的评定

常采用绝对误差和相对误差两种指标判定测量误差。

（1）绝对误差 δ　绝对误差 δ 是被测量的测得值 x 与其真值 x_0 之差。即

$$\delta = x - x_0$$

由于测得值 x 可能大于或小于真值 x_0，所以测量误差 δ 可能是正值，也可能是负值。测量误差的绝对值越小，说明测得值越接近真值，因此测量精度就越高；反之，测量精度就越低。用绝对误差表示测量精度，适用于评定大小相同的被测几何量的测量精确度。

（2）相对误差 f　相对误差 f 是指被测量绝对误差的绝对值与被测量真值之比。其用来评定大小不相同的被测量的测量精确度。相对误差是量纲为一的数值，通常用百分数表示。由于在实际中真值难以获得，而测量值与真值接近，故相对误差可近似用绝对误差 δ 与测量值 x 之比表示，即

$$f = \frac{|\delta|}{x_0} \approx \frac{|\delta|}{x}$$

2. 测量误差的产生原因

产生测量误差的原因很多，主要有以下几种。

（1）测量器具的误差　测量器具的误差是指测量器具本身的误差，是测量器具在设计、制造和使用过程中造成的各项误差。这些误差的总和都将会反映在示值误差和测量的重复性误差上，从而影响测量结果。

（2）测量方法误差　测量方法误差是指由测量方法不完善所引起的误差。例如，接触测量中测量力引起的测量器具和零件表面的变形误差；间接测量中计算公式的不精确引起的误差；测量过程中工件安装、定位不准确等引起的误差。

（3）环境误差　环境误差是指测量时，实际环境不符合标准条件而引起的测量误差。影响测量环境的因素有温度、湿度、气压、振动和灰尘等，其中温度引起的测量误差较大。

（4）人为误差　人为误差是由测量人员主观因素和操作技术水平所引起的误差。例如，测量人员使用测量器具的方法不正确，对示值的分辨能力和对仪器的调节能力不强等因素引起的测量误差。

总之，产生误差的因素很多，有些误差是不可避免的，但有些误差是可以避免的。因此，测量者应对一些可能产生测量误差的原因进行分析，掌握其影响规律，设法消除或减小其对测量结果的影响，以保证测量精度。

3. 测量误差的分类及处理

测量误差按其特性可分为系统误差、随机误差和粗大误差三类，具体内容见表 2-2。

表 2-2　测量误差的分类及处理方法

分类	含义	误差举例	处理方法
系统误差	在相同条件下，多次测量同一量值时，误差的大小和符号保持不变或按一定规律变化的误差	千分尺零位不正确造成的误差	实验对比确定校正值
随机误差	在相同条件下，多次测量同一量值时，其误差的大小和符号以不可预见的方式变化的误差	温度、测量力不稳定造成的误差	用多次测量的算术平均值作为测量结果
粗大误差	超出规定条件下预期的误差	测量者的读数、记录错误等造成的误差	不允许存在，按一定准则确定并消除

【考点分析】

［例 1］ 单选题

由于测量器具零位不正确而出现的误差属于（　　）。

A. 随机误差　　B. 系统误差　　C. 粗大误差　　D. 环境误差

【解题指导】此题主要考查对系统误差、随机误差和粗大误差三大测量误差概念的理解。测量器具零位不正确，其特性为在相同条件下，多次测量同一量值时，误差的大小和符号保持不变，故属于系统误差。

【参考答案】B

［例 2］ 填空题

一个完整的测量过程应包含________、________、________和________四个要素。

【解题指导】此题主要考查对测量过程的理解。任何一个测量过程必须有被测对象和所采用的计量单位，同时要采用与被测对象相适应的测量方法，并且测量结果还要达到所要求的测量精度。

【参考答案】被测对象　计量单位　测量方法　测量精度

【习题练习】

一、判断题

（　　）1. 测量精度是指测量结果与真值的一致程度。

（　　）2. 一般来说，分度值越小，测量器具的精度越低。

（　　）3. 量规是一种没有刻度的专用检验器具。

（　　）4. 系统误差是指在一定条件下，对同一被测量值进行多次重复测量时，误差的大小和符号均保持不变或按一定规律变化的测量误差。

（　　）5. 示值范围是指测量器具所允许测量尺寸的最小值到最大值的范围。

二、单选题

1. 在相同的条件下多次测量同一值时，误差绝对值和符号以不同的方式变化着的误差称为（　　）。

A. 系统误差　　B. 粗大误差　　C. 绝对误差　　D. 随机误差

2. （　　）是指测量仪器的示值与被测量真值的代数差。

A. 修正值　　B. 示值误差　　C. 灵敏度　　D. 不确定度

3. 测量误差可用（　　）指标来评定。

A. 方法误差　　B. 粗大误差　　C. 相对误差　　D. 随机误差

4. 测量范围是指在允许的不确定度内，测量器具所能测量的被测量值的（　　）范围。

A. 起始值至终止值　　B. 下限值至上限值

C. 起始值至上限值　　D. 下限值至终止值

5. 用游标卡尺测量轴的直径、长度属于（　　）方法。

A. 间接测量　　B. 相对测量　　C. 绝对测量　　D. 动态测量

三、填空题

1. 机械制造业的技术测量对象主要指________、________、________和________。

2. 我国采用以国际单位制为基础的法定计量单位。在长度计量单位中以________作为基本单位。在机械制造中通常以________作为计量单位。在精密测量中，以______________

作为计量单位。角度计量单位为________和________、________、________。

3. 测量方法是指在进行测量时所采用的________、________和________的总和。

4. 测量器具按结构特点可分为________、________、________和________四类。

四、简答题

1. 说明标尺间距与分度值、示值范围与测量范围、示值误差与修正值的区别。

2. 测量误差按其性质可分为哪几类？测量误差的主要产生原因有哪些？

3. 用两种方法分别测两个尺寸，它们的真值分别为 $x_{01}=50\text{mm}$，$x_{02}=80\text{mm}$，若测得值分别为50.004mm和80.006mm，哪种方法测量精度高？

【参考答案】

一、判断题

1. √　2. ×　3. √　4. √　5. ×

二、单选题

1. D　2. B　3. C　4. B　5. C

三、填空题

1. 长度　角度　几何误差　表面粗糙度

2. 米（m）毫米（mm）　微米（μm）　弧度（rad）　度（°）　分（′）　秒（″）

3. 测量原理　测量器具　测量条件

4. 量具　量规　量仪　计量装置

四、简答题

1. **答**：其区别如下：

1）标尺间距是指测量器具的刻度标尺或刻度盘上相邻两刻线之间的距离，一般为1～2.5mm；而分度值（刻度值）是指测量器具的刻度尺或刻度盘上相邻两刻线所代表的量值之差。

2）示值范围是指测量器具所显示或指示的最小值到最大值的范围；而测量范围是指在允许的误差极限内，测量器具所能测出的最小值到最大值的范围。

3）示值误差是指测量器具上的示值与被测量真值的代数差；而修正值是指为消除系统误差，用代数法加到未修正的测量结果上的值。修正值与示值误差绝对值相等，而符号相反。

2. **答**：1）测量误差按其性质不同可分为系统误差、随机误差和粗大误差。

2）测量误差的主要产生原因：①计量器具误差；②测量方法误差；③测量环境误差；④人为误差。

3. **解**：由相对误差计算公式 $f=\dfrac{x-x_0}{x_0}\times100\%$ 得

$$f_1=\frac{x_1-x_{01}}{x_{01}}\times100\%=\frac{50.004-50}{50}\times100\%=0.008\%$$

$$f_2=\frac{x_2-x_{02}}{x_{02}}\times100\%=\frac{80.006-80}{80}\times100\%=0.0075\%$$

因为 $f_1>f_2$

所以第二种方法测量精度高。

第二节　测量长度尺寸的常用计量器具

【学习要求】

1. 了解量块的特点和精度指标，掌握量块的组合使用方法。
2. 掌握长度测量器具的类型、刻线原理、读数方法及使用方法。
3. 正确选择和使用各类长度测量器具进行尺寸测量。

【学习内容】

一、量块

1. 量块的用途

量块通常也叫块规，是一种没有刻度的平行端面量具，一般用铬锰钢或用线胀系数小、不易变形且耐磨的其他材料制成。量块除了作为长度基准进行尺寸传递外，还用于检定和校准其他量具、量仪，相对测量时调整量具和量仪的零位，以及用于精密机床的调整、精密划线和测量精密零件。

2. 量块的形状

量块的形状一般为长方体，如图2-1所示，它有两个平行的测量面和四个非工作面。量块一个测量面上的任意点到与其相对的另一测量面相研合的辅助体表面之间的垂直距离称为量块长度 l，对应于量块未研合测量面中心点的量块长度称为量块中心长度 l_c，而标记在量块上，用以表明其与主单位（m）之间关系的量值是量块标称长度。

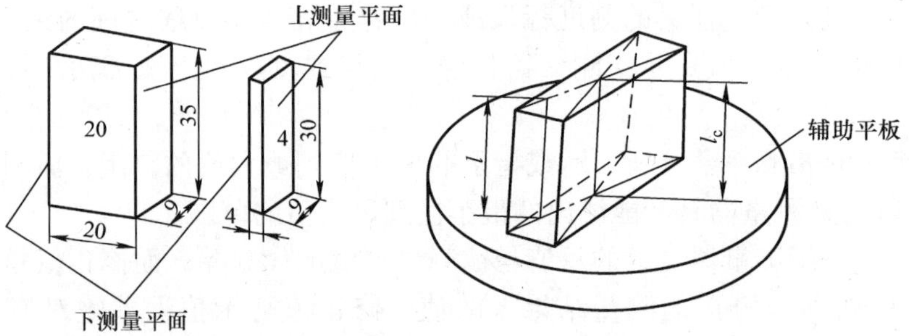

图2-1　量块

3. 量块的精度指标

（1）尺寸精度　尺寸精度是指量块工作尺寸（即中心长度）的精度。

（2）测量面平行精度　测量面平行精度是指量块两测量面任意两对应点间的距离与中心长度之差。在检定量块时，其测量点如图2-1所示。

（3）量块的研合性　由于量块的两测量面的平面度和表面粗糙度值很小（Ra 值不大于0.01～0.02μm），当用汽油或酒精将量块擦洗干净时，使一量块的测量面沿另一量块的测量面滑动，稍加压力，两量块便能黏合在一起。应用其研合性可以使多个固定尺寸的量块组成一个量块组，组成需要的尺寸。

量块是成套制成的，每套包括一定数量不同尺寸的量块。表2-3所示为91块、83块、46块和38块成套量块尺寸组成。

表 2-3　成套量块尺寸组成（GB/T 6093—2001）

总块数	尺寸系列/mm	间隔/mm	块数	总块数	尺寸系列/mm	间隔/mm	块数
91	0.5		1	83	0.5		1
	1		1		1		1
	1.001～1.009	0.001	9		1.005		1
	1.01～1.49	0.01	49		1.01～1.49	0.01	49
	1.5～1.9	0.1	5		1.5～1.9	0.1	5
	2.0～9.5	0.5	16		2.0～9.5	0.5	16
	10～100	10	10		10～100	10	10
46	1		1	38	1		1
	1.001～1.009	0.001	9		1.005		1
	1.01～1.09	0.01	9		1.01～1.09	0.01	9
	1.1～1.9	0.1	9		1.1～1.9	0.1	9
	2～9	1	8		2～9	1	8
	10～100	10	10		10～100	10	10

4. 量块的精度等级

量块精度可按“级”和“等”两种方法划分。

（1）量块的分“级”精度（也称按级使用）　量块按制造精度分为 00、0、1、2、3 和 K 共 6 个级别。其中 00 级为最高精度等级，3 级为最低精度等级，K 级为标准精度等级。

（2）量块的分“等”精度（也称按等使用）　量块按检定精度由高到低分为 1、2、3、4、5 和 6 共 6 等。其中 1 等精度最高，依次降低。

量块按“级”使用时，应以量块长度的标称值作为工作尺寸，该尺寸包含了量块的制造误差。量块按“等”使用时，应以经检定后所给出的量块中心长度的实测值作为工作尺寸，该尺寸消除了量块制造误差的影响，仅包含检定时较小的测量误差。因此，量块按“等”使用的精度比按“级”使用的精度高。

5. 量块的使用方法

单个量块使用很不方便，故一般按序列将许多不同标称长度的量块成套配置，使用时根据需要选择多个适当的量块研合起来使用。为了减少量块组合的累计误差，使用量块时，应尽量减少使用的块数，通常组成所需尺寸的量块总数不应超过 4 块。选用量块时，应根据所需要的组合尺寸，从最后一位数字开始选择，每选一块量块，应使尺寸数字的位数少一位。依次类推，直到组合成完整的尺寸。

例如：为组成 89.765mm 的尺寸，可由 83 块成套的量块中选出 1.005mm、1.26mm、7.5mm 和 80mm 四块，即

89.765	需要组合出量块的尺寸
−1.005	选用第一块量块的尺寸为 1.005mm
88.76	剩余尺寸
−1.26	选用第二块量块的尺寸为 1.26mm
87.5	剩余尺寸
−7.5	选用第三块量块的尺寸为 7.5mm
80	选用第四块量块的尺寸为 80mm

量块是一种精密量具，在使用时一定要十分注意，不能划伤和碰伤表面，特别是其测量面。在使用量块的过程中应注意以下几点。

1）量块必须在使用有效期内，否则应及时送专业部门检定。

2）使用环境良好，防止各种腐蚀性物质及灰尘对测量面的损伤，影响其黏合性。

3）分清量块的“级”与“等”，注意使用规则。

4）所选量块应用航空汽油清洗，用洁净软布擦干，待量块温度与环境温度相同后方可使用。

5）轻拿、轻放量块，杜绝磕碰、跌落等情况的发生。

6）不得用手直接接触量块，以免造成汗液对量块的腐蚀及皮肤温度对测量精确度的影响。

7）使用完毕，应用航空汽油清洗所用量块，擦干后涂上防锈脂存于干燥处。

二、游标卡尺

游标卡尺（图2-2）属于游标类测量器具。游标卡尺结构简单，使用方便，测量范围大，是应用较广泛的通用量具。游标卡尺可用来测量内、外尺寸（如长度、宽度、厚度、内径和外径），孔距，高度和深度等。

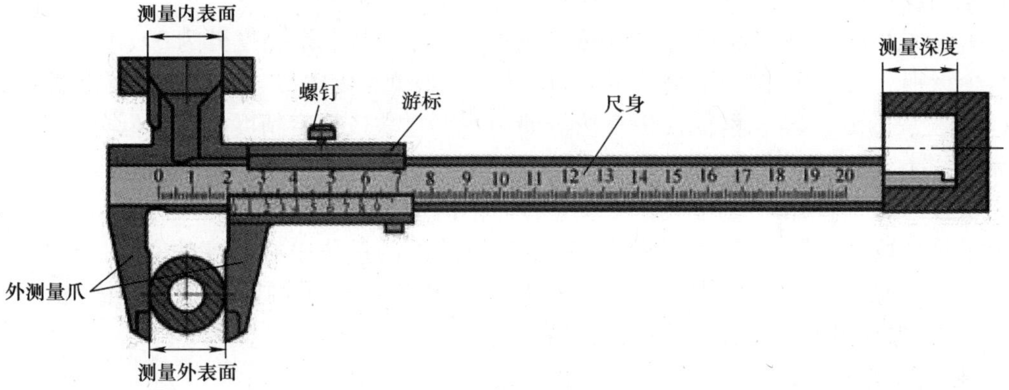

图2-2 游标卡尺

1. 游标卡尺的刻线原理

游标卡尺按其分度值不同可分为0.10mm、0.05mm和0.02mm三种。目前机械加工中常用分度值为0.02mm的游标卡尺。

这三种分度值的游标卡尺，尺身上的刻线相同，都是每1小格为1mm，所不同的是游标格数与尺身相对的格数不同。若尺身刻度（$n-1$）格的长度等于游标刻度n格的长度，游标上的刻度计算公式为

$$b=\frac{(n-1)a}{n}$$

式中，a为尺身上1格的长度；b为游标上1格的长度；n为尺身上的格数。

分度值为0.02mm的游标卡尺的刻线原理：尺身上的$n=50$格对应游标上的$n-1=49$格，尺身、游标上的标尺间隔之差为$i=a-b=a/n=0.02\text{mm}$。i称为游标卡尺的分度值，如图2-3所示。

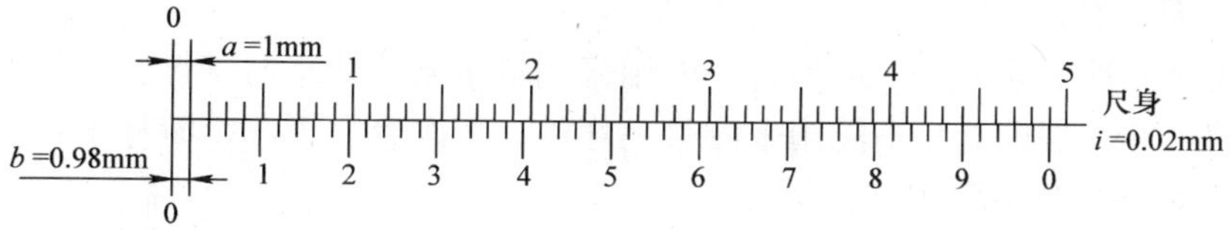

图 2-3　游标卡尺的读数原理

2. 游标卡尺的读数方法

（1）先读整数部分　游标零刻线是读数基准。读出游标零刻线左边尺身上的最近刻度的毫米线，即为测量结果的整数部分。如图 2-4 所示为 62mm。

（2）再读小数部分　读出游标上与尺身对齐的刻线数，再乘以分度值，即为测量结果的小数部分。如图 2-4 所示为：5 ×0.02mm =0.10mm。

（3）求和　将读数的整数部分和小数部分相加，即为测量尺寸。如图 2-4 所示为：62mm + 0.10mm =62.10mm。

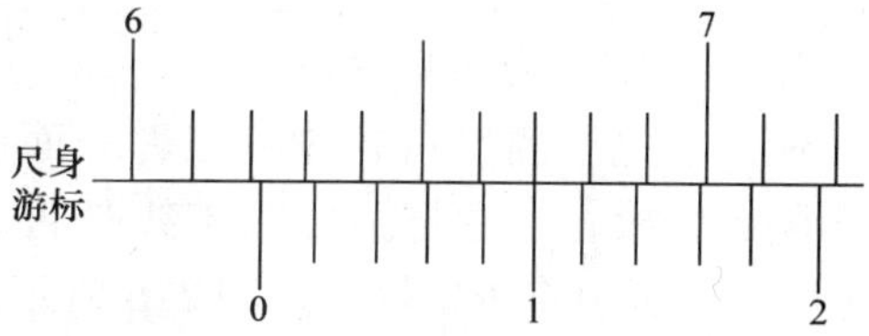

图 2-4　游标卡尺的读数方法

各种游标卡尺的读数示例见表 2-4。

表 2-4　游标卡尺的读数示例　（单位：mm）

游标分度值	图例	读数值
0.10	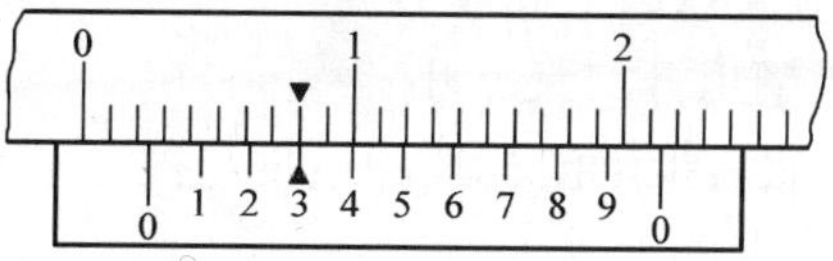	2.3
0.05	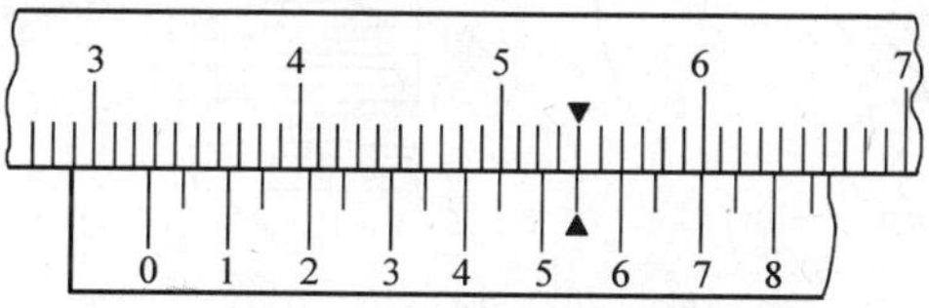	32.55
0.02	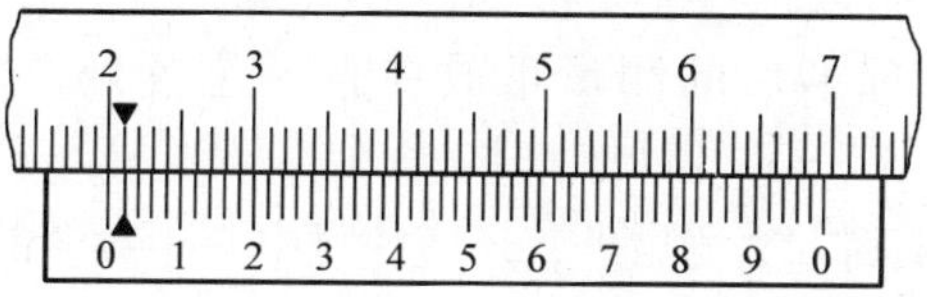	20.02
	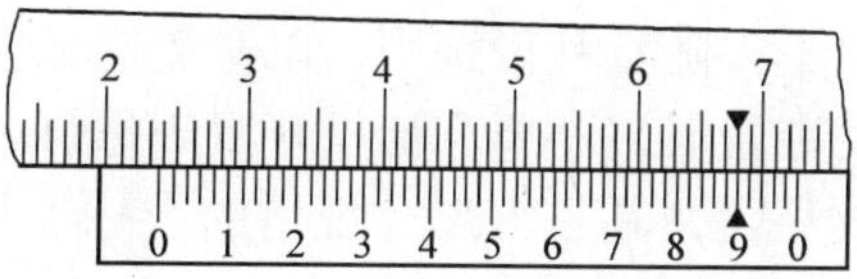	23.9

3. 游标卡尺的精度

游标卡尺是一种中等精度的量具，不能用来测量精度要求高的零件，只能用于测量和检验中等精度的尺寸。游标卡尺不能用来测量毛坯件，否则容易损坏。游标卡尺的示值误差和适用尺寸公差等级见表2-5。

表2-5 游标卡尺的示值误差和适用尺寸公差等级

游标分度值/mm	示值总误差/mm	被测件的尺寸公差等级
0.02	±0.02	IT12～IT16
0.05	±0.05	IT13～IT16
0.10	±0.10	IT14～IT16

4. 游标卡尺的使用方法

使用前先把测量爪和被测工件表面擦净。将测量爪闭合，检查尺身与游标的零线是否重合，如图2-5所示，否则将予以校正。图2-6所示为用游标卡尺测量外径和宽度尺寸的方法。测量前，使卡口宽度尺寸大于被测量尺寸，然后推动游标，使测量爪平面与被测量的直径或与被测平面平行接触。测量时要掌握好测量爪与被测表面的接触压力。读数时，卡尺应朝着光亮的方向，使视线尽可能垂直尺面。

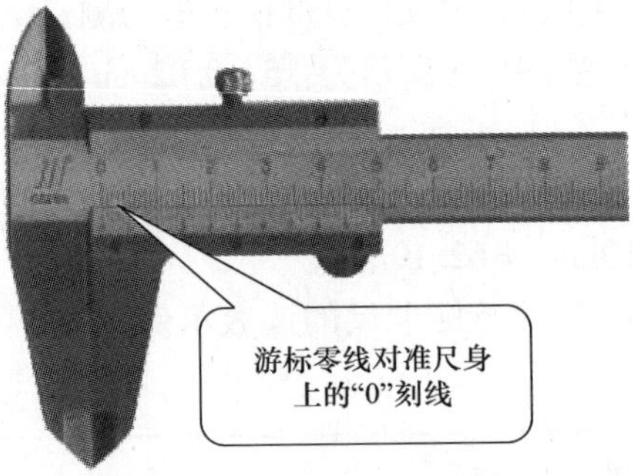

图2-5 测量前的检验

用游标卡尺测量内孔尺寸时，应注意以下问题。

1）测量前，应使游标卡尺的测量爪开口尺寸小于被测孔径尺寸，如图2-7a所示，然后推动游标使测量爪与被测平面吻合。

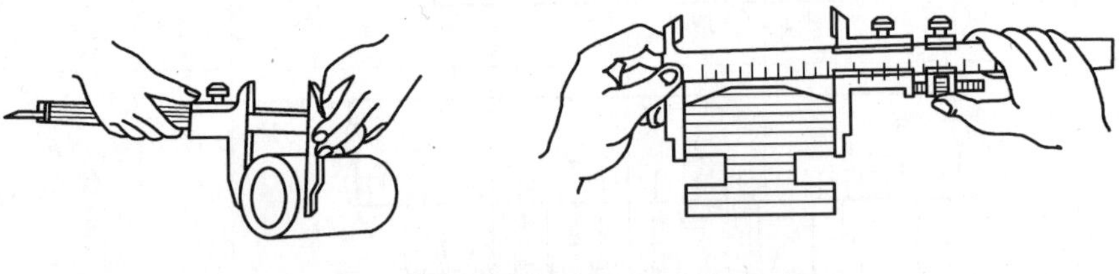

图2-6 测量外径和宽度尺寸的方法

2）测量内孔直径时，应把游标卡尺的测量爪放在直径位置处，防止偏斜，如图2-7b所示。

3）在测量孔距时，除保证用正确方法测量外，还应注意中心距数值的计算（图2-7b、c）。

5. 游标卡尺的维护保养

在使用游标卡尺时，应注意以下问题。

1）作为较精密量具，游标卡尺不得随意乱做别用，以避免造成损坏或降低精度。

2）移动游标卡尺的尺身和微动装置时，不要忘记松开紧固螺钉。

3）测量结束后要把游标卡尺放平，尤其是大尺寸规格的游标卡尺，否则游标卡尺尺身会发生弯曲变形。

4）使用带深度尺的游标卡尺之后，要把两个测量爪合拢在一起。否则，较细的深度尺

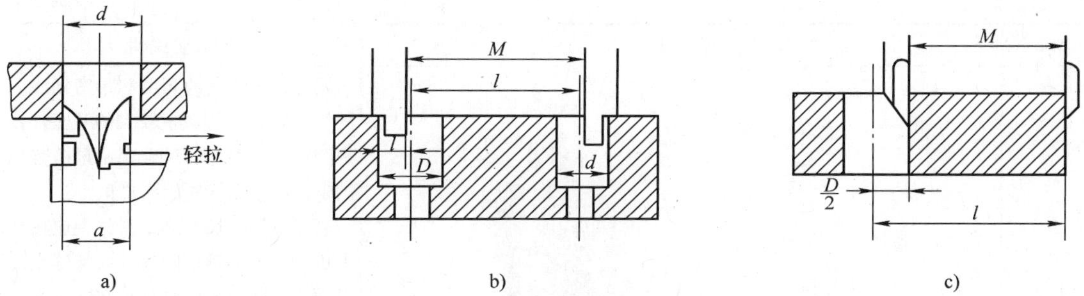

图 2-7　测量孔径和孔距的方法

a） $a<d$，正确　b） $l=M+2t-\frac{1}{2}(D+d)$　c） $l=M+\frac{D}{2}$

露在外面，容易变形甚至折断。

5）游标卡尺用完后，如较长时间不用，要擦净上油，放到卡尺盒内，注意防止锈蚀或弄脏。

6. 其他游标量具

其他游标量具有深度游标卡尺、高度游标卡尺和齿厚游标卡尺等（表 2-6），其刻线原理基本与游标卡尺相同。

表 2-6　其他游标量具

名称	结构图	简要说明
深度游标卡尺	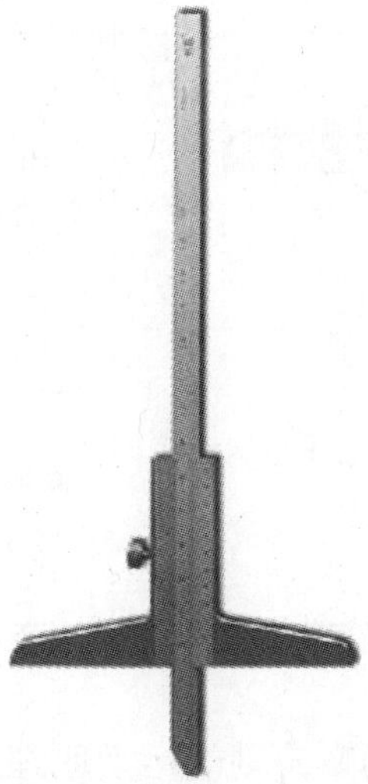	用于测量零件的深度尺寸或台阶高低和槽的深度 它的结构特点是尺框的两个测量爪连成一起成为一个带游标的测量基座，基座的端面和尺身的端面就是它的两个测量面。当测量内孔深度时，应把基座的端面紧靠在被测孔的端面上，使尺身与被测孔的中心线平行，伸入尺身，则尺身端面至基座端面之间的距离，就是被测零件的深度尺寸。它的读数方法和游标卡尺完全一样

（续）

名称	结构图	简要说明
高度游标卡尺		用于测量零件的高度和精密划线。它的结构特点是用质量较大的基座代替固定测量爪，而动的尺框则通过横臂装有测量高度和划线用的测量爪 高度游标卡尺的测量工作，应在平台上进行。当测量爪的测量面与基座的底平面位于同一平面时（如在同一平台平面上），尺身与游标的零线相互对准。所以在测量高度时，测量爪测量面的高度就是被测量零件的高度尺寸，它的具体数值与游标卡尺一样，可在尺身（整数部分）和游标（小数部分）上读出。应用高度游标卡尺划线时，调好划线高度，用紧固螺钉把尺框锁紧后，也应在平台上先进行调整再进行划线
齿厚游标卡尺	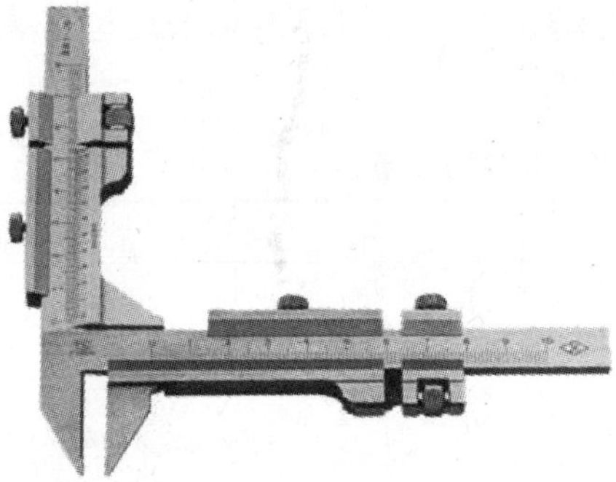	用于测量直齿、斜齿圆柱齿轮的固定弦齿厚。它由两把互相垂直的游标卡尺组成 使用时，先把垂直尺调到齿顶高的高度，然后使端面靠在齿顶上。移动水平卡尺游标，使测量爪轻轻与齿侧表面接触，这时水平尺上的读数，就是固定弦齿厚 s
带表游标卡尺	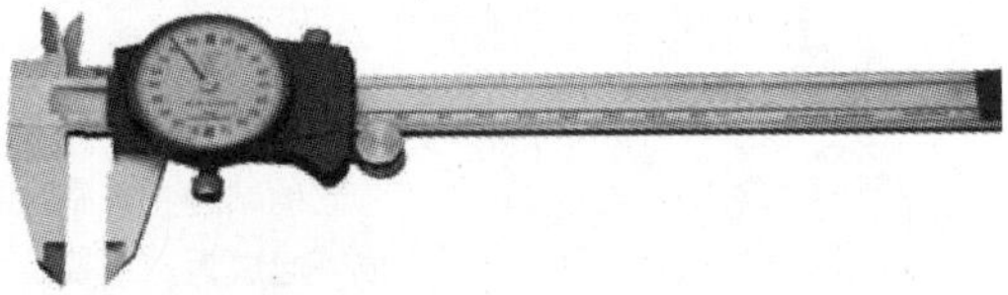	用指示表刻线代替游标读数，读数直观，使用方便
电子数显游标卡尺		测量的尺寸直接由显示器显示出来

三、千分尺类量具

千分尺类量具又称为测微螺旋量具，是利用螺旋副的运动原理进行测量和读数的一种测微量具，它比游标量具测量精度高，使用方便，主要用于测量中等精度的零件。

1. 外径千分尺（简称千分尺）

(1) 千分尺的结构　千分尺由尺架、测微螺杆、测力装置、微分筒和制动器等组成。

图 2-8 所示为测量范围为 0 ~ 25mm 的千分尺。尺架的一端装着固定测砧，另一端装着测微螺杆。固定测砧和测微螺杆的测量面上都镶有硬质合金，以提高测量面的使用寿命。尺架的两侧面覆盖着绝热板，使用千分尺时，手拿在绝热板上，防止人体的热量影响千分尺的测量精度。

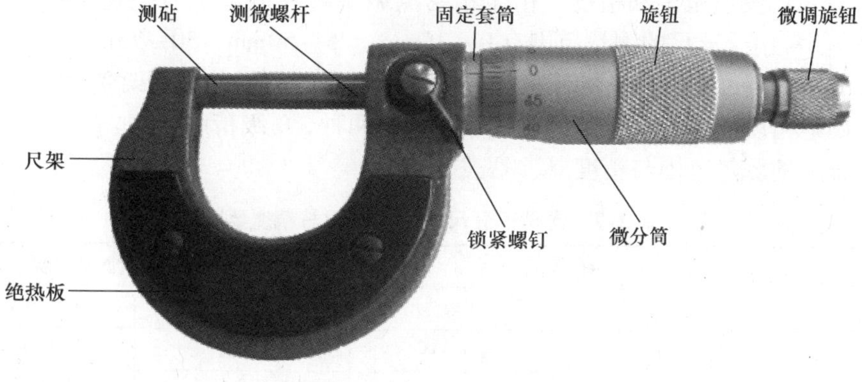

图 2-8　0 ~ 25mm 的千分尺

（2）千分尺的读数原理　如图 2-9 所示，在千分尺的固定套筒上刻有轴向中线，作为微分筒读数的基准线。在中线的两侧，刻有两排刻线，每排刻线间距为 1mm，上下两排相互错开 0.5mm。测微螺杆的螺距为 0.5mm，微分筒的外圆周上刻有 50 等分的刻度。当微分筒旋转 1 周（即 50 格）时，测微螺杆轴向移动 0.5mm；当微分筒旋转 1 格（即 1/50 转）时，测微螺杆轴向移动 0.5mm/50 = 0.01mm，故千分尺的分度值为 0.01mm。

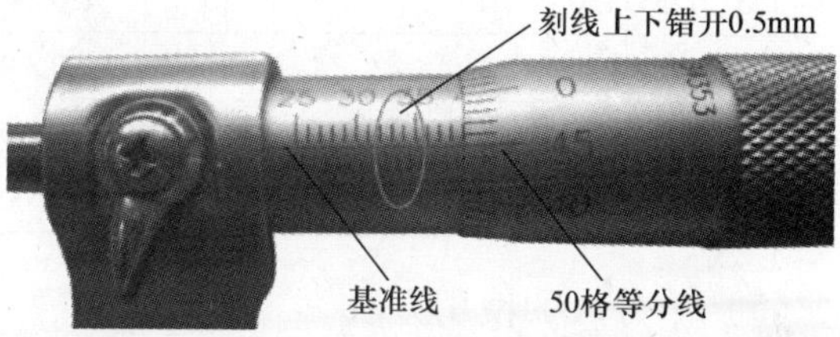

图 2-9　千分尺的读数原理

（3）千分尺的读数方法　千分尺的读数方法如图 2-10 所示。

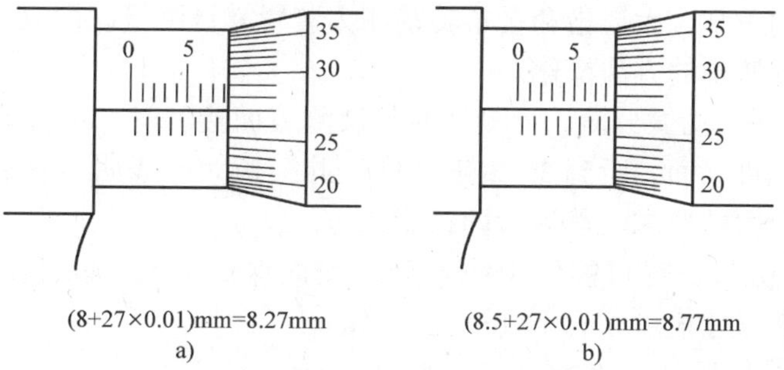

图 2-10　千分尺的读数方法

a）露在微分筒外面的刻线在中线以上　b）露在微分筒外面的刻线在中线以下

1）先读整数部分。读出固定套筒上露在微分筒外面的刻线数值，中线之上为整毫米数值，中线之下为半毫米数值。

2）再读小数部分。找出微分筒与固定套筒中线对齐的那条刻线，将此刻线数乘以其分度值0.01mm，即为读数的小数部分（小于0.5mm）。

3）求和。将整数部分和小数部分相加，即为所测的实际尺寸。

（4）千分尺的测量范围和精度　由于精密测微螺杆在制造上有一定困难，所以一般移动量为25mm。常用千分尺的测量范围有0～25mm、25～50mm、50～75mm等多种。

千分尺的制造精度主要由它的示值误差、测量面平行度误差及尺架受力时变形量的大小来决定。按制造精度的不同，千分尺分0级和1级两种，0级精度较高。

常用千分尺的测量范围与精度要求见表2-7。

表2-7　常用千分尺的测量范围与精度要求　（单位：mm）

测量范围	示值误差		两测量面平行度	
	0级	1级	0级	1级
0～25	±0.002	±0.004	0.001	0.002
25～50	±0.002	±0.004	0.0012	0.0025
50～75、75～100	±0.002	±0.004	0.0015	0.003
100～125、125～150		±0.005		
150～175、175～200		±0.006		
200～225、225～250		±0.007		
250～275、275～300		±0.007		

（5）千分尺的使用方法

1）测量前应根据被测零件的尺寸选择相应测量范围的千分尺。

2）校正零位。对于测量范围为0～25mm的千分尺，校对零位时使两测量面接触，看微分筒上的零刻线是否与固定套筒的中线对齐；对于测量范围为25～50mm的千分尺，应在两测量面之间正确安放校对棒来校对零位，如图2-11所示。如果零线对不准，可松开罩壳，略转微分筒，使其零线对齐。

3）用单手使用外径千分尺时，如图2-12a所示，可用大拇指和食指或中指捏住微分筒，小指勾住尺架并压向手掌，大拇指和食指转动测力装置就可测量。用双手测量时，左手握绝热板，可按图2-12b所示的方法操作。

4）测量时先用手转动微分筒，待测量面与被测表面接触时，再转动测力装置，使测微螺杆的测量面接触工件表面，听到2～3声“咔、咔”响声，表明两测量端面与工件刚好贴合或相切并满足测量力的要求，然后紧固锁紧螺钉。

5）轻轻取下千分尺，尽可能使视线与刻线表面保持垂直，以免造成读数误差，如图2-13所示。读出测量尺寸值，注意不要读错0.5mm。

（6）千分尺的维护保养

1）不可用千分尺测量粗糙工件表面，也不能测量正在旋转的工件。

2）千分尺要轻拿轻放，不得摔碰。如受到撞击，要立即进行检查，必要时应送计量部门检修。

3）不允许用砂布和金刚石擦拭测微螺杆上的污垢。

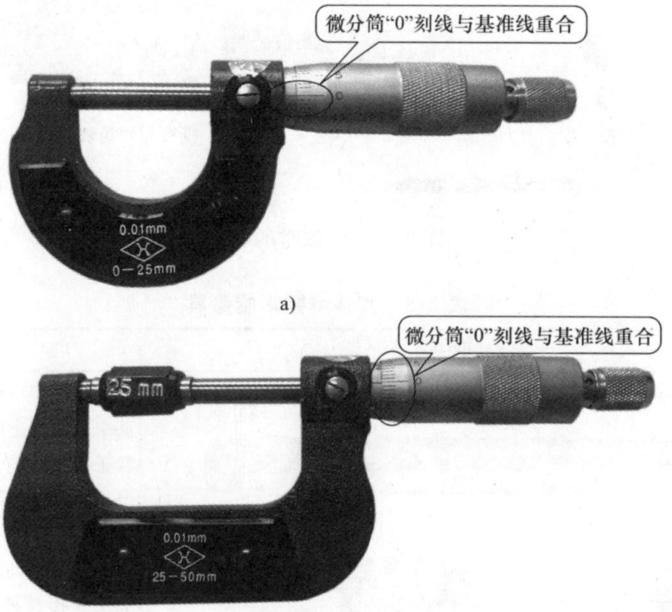

图 2-11 千分尺的校正

a）0～25mm 千分尺 b）25～50mm 千分尺

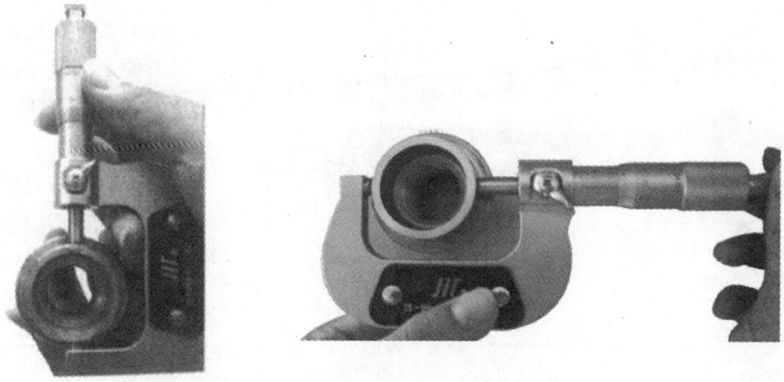

a) b)

图 2-12 千分尺的使用方法

a）单手使用 b）双手使用

4）不能在千分尺的微分筒和固定套筒之间加酒精、煤油、柴油、凡士林和普通机油等，也不允许将千分尺浸泡在上述油类或酒精中。如发现有上述物质浸入，要用汽油清洗，再涂上特种轻质润滑油。

5）千分尺要保持清洁。测量完后，用软布或棉纱等将其擦干净，放入盒中。长期不用的千分尺应涂防锈油。此时要注意勿使两测量面贴合在一起，以免锈蚀。

2. 其他测微螺旋量具

其他测微螺旋量具见表 2-8。

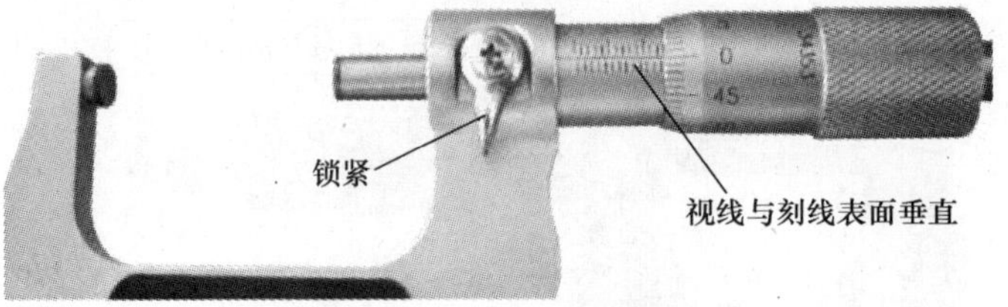

图 2-13　读数时的要求

表 2-8　其他测微螺旋量具

名称	外形图	简要说明
内径千分尺	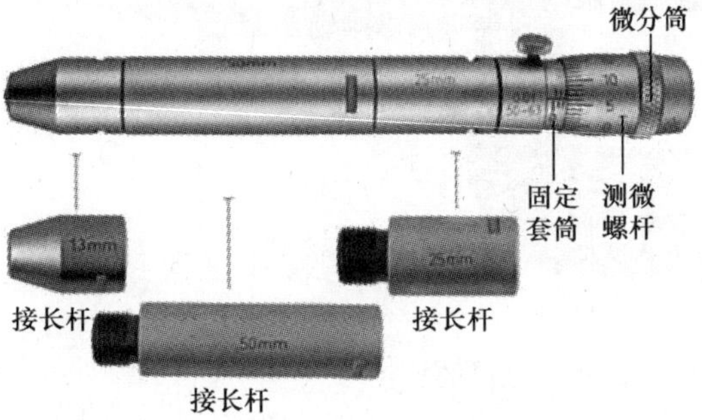	用于测量 50mm 以上的内径、槽宽和两个内表面之间的距离。读数方法与外径千分尺相同，但其刻线方向与外径千分尺的刻线方向相反。分度值为 0.01mm 为了扩大其测量范围，内径千分尺附有成套接长杆。连接时去掉保护螺母，把接长杆右端与内径千分尺左端旋合，可以连接几个接长杆，直到满足需要为止
内测千分尺	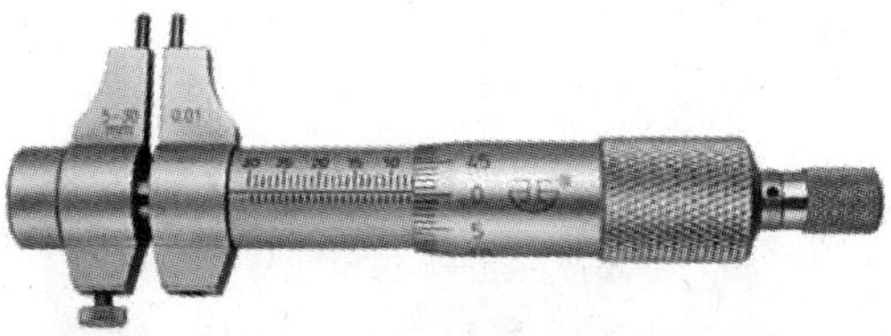	用于测量小尺寸内径和内侧面槽的宽度。其特点是容易找正内孔直径，测量方便。国产内测千分尺的分度值为 0.01mm，测量范围有 5 ~ 30mm 和 25 ~ 50mm 两种 内测千分尺的读数方法与外径千分尺相同，只是固定套筒上的刻线尺寸与外径千分尺相反，另外它的测量方向和读数方向也都与外径千分尺相反
三爪内径千分尺	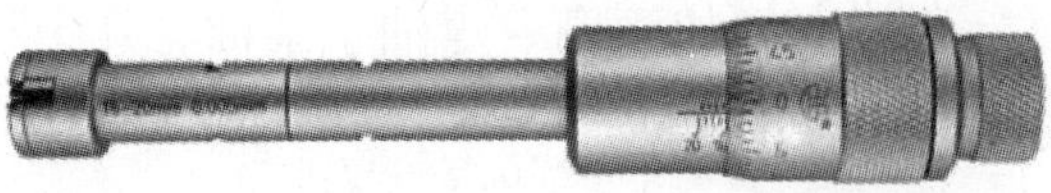	适用于测量中小直径的精密内孔，尤其适于测量深孔的直径。测量范围：6 ~ 8mm、8 ~ 10mm、10 ~ 12mm、11 ~ 14mm、14 ~ 17mm、17 ~ 20mm、20 ~ 25mm、25 ~ 30mm、30 ~ 35mm、35 ~ 40mm、40 ~ 50mm、50 ~ 60mm、60 ~ 70mm、70 ~ 80mm、80 ~ 90mm 和 90 ~ 100mm 三爪内径千分尺的零位，必须在标准孔内进行校对

（续）

名称	外形图	简要说明
深度千分尺		用于测量通孔、不通孔、阶梯孔和槽的深度，也可以测量台阶高度和平面之间的距离等。其结构、读数原理和读数方法与外径千分尺基本相同，只是用基准代替了尺架和固定测砧。分度值为0.01mm 带有固定式测杆的深度千分尺，其测量范围有0～25mm、25～50mm、50～75mm和75～100mm四种；带有可换式测杆的深度千分尺，其测量范围有0～100mm和0～150mm两种
壁厚千分尺	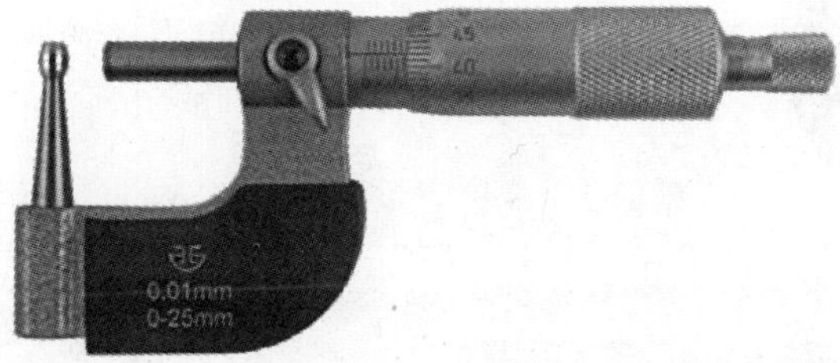	主要用于测量精密管形零件的壁厚。壁厚千分尺的测量面镶有硬质合金，以提高使用寿命 测量范围有0～10mm、0～15mm、0～25mm、25～50mm、50～75mm和75～100mm。分度值为0.01mm
尖头千分尺	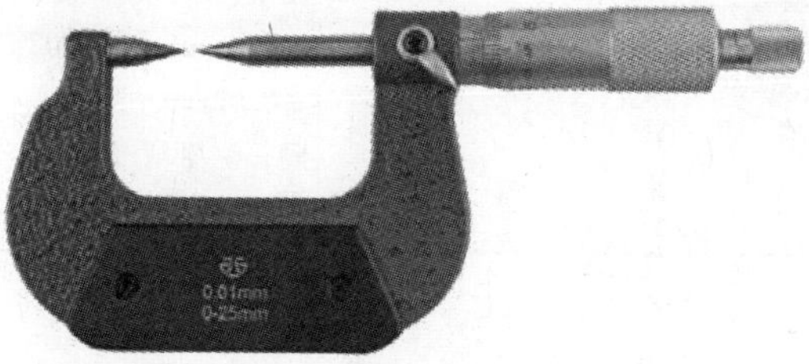	主要用来测量零件的厚度、长度、直径及小沟槽。如钻头和偶数槽丝锥的沟槽直径等 测量范围有0～25mm、25～50mm、50～75mm和75～100mm。分度值为0.01mm
螺纹千分尺	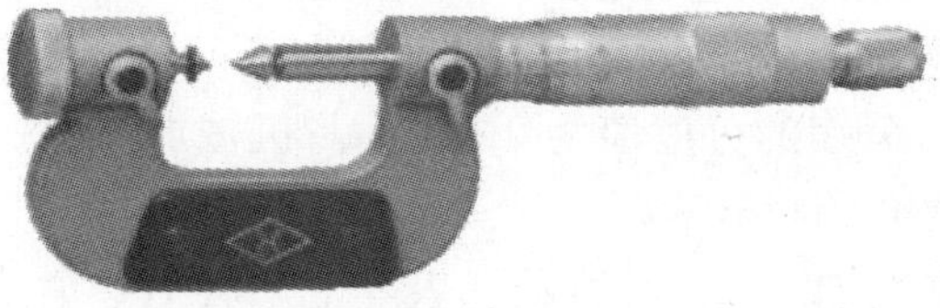	主要用于测量螺纹的中径。其结构与外径千分尺相似，不同之处在于测砧是可调节的。测量时，应根据被测螺纹的螺距，选用相应测头，使V形测头与螺纹牙型的凸起部分相吻合，锥形测头与螺纹牙型的沟槽部分相吻合，从固定套筒和微分筒上读出螺纹中径尺寸。分度值为0.01mm，测量范围有0～25mm、25～50mm、50～75mm、75～100mm、100～125mm和125～150mm

（续）

名称	外形图	简要说明
公法线千分尺	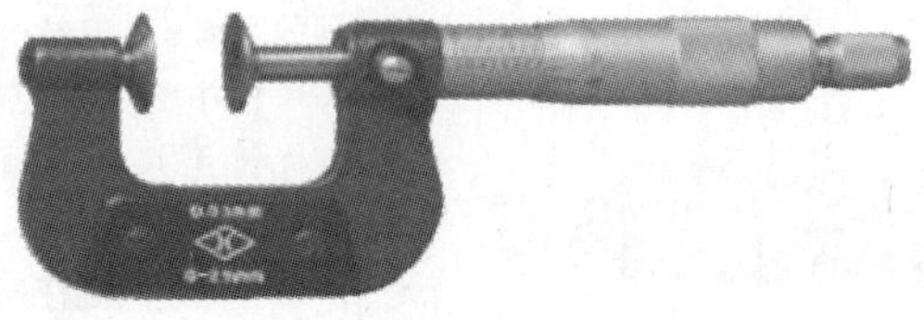	用于测量外啮合圆柱齿轮的公法线长度。其结构与外径千分尺基本相同，不同点是两个测砧的测量面做成两个相互平行的圆平面 测量前先用计算或查表的方法得到跨测齿数，再把公法线千分尺调到比被测尺寸略大，然后把测量头插到齿轮齿槽中进行测量，即可测出公法线的实际长度。测量范围与外径千分尺相同
叶片千分尺	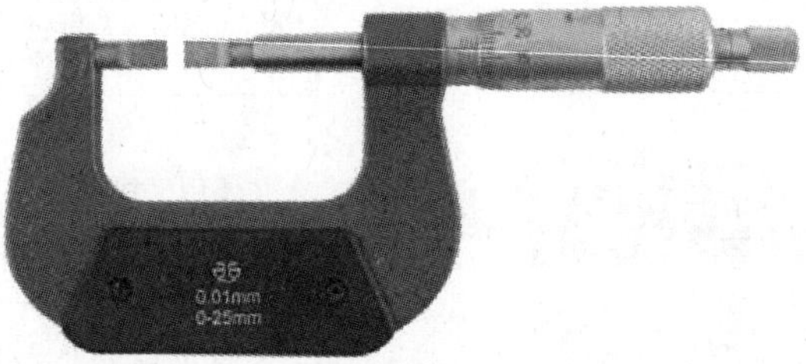	测砧及测微螺杆测头为硬质合金或优质淬火钢刀口型测量面，用于窄槽、深沟等特殊场合
杠杆千分尺	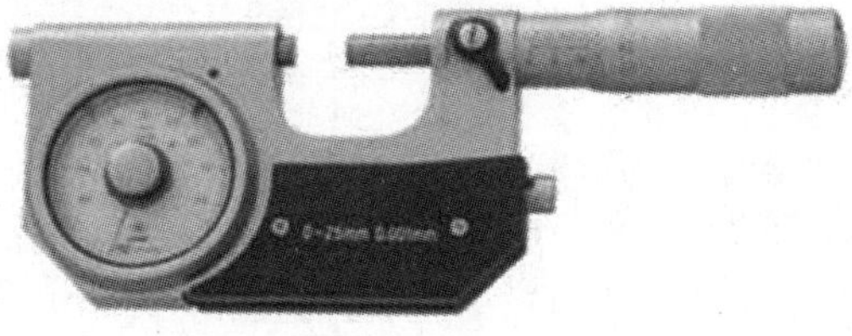	杠杆千分尺的用途与外径千分尺相同。其结构与外径千分尺相似，由测微螺旋部分和杠杆齿轮部分组成，前者分度值为 0.01mm，后者分度值为 0.001mm 或 0.002mm，示值范围为 ±0.02mm，测量范围与螺纹千分尺相同，测量精度比外径千分尺高，如用量块进行相对测量，精度将更高

四、机械式量仪

机械式量仪利用齿轮、齿条、杠杆或扭簧等的传动，把测量杆的微小直线移动转化为指针的转动，从而使指针在表盘上指示出相应的数值。机械式量仪的用途十分广泛，主要用于长度的相对测量以及表面几何误差的测量。

1. 百分表

百分表和千分表（图 2-14）都是用来测量长度尺寸、校正零件、测量几何误差、检验机床几何精度的仪表。它们的结构原理没有什么大的不同，就是千分表的读数精度比较高，即千分表的分度值为 0.001mm，而百分表的分度值为 0.01mm。机械加工和机械设备维修中经常使用的是百分表，因此本书主要介绍百分表。

（1）百分表的结构　百分表的外形如图 2-15 所示。表盘上刻有 100 个等分格，其分度值为 0.01mm。当大指针转一圈时，小指针即转动一小格，转数指示盘的分度值为 1mm。用手转动表圈时，表盘也跟着转动，可使指针对准任一刻线。测量杆是沿着套筒上下移动的，套筒用来安装百分表。

图 2-16 所示为百分表的内部结构。带有齿条的测量杆的直线移动，通过齿轮传动

图 2-14　百分表和千分表

（Z_1、Z_2、Z_3），转变为指针的回转运动。齿轮 Z_4 和弹簧 1 使齿轮传动的间隙始终在一个方向，起着稳定指针位置的作用。弹簧 2 是控制百分表的测量力的。百分表内的齿轮传动机构使测量杆直线移动 1mm 时，指针正好回转一圈。

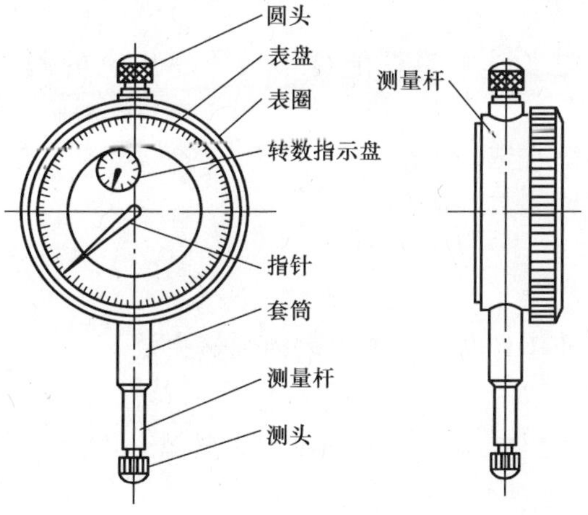

图 2-15　百分表的外形

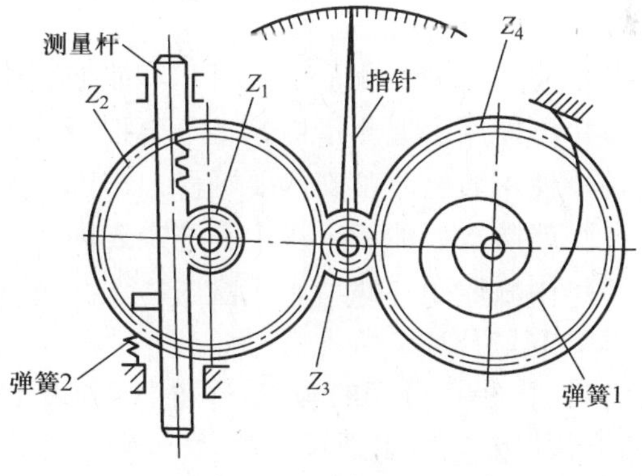

图 2-16　百分表的内部结构

（2）百分表的工作原理　将测量杆的直线位移，经过齿条与齿轮传动，转变为指针的角位移。

测量时，测量杆移动 1mm，大指针沿刻度盘正好转过 1 周，而刻度盘上的圆周被 100 等分。由此可知，当大指针转 1 格时，就相当于测量杆移动 1mm/100 = 0. 01mm，所以百分表的分度值为 0. 01mm。

（3）读数方法　先读小指针转过的刻度线（即毫米整数），再读大指针转过的刻度线（即小数部分），并乘以 0. 01mm，然后两者相加，即得到所测量的数值。

（4）百分表的测量范围和精度　百分表的测量范围是指测量杆的最大移动量，一般有0～3mm、0～5mm和0～10mm三种。百分表的精度等级分为0级、1级和2级。0级精度最高，2级精度最低，使用时应根据被测量零件的精度要求选用。

（5）百分表的使用方法　如图2-17所示，在使用百分表时，可将其装在表架上。表架放在平板上或某一平整位置上。测头与被测表面接触时，测量杆应有一定的预压量，一般为0.3～1mm，使其保持一定的初始测量力，以提高示值的稳定性。同时，应把指针调整到表盘的零位。测量平面时，测量杆要与被测表面垂直。测量圆柱工件时，测量杆的轴线应与工件直径方向一致并垂直于工件的轴线。百分表不能用来测量毛坯表面或较粗糙的表面。

图2-17　使用百分表测量工件

（6）百分表的维护保养方法

1）拉压测量杆的次数不宜过频，距离不要过长，测量杆的行程不要超出它的测量范围。

2）使用百分表测量工件时，不能使测头突然落在工件表面上。

3）不能用手握测量杆，也不要把百分表与其他工具混放在一起。

4）使用表座时，安放要平稳、牢固。

5）严防水、油液、灰尘等进入表内。

6）用后擦净、擦干放入盒内，使测量杆处于非工作状态，避免表内弹簧失效。

2. 内径百分表

（1）内径百分表的构造　内径百分表由百分表和专用表架组成，用于测量孔的直径和孔的形状误差，特别适用于深孔的测量。

内径百分表的构造如图2-18所示，百分表的测量杆与传动杆始终接触，测力弹簧是控制测量力的，并经过传动杆、摆动块向外顶住活动测头。测量时，活动测头通过摆动块、传动杆将测量值按1:1传递给百分表，所以，活动测头的移动量可以在百分表上读出来。可换测头可根据孔径大小进行更换。

内径百分表活动测头的位移很小，它的测量范围是由更换或调整可换测头的长度而实现的。

（2）内径百分表的使用方法　内径百分表用来测量圆柱孔，它附有成套的可换测头，使用前必须先进行组合和校对零位，图2-19所示为组合后的内径百分表。

组合时，将百分表装入连杆内，使小指针指在0～1的位置上，大指针和连杆轴线重合，

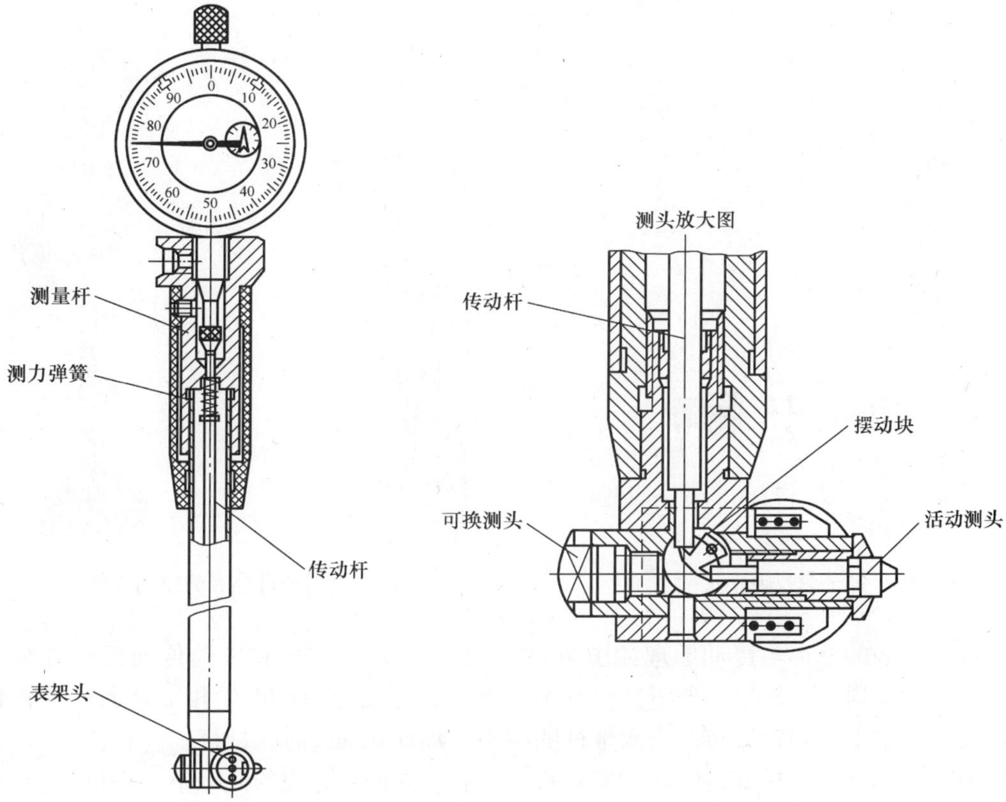

图 2-18　内径百分表的构造

刻度盘上的字应垂直向下，以便于测量时观察，装好后应予以紧固。

图 2-19　内径百分表

粗加工时，最好先用游标卡尺测量。因内径百分表与其他精密量具一样属贵重仪器，其好坏与精确程度直接影响工件的加工精度和其使用寿命。粗加工时工件加工表面粗糙不平而使测量不准确，也使测头易磨损。因此，需对其加以爱护和保养，精加工时再用内径百分表进行测量。

测量前应根据被测孔径大小用外径千分尺调整好尺寸，如图 2-20所示。在调整尺寸时，正确选用可换测头的长度及其伸出距离，应使被测尺寸在活动测头总移动量的中间位置。

测量时，连杆中心线应与工件中心线平行，不得歪斜，同时应在圆周上多测几个点，找出孔径的实际尺寸，看是否在公差范围以内，如图 2-21 所示。

3. 杠杆百分表

杠杆百分表的杠杆测头的位移（杠杆的摆动），通过机械传动系统转变为指针在表盘上的偏转。杠杆百分表表盘上有均匀的刻度，其分度值为 0.01mm，示值范围一般为 ±0.4mm。

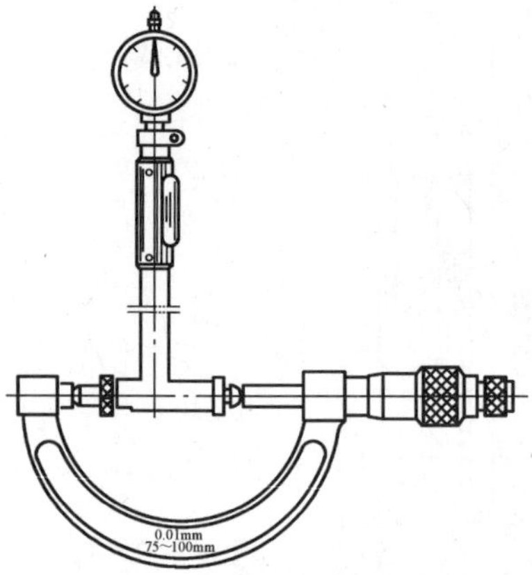

图 2-20 用外径千分尺调整尺寸

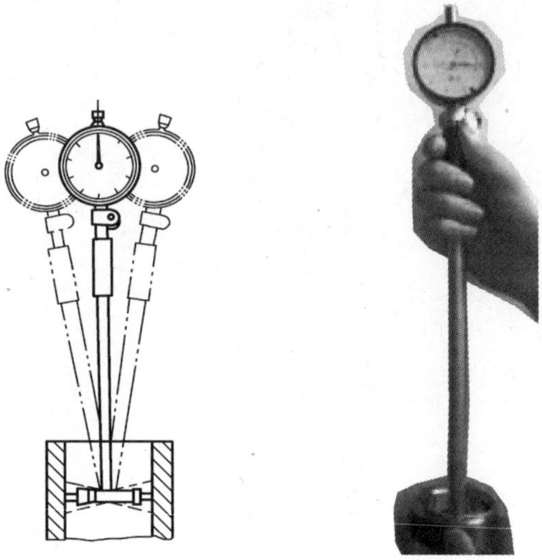

图 2-21 内径百分表的使用方法

杠杆百分表的外形与传动原理如图 2-22 所示。它是由杠杆和齿轮传动机构等组成的，将测量杆的摆动通过杠杆使扇形齿轮绕其轴摆动，并带动与扇形齿轮相啮合的小齿轮转动，使固定在同一轴上的指针偏转。当测量杆的测头摆动 0.01mm 时，杠杆、齿轮传动机构的指针正好偏转一小格，这样就得到 0.01mm 的分度值。杠杆百分表的体积小，测量杆方向又可以改变，因而在找正工件和测量工件时都很方便。尤其对于小孔的找正和在机床上找正工件时，由于空间限制，百分表放不进去或测量杆无法垂直于工件被测表面，这时使用杠杆百分表就显得比较方便了。

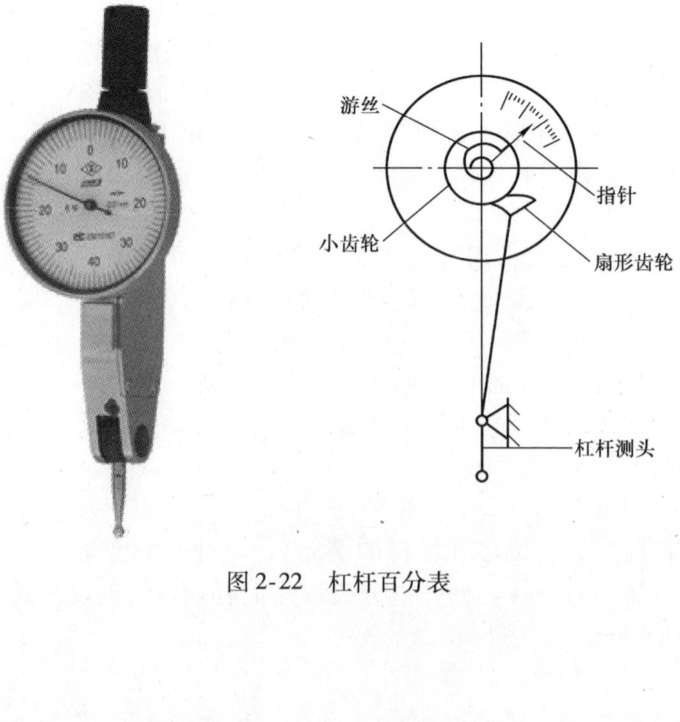

图 2-22 杠杆百分表

【考点分析】

［例 3］　单选题

分度值为 0.02mm 的游标卡尺，当其读数为 30.42mm 时，游标上的第（　　）格与尺身刻线对齐。

A. 30　　B. 21　　C. 42　　D. 49

【解题指导】此题主要考查学生对分度值为 0.02mm 的游标卡尺刻线原理的理解和读数方法的掌握情况。游标卡尺的分度值为 0.02mm，指尺身与游标每小格相差 0.02mm。游标卡尺读数为 30.42mm，先看整数为 30mm，说明游标零刻线所指示的尺身上左边刻线的数值为 30mm；再看小数 0.42mm，0.42mm ÷ 0.02mm = 21，说明游标上的第 21 格与尺身刻线对齐。

【参考答案】B

［例 4］　填空题

在使用百分表时，可将其装在________上。测头与被测表面接触时，测量杆应有一定的________。同时，应把指针调整到表盘的________。测量平面时，测量杆要与被测表面________。

【解题指导】此题主要考查百分表的使用方法。

【参考答案】表架　预压量　零位　垂直

［例 5］　简答题

简述千分尺的读数原理，其分度值和常用测量范围是多少?

【解题指导】此题主要考查对千分尺的读数原理及分度值和常用测量范围的掌握情况。

【参考答案】千分尺是依据螺旋放大的原理制成的，即测微螺杆在螺母中旋转一周，测微螺杆便沿着旋转轴线方向移动一个螺距。测微螺杆的螺距为 0.5mm，微分筒的外圆周上刻有 50 等分的刻度。当微分筒旋转 1 周（即 50 格）时，测微螺杆轴向移动 0.5mm。当微分筒旋转 1 格（即 1/50 转）时，测微螺杆轴向移动 0.5mm/50 = 0.01mm，故千分尺的分度值为 0.01mm。常用千分尺的测量范围有 0 ~ 25mm、25 ~ 50mm、50 ~ 75mm 等多种。

［例 6］　读数题

正确识读图 2-23 所示常用量具表上的数值，并将结果填在对应的横线上。

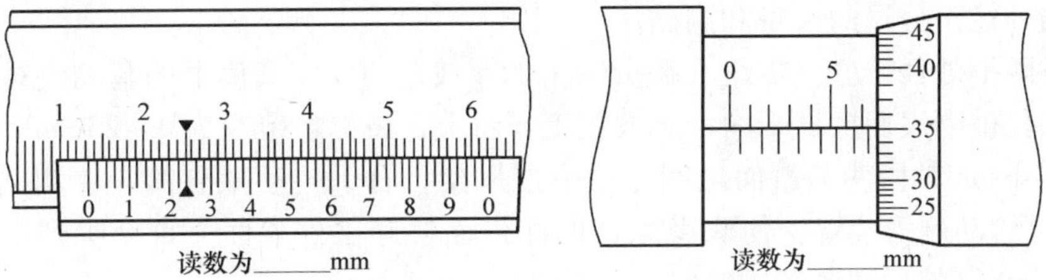

图 2-23　例题图

【解题指导】　此题主要考查学生对游标卡尺和外径千分尺正确读数的能力。一般先读整数，再读小数，然后把整数部分和小数部分相加，即为所测的实际尺寸。

【参考答案】　13.24　7.85

［例 7］　综合题

1. 根据 GB/T 6093—2001 规定的 83 块成套量块，选择组成尺寸 59.995mm 的量块组。

【解题指导】 此题主要考查量块的使用方法。组合量块时，为减少量块组合的累计误差，应尽量减少量块的数目，一般不超过 4 块。选用量块时，应从消去所需尺寸最小尾数开始，逐一选取。

【参考答案】

59.995	需要组合出量块的尺寸
−1.005	选用第一块量块尺寸为 1.005mm
58.99	剩余尺寸
−1.49	选用第二块量块尺寸为 1.49mm
57.5	剩余尺寸
−7.5	选用第三块量块尺寸为 7.5mm
50	选用第四块量块尺寸为 50mm

2. 试选择合适的量具测量如图 2-24 所示阶梯轴各轴径，并说明测量步骤。

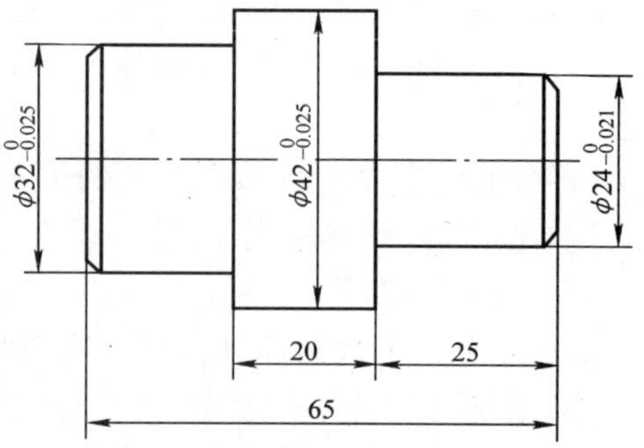

图 2-24 阶梯轴

【解题指导】 此题综合考查测量轴径时正确选用量具及测量过程。该阶梯轴主要检测 $\phi 32_{-0.025}^{0}$mm、$\phi 42_{-0.025}^{0}$mm、$\phi 24_{-0.021}^{0}$mm 三个轴径尺寸。根据其公称尺寸和公差要求，尺寸 $\phi 24_{-0.021}^{0}$mm选择测量范围为 0 ~ 25mm、分度值为0.01mm 的外径千分尺进行测量；$\phi 32_{-0.025}^{0}$mm、$\phi 42_{-0.025}^{0}$mm 两个尺寸选择测量范围为25 ~ 50mm、分度值为 0.01mm 的外径千分尺进行测量。

【参考答案】 根据被测零件三个轴径尺寸 $\phi 24_{-0.021}^{0}$mm、$\phi 32_{-0.025}^{0}$mm、$\phi 42_{-0.025}^{0}$mm，选用分度值为0.01mm，测量范围分别为 0 ~ 25mm、25 ~ 50mm 的两把外径千分尺进行测量。

测量步骤如下：

1）清洁外径千分尺的尺身和测砧。

2）校对两把外径千分尺零线（微分筒上的零线应与固定套筒上的基准线对齐）。

3）将工件被测表面擦拭干净，竖放在工作台上，将测量范围为 0 ~ 25mm 的外径千分尺置于 $\phi 24_{-0.021}^{0}$mm 轴段两测量面之间，左手握尺架，右手转动微分筒，使测砧与工件测量表面接近，再转动测力装置，使测微螺杆的测量面接触工件表面，直至听到 2 ~ 3 声“咔、咔”响声时为止，然后锁紧紧固螺钉。

4）轻轻取下千分尺，读数时尽可能使视线与刻线表面保持垂直。

5）选取该轴段上多处进行测量，记录测量数据。

6）再用测量范围为 25 ~ 50mm 的外径千分尺分别测量 $\phi 32_{-0.025}^{0}$mm、$\phi 42_{-0.025}^{0}$mm 两处轴段，测量方法同以上 3）~5）步。

7）测量完毕后将外径千分尺擦净放回盒内，然后进行数据处理。

【习题练习】

一、判断题

（　　）1. 使用的量块越多，组合的尺寸越精确。

（　　）2. 用游标卡尺测量工件的轴径尺寸属于绝对测量。

（　　）3. 用内径百分表测量孔径属于相对测量，测量前应根据被测孔径的大小进行调整。

（　　）4. 内径千分尺的刻线方向与外径千分尺的刻线方向相反。

（　　）5. 游标卡尺是以游标的端面线为基准进行读数的。

（　　）6. 使用百分表测量工件时，不能使测头突然落在工件表面上。

二、单选题

1. 量块不能用来（　　）。

A. 直接用于精密测量　B. 当作等高块来垫被测件　C. 进行量值传递

2. 内径百分表的分度值为（　　）。

A. 0.1mm　B. 0.2mm　C. 0.02mm　D. 0.01mm

3. 目前机械加工中游标卡尺常用的分度值为（　　）mm。

A. 0.10　B. 0.01　C. 0.02　D. 0.05

4. 用百分表测量时，测量杆应预先压缩 0.3 ~ 1mm，以保证有一定的初始测力，以免（　　）测不出来。

A. 公差　B. 负偏差　C. 形状公差　D. 尺寸

5. 千分尺的微分筒转动一格，测微螺杆移动（　　）。

A. 1mm　B. 0.1mm　C. 0.01mm　D. 0.001mm

6. 高度游标卡尺一般用来（　　）。

A. 测直径　B. 测齿高　C. 测高和测深度　D. 测高和划线

三、填空题

1. 量块按“级”使用时，以量块的________为工作尺寸，该尺寸包含了量块的________误差；量块按“等”使用时，以量块的________为工作尺寸，该尺寸包含了量块的________误差。

2. 百分表的测量范围是指测量杆的最大移动量，一般有________mm、________mm和________mm 三种。

3. 杠杆百分表的杠杆测头的________，通过机械传动系统转变为指针在表盘上的________。杠杆百分表表盘上有均匀的刻度，其分度值为________。

四、简答题

1. 使用游标卡尺时应注意哪些问题？

2. 试述百分表的工作原理，其分度值和测量范围是多少？

3. 内径百分表一般应用在什么场合？

五、分析题

1. 用 83 块一套的量块组成尺寸 28.785mm。

2. 用 46 块一套的量块组成尺寸 23.987mm。

六、识读题

1. 确定图2-25所示游标卡尺的分度值 i 及被测尺寸的数值。

图a中 $i=$________，尺寸是________mm；图b中 $i=$________，尺寸是________mm。

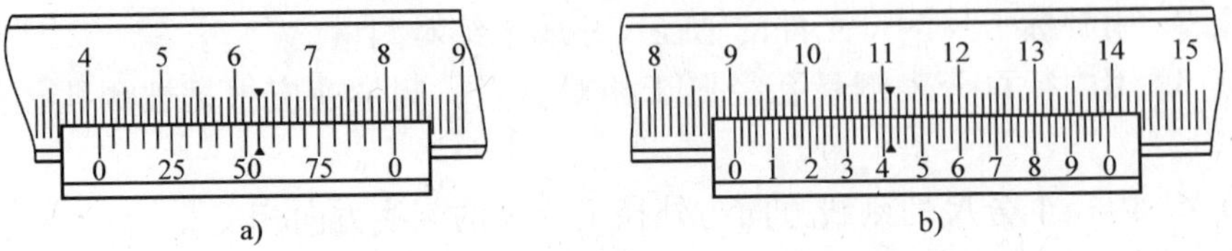

图2-25 识读题（一）

2. 读出图2-26所示千分尺所表示的尺寸。

图a的尺寸是________mm；图b的尺寸是________mm；图c的尺寸是________mm。

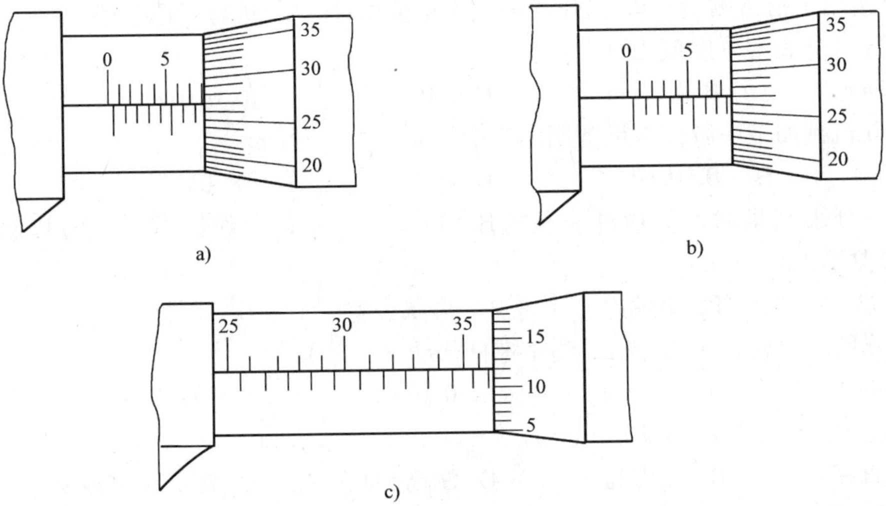

图2-26 识读题（二）

七、综合题

1. 检测图2-27所示阶梯轴的直径，试正确选用量具，并说明检测步骤。

2. 图2-28所示为一轴套，试选用合适的量具检测内孔直径，并说明检测步骤。

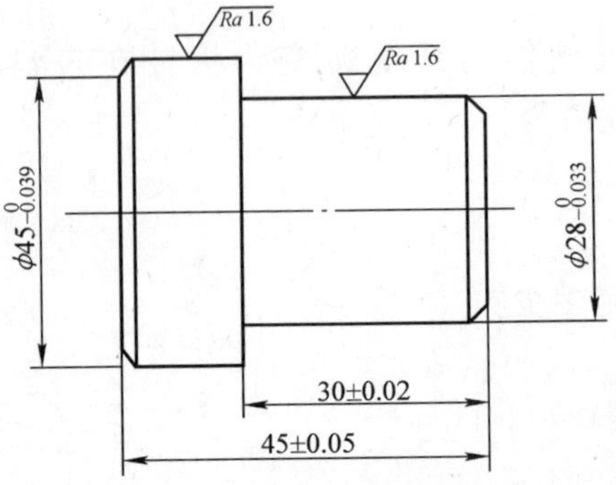

图2-27 综合题（一）

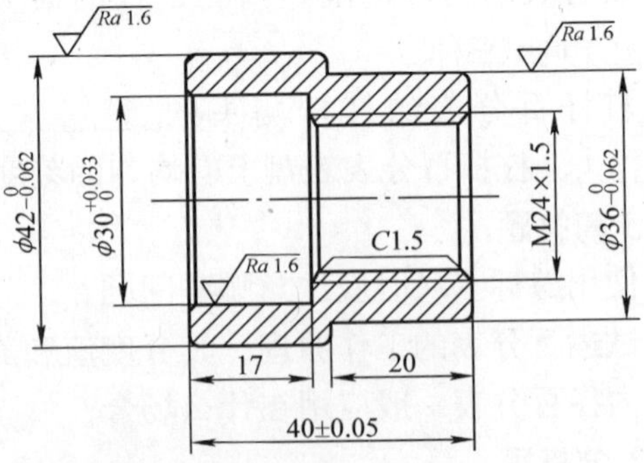

未注倒角C1。

图2-28 综合题（二）

【参考答案】

一、判断题

1. ×　2. √　3. √　4. √　5. ×　6. √

二、单选题

1. A　2. D　3. C　4. B　5. C　6. D

三、填空题

1. 公称尺寸　制造　实际尺寸　测量

2. 0~3　0~5　0~10

3. 位移（杠杆的摆动）　偏转　0.01mm

四、简答题

1. 答：使用游标卡尺时应注意以下问题：

（1）使用前先擦净测量爪，然后合拢两测量爪使之贴合，检查尺身、游标零线是否对齐。若未对齐，应在测量后根据原始误差修正读数。

（2）测量时，方法要正确，读数时视线要垂直于尺面，否则测量不正确。

（3）当测量爪与被测工件接触后，用力不能过大，以免测量爪变形或磨损，降低测量的准确度。

（4）不得用游标卡尺测量毛坯表面。使用完毕后必须擦拭干净，放入盒内。

2. 答：百分表的工作原理是将测量杆的直线位移，经过齿条与齿轮传动，转变为指针的角位移。测量时，测量杆移动1mm，大指针沿刻度盘正好转过1周，而刻度盘上的圆周被100等分。由此可知，当大指针转1格时，就相当于测量杆移动1mm/100=0.01mm，所以百分表的分度值为0.01mm。

百分表的测量范围是指测量杆的最大移动量，一般有0~3mm、0~5mm和0~10mm三种。

3. 答：内径百分表主要用于测量孔的直径和孔的形状误差，特别适用于深孔的测量。

五、分析题

1. 解：

28.785	需要组合出量块的尺寸
-1.005	选用第一块量块的尺寸为1.005mm
27.78	剩余尺寸
-1.28	选用第二块量块的尺寸为1.28mm
26.5	剩余尺寸
-6.5	选用第三块量块的尺寸为6.5mm
20	选用第四块量块的尺寸为20mm

2. 解：

23.987	需要组合出量块的尺寸
-1.007	选用第一块量块的尺寸为1.007mm
22.98	剩余尺寸
-1.08	选用第二块量块的尺寸为1.08mm
21.9	剩余尺寸
-1.9	选用第三块量块的尺寸为1.9mm
20	选用第四块量块的尺寸为20mm

六、识读题

1. 0. 05mm　41. 55　0. 02mm　90. 42

2. 8. 27　8. 77　36. 62

七、综合题

1. 根据被测零件两个轴径尺寸 $\phi 45_{-0.039}^{\ 0}$ mm、$\phi 28_{-0.033}^{\ 0}$ mm，选用分度值为 0. 01mm、测量范围为 25 ~ 50mm 的外径千分尺进行测量。

测量步骤如下：

1）清洁外径千分尺的尺身和测砧。

2）校对两把外径千分尺零线（微分筒上的零线应与固定套筒上的基准线对齐）。

3）将工件被测表面擦拭干净，竖放在工作台上，将测量范围为 25 ~ 50mm 的外径千分尺置于 $\phi 28_{-0.033}^{\ 0}$ mm 轴段两测量面之间，左手握尺架，右手转动微分筒，使测砧与工件测量表面接近，再转动测力装置，使测微螺杆的测量面接触工件表面，直至听到 2 ~ 3 声“咔、咔”响声时为止，然后锁紧紧固螺钉。

4）轻轻取下千分尺，读数时尽可能使视线与刻线表面保持垂直。

5）选取该轴段上多处进行测量，记录测量数据。

6）再测量 $\phi 45_{-0.039}^{\ 0}$ mm 轴段，测量方法同以上 3）~5）步。

7）测量完毕后将外径千分尺擦净放回盒内，然后进行数据处理。

2. 根据被测零件内径尺寸 $\phi 30_{\ 0}^{+0.033}$ mm，选用分度值为 0. 01mm、测量范围为 25 ~ 50mm 的内测千分尺。

测量步骤如下：

1）清洁内测千分尺的尺身和测量面。

2）校对内测千分尺零线。

3）将工件被测表面擦拭干净，放在工作台上，将测量范围为 25 ~ 50mm 的内测千分尺测头测量面支撑在被测表面上，调整微分筒，使微分筒一侧的测量面在孔的径向截面内摆动，找出最小尺寸，然后锁紧紧固螺钉。

4）轻轻取下千分尺，读数时尽可能使视线与刻线表面保持垂直。

5）测量完毕后将内测千分尺擦净放回盒内，然后进行数据处理。

第三节　测量角度的常用计量器具

【学习要求】

1. 熟悉 90°角尺的用途。

2. 正确掌握游标万能角度尺的操作和读数方法。

3. 知道正弦规的工作原理。

【学习内容】

一、90°角尺

1. 90°角尺的结构形式

90°角尺是常用的测量工具，主要有圆柱角尺、刀口角尺和宽座角尺，其外形如图 2-29

所示。

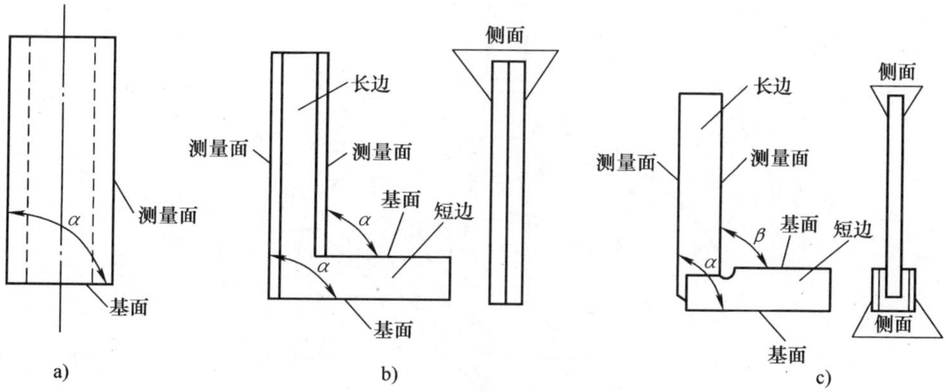

图 2-29　90°直角尺的结构形式

a）圆柱角尺　b）刀口角尺　c）宽座角尺

2. *90°角尺的精度等级*

90°角尺主要用于检验 90°外角或内角，测量垂直度误差，检查机床仪器的精度和划线。其精度等级见表 2-9。

表 2-9　90°角尺的精度等级

角尺名称	圆柱角尺	刀口角尺	宽座角尺
精度等级	00 级和 0 级	00 级和 0 级	1 级和 2 级

00 级、0 级 90°角尺用于检验精密仪器的垂直度误差，也用于检定 1 级或 2 级 90°角尺。1 级 90°角尺用于检验精密工件，2 级 90°角尺用于检验一般工件。

3. *90°角尺的使用方法*

1）测量前应将 90°角尺的工作面和被测工件表面擦净，去毛刺。

2）测量时将被测工件和 90°角尺同时置于检验平板上，使 90°角尺长边工作面与工件轻轻相靠，可用光隙法或用塞尺试塞方法，测量出被测工件的垂直度误差。

3）使用宽座角尺时，要握住宽座角尺短边来扳动，以免长边与短边相接触的地方产生松动。

4）90°角尺是一种比较精密的量具，使用过程中应避免磕碰。

5）测量时，应注意使 90°角尺的非工作面与被测表面保持垂直，不能倾斜。

6）使用完毕后，应清洗、擦净、涂油。

二、游标万能角度尺

游标万能角度尺是利用活动直尺测量面相对于基尺测量面的旋转，对两测量面间分隔的角度进行读数的角度测量器具。其适用于机械加工中的内、外角度测量，可测 0°～320°外角及 40°～130°内角。

1. *游标万能角度尺的结构形式*

Ⅰ型游标万能角度尺的结构形式如图 2-30 所示，由刻有基本角度刻线的尺身和固定在扇形板上的游标组成。扇形板可在尺座上回转移动（有制动头），形成了与游标卡尺相似的游标读数机构。

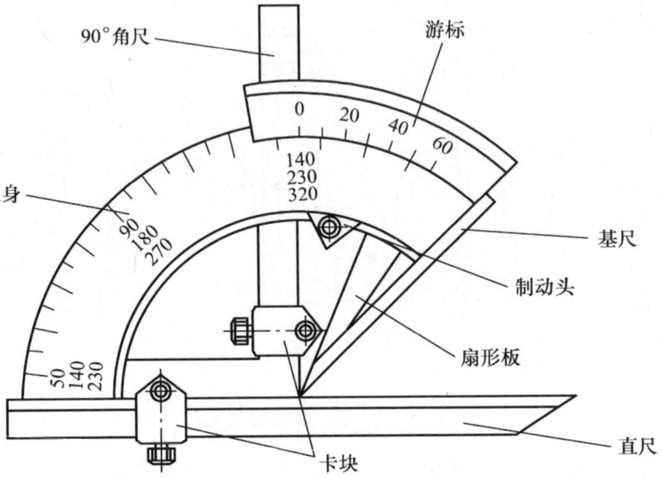

图 2-30　I 型游标万能角度尺的结构形式

2. 游标万能角度尺的刻线原理

游标万能角度尺的刻线原理与游标量具相同，也是利用尺身刻线间距与游标刻线间距之差进行小数读数的。图 2-31 所示为分度值为 2′的 I 型游标万能角度尺的刻线图。尺身刻线每格 1°，游标刻线将对应于尺身 29 格的一段弧长等分为 30 格，则游标刻线每格 = 29°/30 = 60′×29/30 = 58′。尺身 1 格与游标 1 格之差为分度值 $i = 1° - 58' = 2'$，所以该游标万能角度尺的分度值为 2′。

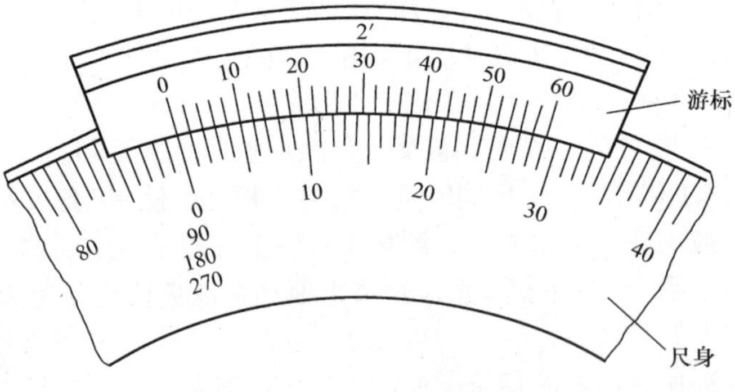

图 2-31　2′游标万能角度尺

3. 游标万能角度尺的读数方法

游标万能角度尺的读数方法与游标卡尺相似，也分以下三步。

（1）先读度　看游标零线左边对应尺身上最靠近一条刻线的数值，读出被测角“度”的整数部分，如图 2-32 所示：尺身读数为 69°。

（2）再读分　看游标上哪条刻线与尺身相应刻线对齐，可以从游标上直接读出被测角“度”的小数部分，即“分”的数值，如图 2-32 所示：游标的第 21 条线与尺身对齐，读数为 21×2′=42′。

（3）求和　将度和分相加。图 2-32 所示的读数为 69°+42′=69°42′。

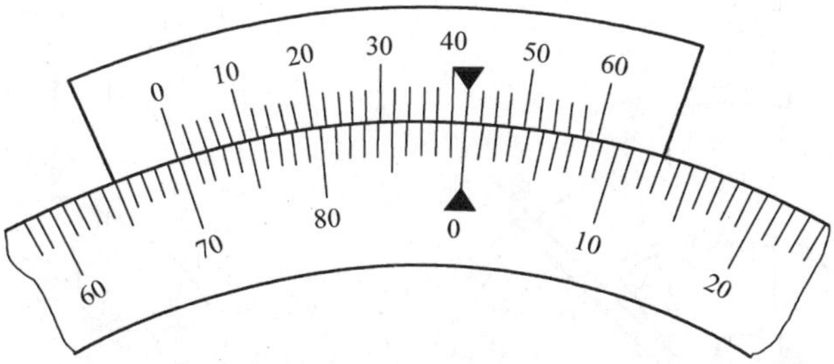

图 2-32　游标万能角度尺的读数方法

注意：当测量被测工件内角时，应从 360°减去游标万能角度尺上的读数值。如读数为 306°24′，则内角测量值为 360° − 306°24′ = 53°36′。

游标万能角度尺的读数示例见表 2-10。

表 2-10　游标万能角度尺的读数示例

游标分度值 i	读数示例	读数值
2′	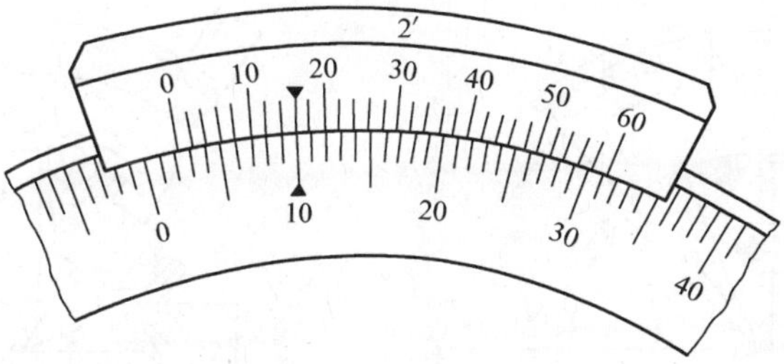	2°16′
	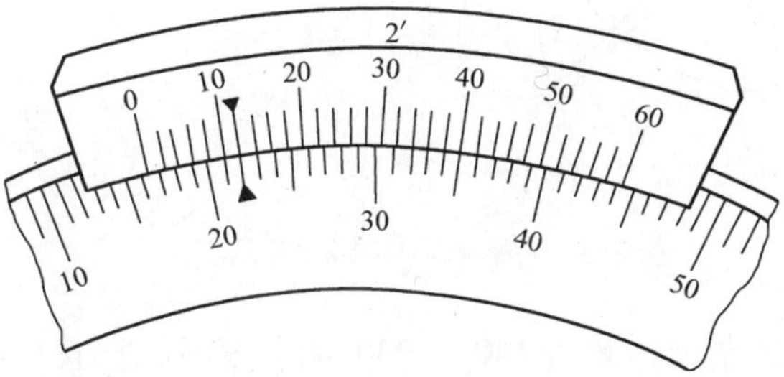	16°12′

4. 游标万能角度尺的使用方法

测量时，根据产品被测部位的情况，先调整好 90°角尺或直尺的位置，用卡块上的螺钉把它们紧固住，再调整基尺测量面与其他有关测量面之间的夹角。这时，要先松开制动头上的螺母，移动尺身进行粗调整，然后再转动扇形板背面的微动装置进行细调整，直到两个测量面与被测表面密切贴合为止，然后拧紧制动头上的螺母，把 90°角尺取下来进行读数。

（1）测量 0° ~ 50°的角度　测量 0° ~ 50°的角度时，90°角尺和直尺全都装上，将被测工件放在基尺和直尺的测量面之间进行测量，如图 2-33 所示。

（2）测量 50° ~ 140°的角度　测量 50° ~ 140°的角度时，把 90°角尺卸掉，把直尺装上去，使它与扇形板连在一起。将工件的被测部位放在基尺和直尺的测量面之间进行测量，如

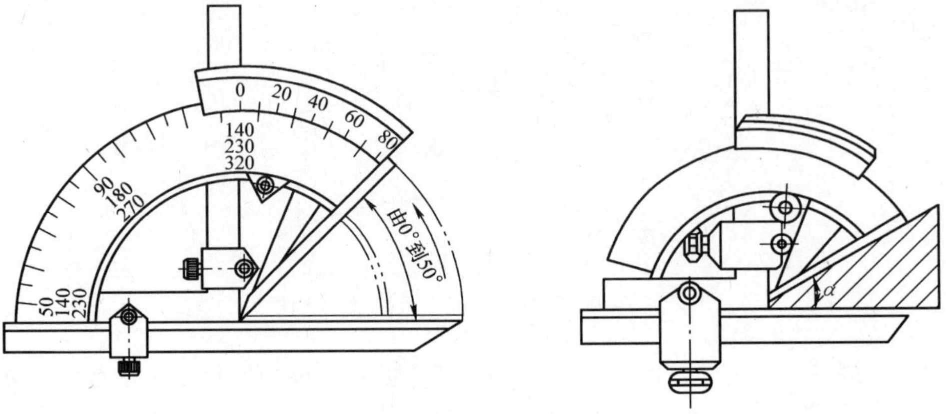

图 2-33　测量 0° ~50°的角度

图 2-34 所示。

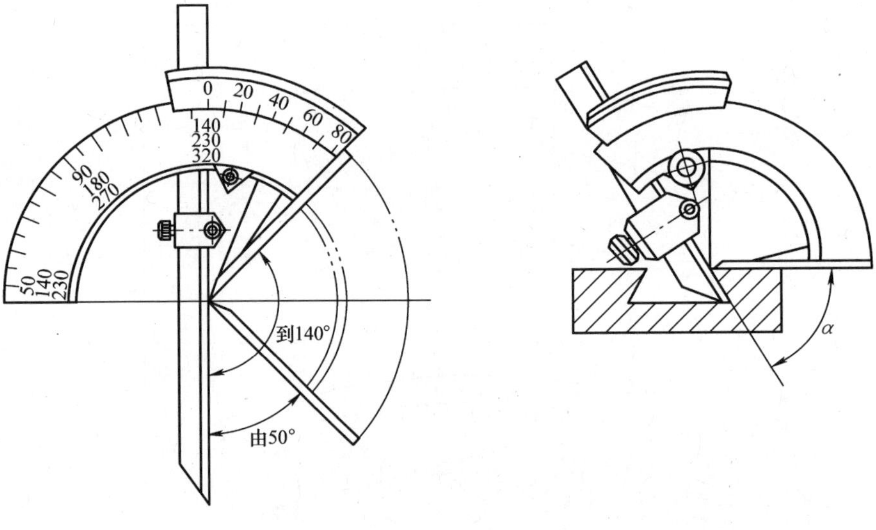

图 2-34　测量 50° ~140°的角度

（3）测量 140° ~230°的角度　测量 140° ~230°的角度时，把直尺和卡块卸掉，只装 90°角尺，但要把 90°角尺推上去，直到 90°角尺短边与长边的交点和基尺的尖端对齐为止。把工件的被测部位放在基尺和 90°角尺短边的测量面之间进行测量，如图 2-35 所示。

（4）测量 230° ~320°的角度　测量 230° ~320°的角度时，把 90°角尺、直尺和卡块全部卸掉，只留下扇形板和尺身（带基尺）。把工件的被测部位放在基尺和扇形板测量面之间进行测量，如图 2-36 所示。

5. 游标万能角度尺的维护保养

1）保护游标万能角度尺不受到碰撞，注意保护各测量面并防止变形。

2）在安装 90°角尺或直尺时应避免卡块螺钉压在测量面上。

3）使用游标万能角度尺完毕后，应擦净并在测量面上涂防锈油，将其装在专用的盒内保管。

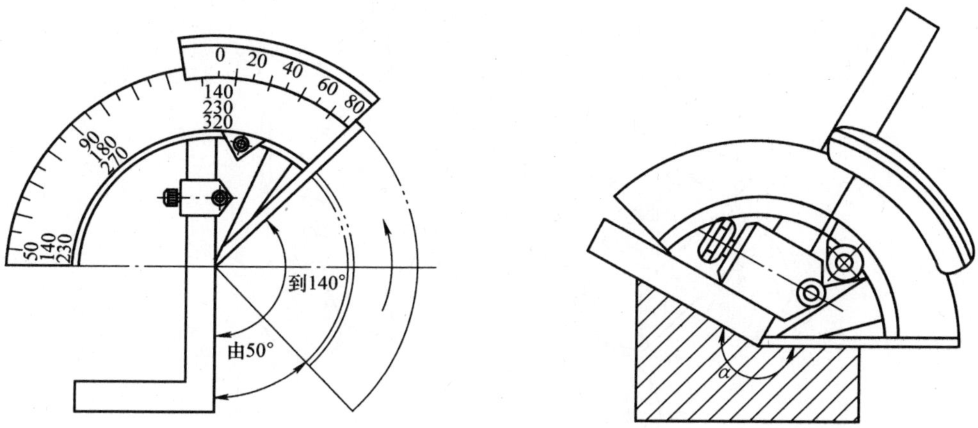

图 2-35　测量 140°～230°的角度

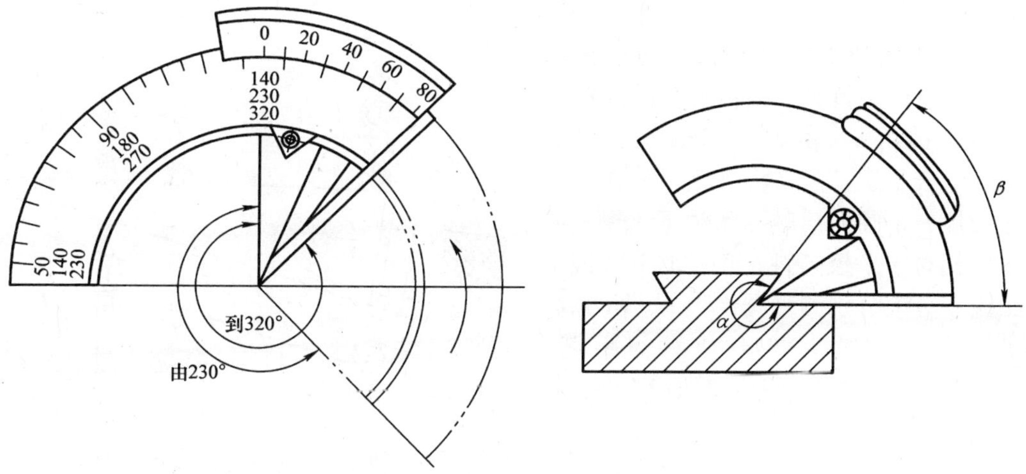

图 2-36　测量 230°～320°的角度

三、正弦规

正弦规是用于准确检验零件及量规角度和锥度的量具。它是利用三角函数的正弦关系来度量的，故称正弦规。

1. 正弦规的结构

正弦规的结构如图 2-37 所示，主要由带有精密工作平面的主体和固定在其两端的两个相同直径的钢圆柱体组成。两圆柱的轴线距离 L 一般为 100mm 或 200mm。四周可以装有挡板（使用时只装互相垂直的两块），测量时作为放置零件的定位板。

2. 正弦规的使用方法

使用时，将正弦规放在平板上，一个圆柱与平板接触，另一个圆柱下垫以量块组，使正弦规的工作平面与平板间形成一角度 α，如图 2-38 所示。从图 2-38 中可以看出

$$\sin\alpha = \frac{H}{L}$$

式中，α 为正弦规放置的角度；H 为量块组的尺寸；L 为正弦规两圆柱的中心距（mm）。

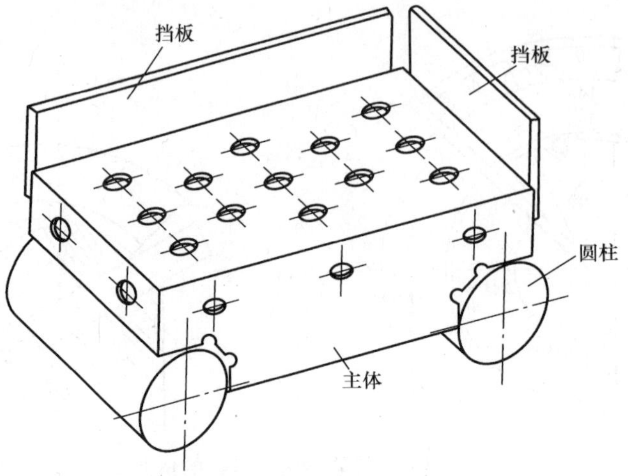

图 2-37 正弦规的结构

图 2-38 所示为应用正弦规测量圆锥塞规锥角的示意图。首先根据被检测的圆锥塞规的基本圆锥角 α，由 $H=L\sin\alpha$ 算出量块组尺寸并组合量块，然后将量块组放在平板上与正弦规一个圆柱接触。此时正弦规主体工作平面相对于平板倾斜 α 角。放上圆锥塞规后，用千分表分别测量圆锥上 a、b 两点。a、b 两点读数之差 n 与 a、b 两点距离 l（可用直尺量得）之比即为锥度偏差 Δc，并考虑正负号，即

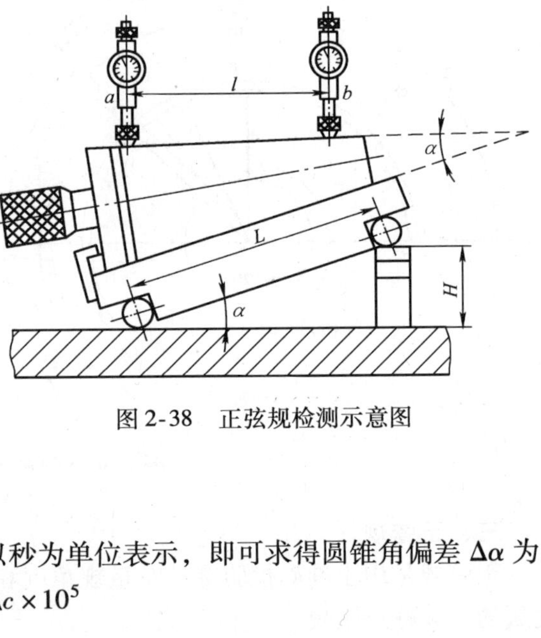

图 2-38 正弦规检测示意图

$$\Delta c \approx \frac{n}{l}$$

式中，n 与 l 的单位均取 mm。

根据 $1\text{rad} \approx (2\times10^5)''$，可将锥度偏差值以秒为单位表示，即可求得圆锥角偏差 $\Delta\alpha$ 为

$$\Delta\alpha \approx 2\Delta c\times10^5$$

式中，$\Delta\alpha$ 的单位为（″）。

3. 正弦规的用途

一般来说，正弦规只适用于测量精度较高的小角度工件。这种间接测量角度方法的误差系数随被测角度增大而增大，角度为 45°以上时测量误差急剧增大。因此，正弦规适于测量小于 45°的角度，在测量小于 30°的角度时，精确度可达 3″~5″。

【考点分析】

［**例 8**］ 单选题

游标万能角度尺的游标分度值是（　　）。

A. 1°　　B. 0.5°　　C. 1′　　D. 2′

【解题指导】 此题主要考查对游标万能角度尺刻线原理的理解。游标万能角度尺的尺身刻线

每格为 1°，游标刻线每格为 58′。尺身 1 格与游标 1 格之差为 1° - 58′ = 2′，即分度值 $i = 2'$。

【参考答案】 D

［**例 9**］　填空题

游标万能角度尺可以测量________范围内的任何角度。90°角尺和直尺全装上时，可测量________的角度；仅装上直尺时，可测量________的角度；仅装上 90°角尺时，可测量________的角度；把 90°角尺和直尺全拆下时，可测量________的角度。

【解题指导】 此题主要考查游标万能角度尺的测量范围及测量时的组合方法。

【参考答案】 0° ~ 320°　0° ~ 50°　50° ~ 140°　140° ~ 230°　230° ~ 320°

［**例 10**］　正确识读图 2-39 所示游标万能角度尺上的数值。

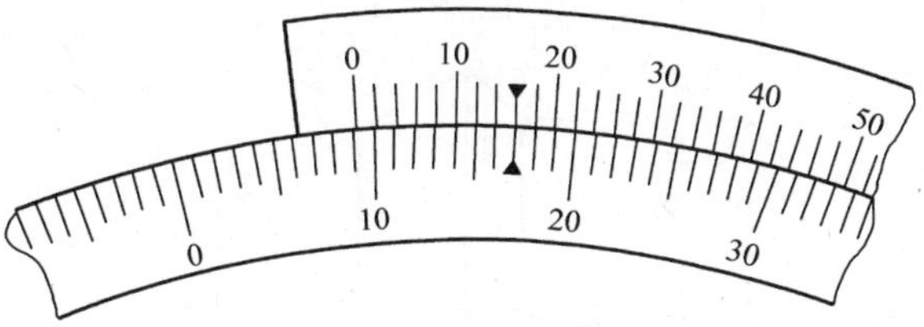

图 2-39　识读题举例

【解题指导】 此题主要考查游标万能角度尺的正确读数。游标万能角度尺的读数方法为先读度，再读分，然后将度和分相加，就是所测尺寸。

【参考答案】 9°16′

【习题练习】

一、单选题

1. 90°角尺在划线时常用作划（　　）的导向工具。

A. 平行线　　B. 垂直线　　C. 平行线、垂直线　　D. 直线

2. 游标万能角度尺的测量范围是（　　）。

A. 0° ~ 180°　　B. 0° ~ 320°　　C. 0° ~ 330°　　D. 0° ~ 360°

3. 将游标万能角度尺的 90°角尺、直尺和卡块全部取下，直接用基尺和游标的测量面对被测工件进行测量，此时测量的角度范围是（　　）。

A. 0° ~ 50°　　B. 50° ~ 140°　　C. 140° ~ 230°　　D. 230° ~ 320°

4. 正弦规是利用（　　）函数关系，与量块配合测量工件角度和锥度的精密量具。

A. 三角　　B. 正弦　　C. 余弦　　D. 几何

二、简答题

1. 简述 90°角尺的使用方法。

2. 试述正弦规的工作原理及应用场合。

三、识读题

读出图 2-40 所示游标万能角度尺所表示的角度值。

图 a 的角度值是________。图 b 的角度值是________。

四、综合题

1. 试用游标万能角度尺检测图 2-41 所示零件的角度（60° ± 2′），并说明检测步骤。

2. 用中心距 $L = 100$mm 的正弦规测量莫氏 2 号锥度塞规，其基本圆锥角为 2°51′40.8″

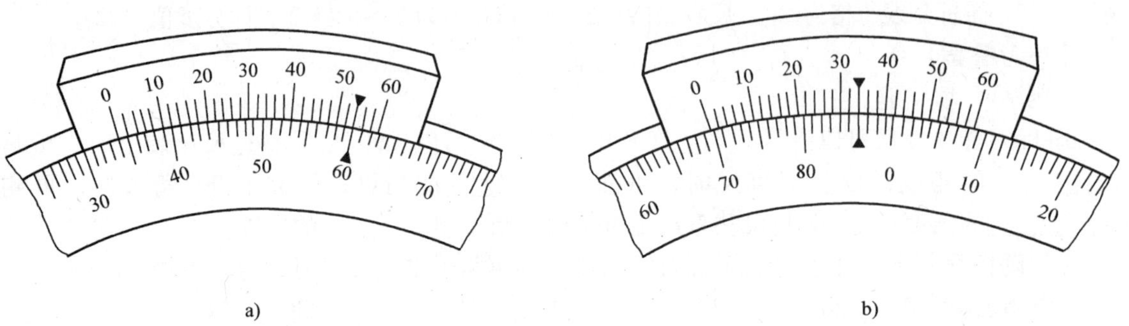

图 2-40 识读练习

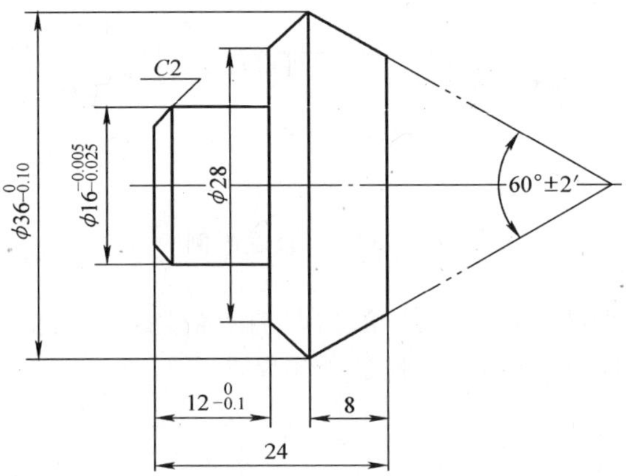

图 2-41 综合练习

(2.861333°)。按图 2-38 所示的方法进行测量，试确定量块组的尺寸。若测量时千分表两测量点 a、b 相距为 $l=60$mm，两点处的读数差 $n=0.010$mm，且 a 点比 b 点高（即 a 点的读数比 b 点大），试确定该锥度塞规的锥度误差，并确定实际锥角的大小。

【参考答案】

一、单选题

1. C　2. B　3. D　4. A

二、简答题

1. **答**：1）使用前，应先检查各工作面和边缘是否被碰伤。将 90°角尺工作面和被检工作面擦净。

2）使用时，将 90°角尺放在被测工件的工作面上，用光隙法来鉴别被测工件的角度是否正确。检验工件外角时，需使 90°角尺的内边与被测工件接触；检验内角时，则使 90°角尺的外边与被测工件接触。

3）测量时，应注意 90°角尺的安放位置，不能歪斜。

4）在使用和安放工作边较大的 90°角尺时，应注意防止弯曲变形。

5）为求得精确的测量结果，可将 90°角尺翻转 180°再测量一次，取两次度数的算术平均值作为其测量结果，这样便可消除 90°角尺本身的偏差。

6）使用完毕后，应清洗、擦净、涂油。

2. **答**：正弦规是根据三角函数原理，利用量块垫其一端，使之倾斜一定角度的检验定位工具。正弦规工作面的下方固定有两个直径相等且互相平行的圆柱体，它的公切面与上工作面平行。在主体侧面和前面分别装有可供被测件定位用的侧挡板，它们分别垂直和平行于两圆柱的轴线。在正弦规的一个圆柱下面垫入量块，用千分表检查零件全长的高度，调整量块尺寸，使千分表在零件全长上的读数相同。此时，就可应用直角三角形的正弦公式，算出零件的角度。

正弦规一般用于测量小于45°的角度，在测量小于30°的角度时，精确度可达3″~5″。

三、识读题

33°54′ 69°34′

四、综合题

1. **答**：零件的被测角度为60° ±2′。用游标万能角度尺测量的组合方法：尺身和直尺组合。

测量步骤如下：

1）清洁、检查、校对游标万能角度尺。

2）拧松两个制动头，将90°角尺与直尺取下，将取下的直尺直接装在尺身的卡块上，拧紧制动头（图2-42）。

3）根据被测角度的大小（约为60°），转动游标移动旋钮调整好游标，使基尺与直尺夹角略大于被测角度（图2-42）。

4）将基尺贴紧工件圆锥面，旋转旋钮，移动游标，使直尺刀口紧贴圆锥面，目测无可见光隙（图2-43）。

图2-42 尺身和直尺组合

图2-43 基尺和直尺贴紧工件圆锥面

5）拧紧制动头，移开量具，观察实际测量结果，按尺身第二排读数，记录数据。

6）旋转工件，选择其他4个不同位置测量，记录数据。

7）测量结束，将量具擦拭干净并组装完整放入盒内。

2. **解**：量块组的尺寸为 $H = L\sin\alpha = 100\text{mm} \times \sin 2.861333^{\circ} \approx 4.992\text{mm}$

锥度偏差为 $\Delta c \approx \dfrac{n}{l} = \dfrac{0.010}{60} = 0.0001667$

圆锥角偏差为 $\Delta\alpha \approx 2\Delta c \times 10^5 = 2 \times 0.0001667 \times 10^5 = 33.3''$

由于 a 点比 b 点高，因而实际圆锥角比基本圆锥角大，所以

$$\alpha_{实} = \alpha + \Delta\alpha = 2°51'40.8'' + 33.3'' = 2°52'14.1''$$

所以，量块组的尺寸为4.992mm，锥度塞规的锥度误差为33.3″，实际锥角的大小为2°52′14.1″。

第三单元　几何公差与几何误差检测

【知识框架】

- 几何公差与几何误差检测
  - 几何公差的基本概念
    - 零件的几何要素
    - 几何公差的几何特征和符号
    - 基准的概念与类型
  - 几何公差的标注方法
    - 几何公差符号
    - 被测要素的标注方法
    - 基准要素的标注方法
    - 几何公差的特殊标注方法
  - 几何公差带
    - 几何公差带的概念
    - 形状公差带
    - 轮廓度公差带
    - 方向公差带
    - 位置公差带
    - 跳动公差带
  - 几何误差的检测
    - 几何误差的检测原则
    - 几何误差的评定
    - 几何误差的检测方法

第一节　几何公差的基本概念

【学习要求】

1. 了解零件的几何要素。
2. 掌握各种几何公差的几何特征及符号。

【学习内容】

一、零件的几何要素

几何要素是指构成机械零件几何特征的点、线、面。几何公差的研究对象是构成零件的几何特征的要素。

为了便于研究几何公差和几何误差，这些要素可以按不同角度进行分类，具体分类见表3-1。

表 3-1　零件几何要素的分类

分类方法	要素名称	含义及特征
按存在的状态	理想要素	指具有几何学意义的要素，即几何的点、线、面。它们不存在任何误差。零件上表示的要素均为理想要素
	实际要素	指零件上实际存在的要素。在测量和评定几何误差时，通常以测得要素代替实际要素。测得要素也称提取要素，是指按规定的方法，由实际要素提取有限数目的点所形成的近似实际要素
按检测关系	被测要素	指图样上给出形状或（和）位置公差要求的要素，也就是需要测量和评定的要素
	基准要素	指图样上规定用来确定被测要素的方向或（和）位置的要素，理想的基准要素简称为基准
按结构特征	组成要素（轮廓要素）	指零件的表面和表面上的线。组成要素中，按是否具有定形尺寸可分为尺寸要素和非尺寸要素
	导出要素（中心要素）	指组成要素对称中心所表示的点、线、面各要素。注意：导出要素依存于对应的尺寸要素，离开了对应的尺寸要素，便不存在导出要素，例如没有尺寸要素圆柱，就没有导出要素轴线
按功能关系	单一要素	指按本身功能要求而给出形状公差的被测要素
	关联要素	指对基准要素有功能关系而给出方向、位置或跳动公差的被测要素。所谓功能关系是指要素与要素之间具有某种确定的方向或位置关系（如垂直、平行等）。因而，关联要素就是有位置公差要求的被测要素

二、几何公差的几何特征和符号

根据 GB/T 1182—2008 规定，几何公差的几何特征分为形状公差、方向公差、位置公差和跳动公差四大类，共有 19 个，它们的名称和符号见表 3-2。其中，形状公差特征有 6 个，它们没有基准要求；方向公差特征有 5 个，位置公差特征有 6 个，跳动公差特征有 2 个，它们有基准要求。没有基准要求的线、面轮廓度公差属于形状公差，而有基准要求的线、面轮廓度公差则属于方向、位置公差。附加符号见表 3-3。

表 3-2　几何公差的分类、几何特征和符号

公差类型	几何特征	符号	有无基准
形状公差	直线度	⏤	无
	平面度	⏥	无
	圆度	○	无
	圆柱度	⌭	无
	线轮廓度	⌒	无
	面轮廓度	⌓	无

（续）

公差类型	几何特征	符号	有无基准
方向公差	平行度	∥	有
	垂直度	⊥	有
	倾斜度	∠	有
	线轮廓度	⌒	有
	面轮廓度	⌓	有
位置公差	位置度	⌖	有或无
	同心度（用于中心点）	◎	有
	同轴度（用于轴线）	◎	有
	对称度	⌯	有
	线轮廓度	⌒	有
	面轮廓度	⌓	有
跳动公差	圆跳动	↗	有
	全跳动	⌰	有

表 3-3　附加符号

说明	符号	说明	符号
被测要素	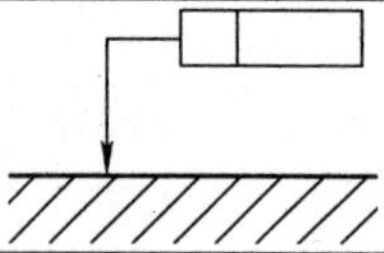	最小实体要求	Ⓛ
基准要素		可逆要求	Ⓡ
基准目标	$\phi 2$ / A1	延伸公差带	Ⓟ
理论正确尺寸	50	自由状态条件(非刚性零件)	Ⓕ
包容要求	Ⓔ	全周（轮廓）	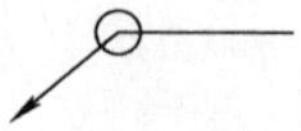
最大实体要求	Ⓜ	公共公差带	CZ
小径	LD	线素	LE
大径	MD	不凸起	NC
中径、节径	PD	任意横截面	ACS

三、基准的概念与类型

1. 基准的概念

基准是确定被测要素方向和位置的依据，图样上标注的任何一个基准都是理想要素，但实际上都要由零件上相应的实际要素来体现。

与被测要素相关的基准用一个大写字母表示。字母标注在基准方格内，与一个涂黑的或空白的三角形相连，如图3-1所示。涂黑的和空白的基准三角形含义相同。

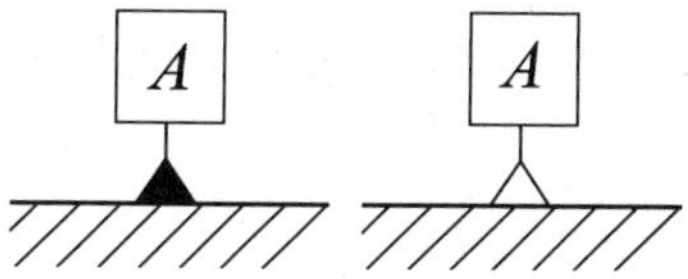

图3-1　基准符号

2. 基准的类型

基准按几何特征不同可分为基准点、基准直线和基准平面三种。根据它们的构成情况，基准可分为以下几种类型。

（1）单一基准　由一个要素（如一个平面、一条轴线）建立的基准称为单一基准，如图3-2所示的小端轴线建立的基准。

（2）组合基准（公共基准）　由两个或两个以上的要素共同建立而作为单一基准使用的基准称为组合基准或公共基准，如图3-3所示的由两段轴线 A、B 建立的基准 $A—B$。

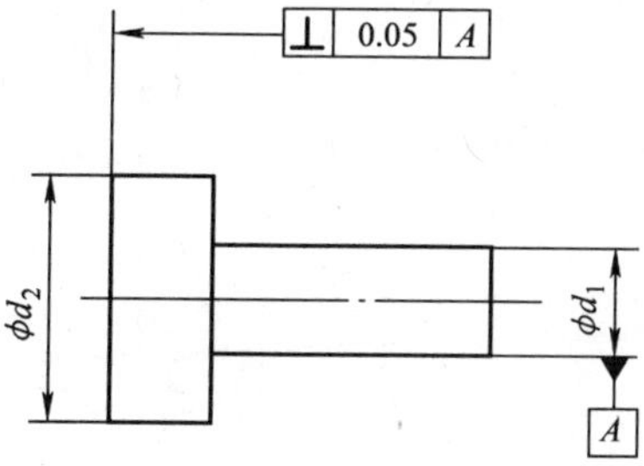

图3-2　单一基准

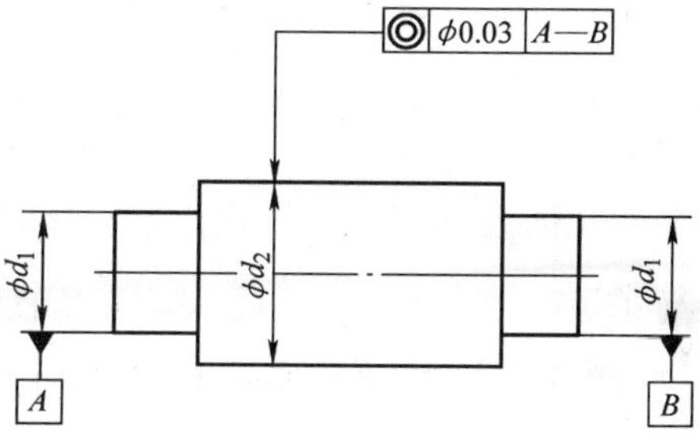

图3-3　组合基准

（3）三基面体系　零件上给定的基准要素是由空间相互垂直的三个平面所构成的基准平面体系，称作三基面体系。当由于零件功能的要求，需要在三维空间确立被测要素位置时，应采用三基面体系。

三基面体系由三个基准要素组成。标注三基面体系时，应将各基准要素分别用基准符号注出，各基准应采用不同的字母代号，并按第一、第二……基准要素顺序，依次将字母代号填入公差框格第三、第四……格内。基准要素的前后顺序，表示其精度要求控制顺序，是由零件功能要求确定的。

如图3-4a所示，根据功能要求该零件上 $\phi15$mm 孔的轴线首先要求与 A 基准面保持垂直，其次其位置还受到 B、C 面的严格控制。为此图中给出位置度公差要求，并依次给出 A、B、C 三个基准要素。

上述要求表示：该被测轴线的理论正确位置应首先垂直于基准平面 A，然后由第二、三基准平面按给定的理论正确尺寸确定该垂直线的位置，即为该被测轴线的理论正确位置。以此轴线为中心，以给定的公差值为直径所作出的圆柱面内区域即为其公差带。

上述被测轴线的位置度误差，则应由三个实际基准表面建立起来的三基面体系来评定，如图 3-4b 所示。首先应依据第一基准实际表面建立第一基准平面，它们之间的相对位置应符合最小条件，即第一基准平面为第一实际表面的理想平面；然后再由第二基准实际表面建立第二基准平面，因其必须保持与第一基准平面垂直，故其只能以垂直定向最小包容区的关系来确定，即第二基准平面为第二实际表面的垂直理想平面；最后由第三基准实际平面建立起第三基准平面，要求其与第一、二基准平面均保持垂直，故其仅能保持与第三基准实际表面相接触。由此可见，基准顺序不同，所建立起来的三基面体系也不一样。

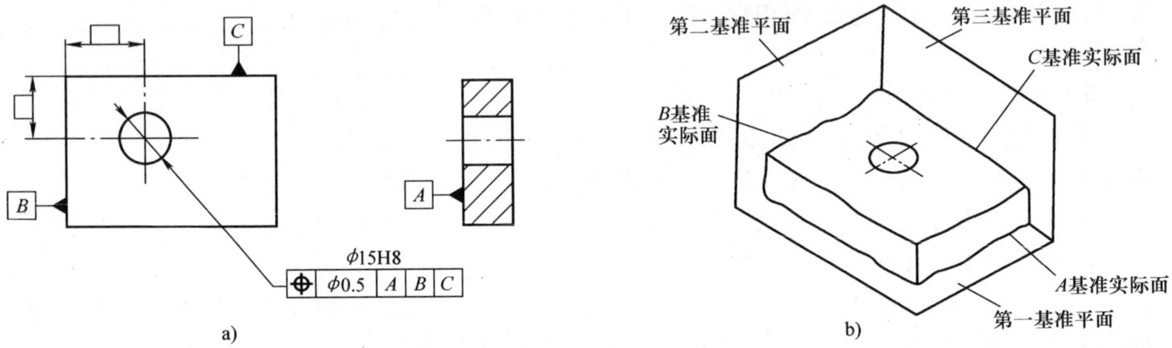

图 3-4　三基面体系

【考点分析】

［例 1］　单选题

下列几何公差符号中属于形状公差的是（　　）。

A. ○　　B. ⊥　　C. ◎　　D. ↗

【解题指导】此题主要考查学生对几何公差符号的识别。○指圆度公差，属于形状公差；⊥指垂直度公差，属于方向公差；◎指同轴度公差，属于位置公差；↗指圆跳动公差，属于跳动公差。

【参考答案】A

［例 2］　填空题

被测要素分为________ 和 ________。

【解题指导】此题主要考查学生对被测要素的理解。被测要素是指在图样上给出形状和位置公差要求后即形成了检测对象的要素。

【参考答案】单一要素　　关联要素

［例 3］　综合题

按要求在表 3-4 中写出对应的几何公差的几何特征或符号，并说明相应的项目有无基准要求。

表 3-4　综合题举例

几何特征	符号	基准要求
直线度		无
平面度		

（续）

几何特征	符号	基准要求
	⌭	
垂直度		
	//	
同轴度		
	↗	

【**解题指导**】此题主要考查学生对 19 项几何公差的几何特征、符号及有无基准的掌握情况。

【**参考答案**】见表 3-5。

表 3-5　综合题参考答案

几何特征	符号	基准要求
直线度	—	无
平面度	▱	无
圆柱度	⌭	无
垂直度	⊥	有
平行度	//	有
同轴度	◎	有
圆跳动	↗	有

【习题练习】

一、判断题

（　　）1. 几何公差的研究对象是零件的几何要素。

（　　）2. 形状公差包括平面度公差、圆度公差和垂直度公差。

（　　）3. 任何实际要素都同时存在几何误差和尺寸误差。

（　　）4. 导出要素依存于对应的尺寸要素，离开了对应的尺寸要素，便不存在导出要素。

（　　）5. 基准要素按本身功能要求只能是关联要素。

二、单选题

1. 几何公差对零件来说是规定其形状和位置误差的（　　）。

A. 最小允许值　　B. 最大允许值　　C. 平均值　　D. 范围值

2. 以下几何公差项目中，必须有基准的项目是（　　）。

A. 线轮廓度公差　　B. 面轮廓度公差　　C. 位置度公差　　D. 圆跳动公差

3. 按本身功能要求而给出形状公差的被测要素称为（　　）。

A. 单一要素　　B. 关联要素　　C. 轮廓要素　　D. 中心要素

4. 下列几何公差项目中，（　　）属于方向公差。

A. 直线度公差　　B. 圆柱度公差　　C. 垂直度公差　　D. 位置度公差

5. 对称度公差属于（　　）。

A. 形状公差　　B. 方向公差　　C. 位置公差　　D. 跳动公差

三、填空题

1. 几何要素按检测关系不同可分为________要素和______要素。

2. 根据 GB/T 1182—2008 的规定，几何公差的几何特征分为________公差、________公差、________公差和________公差四大类。

3. 基准按几何特征不同可分为________、________和________三种。

四、简答题

1. 几何公差是如何分类的？各几何特征有无基准要求？

2. 何谓单一要素和关联要素？它们各应用于什么场合？

五、综合题

说明图 3-5 所示零件中底面 a、端面 b、孔表面 c 和孔的轴线 d 分别是什么要素（被测要素、基准要素；单一要素、关联要素；组成要素、导出要素）。

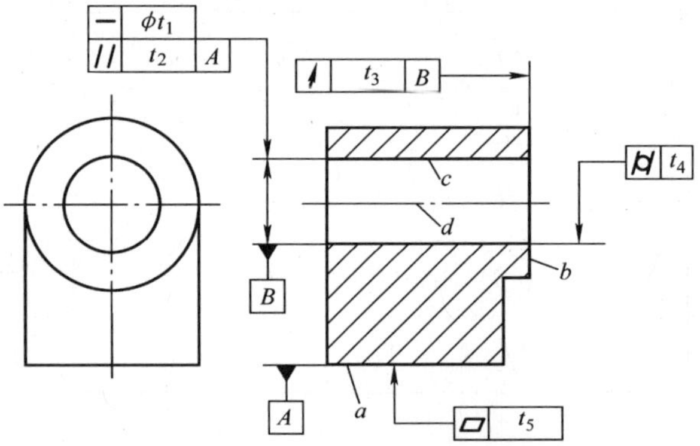

图 3-5　几何要素的判别

【参考答案】

一、判断题

1. √　2. ×　3. √　4. √　5. ×

二、单选题

1. B　2. D　3. A　4. C　5. C

三、填空题

1. 被测　基准

2. 形状　方向　位置　跳动

3. 基准点　基准直线　基准平面

四、简答题

1. **答**：根据 GB/T 1182—2008 的规定，几何公差的几何特征分为形状公差、方向公差、位置公差和跳动公差四大类，共有19个。其中，形状公差几何特征有6个（直线度、平面度、圆度、圆柱度、线轮廓度、面轮廓度），它们没有基准要求；方向公差几何特征有5个（平行度、垂直度、倾斜度、线轮廓度、面轮廓度），位置公差几何特征有6个（位置度、同心度、对称度、同轴度、线轮廓度、面轮廓度），跳动公差几何特征有2个（圆跳动、全跳动），它们有基准要求。没有基准要求的线、面轮廓度公差属于形状公差，而有基准要求的线、面轮廓度公差则属于方向、位置公差。

2. **答**：单一要素是指按本身功能要求而给出形状公差的被测要素。关联要素是指对基准要素有功能关系而给出方向、位置或跳动公差的被测要素。

单一要素应用在图样上给出形状公差的被测要素，如直线度、平面度、圆度、圆柱度等。关联要素应用在图样上给出位置公差的被测要素，如平行度、垂直度、同轴度、对称度等。

五、综合题

答：底面 a 是零件的组成要素，平面度的被测要素，被测要素中属于单一要素，又属于平行度的基准要素。

端面 b 是零件的组成要素，轴向圆跳动的被测要素，被测要素中属于关联要素。

孔表面 c 是零件的组成要素，圆柱度的被测要素，被测要素中属于单一要素。

轴线 d 是零件的导出要素，既是直线度的被测要素（属于单一要素），又是平行度的被测要素（属于关联要素），是轴向圆跳动的基准要素。

第二节　几何公差的标注方法

【学习要求】

1. 了解几何公差符号。

2. 掌握几何公差的标注方法。

【学习内容】

一、几何公差符号

几何公差符号包括：几何特征符号、几何公差框格和指引线、几何公差值和有关符号、基准字母和有关符号等。

1. 形状公差符号

形状公差符号有两格，用带箭头的指引线将框格与被测要素相连。框格中的内容，从左到右第一格为公差特征符号，第二格为以毫米为单位表示的公差值和有关符号，如图3-6所示。

带箭头的指引线从框格的一端（左端或右端）引出，并且必须垂直于该框格，用它的箭头与被测要素相连。它引向被测要素时，允许弯折，通常只弯折一次。

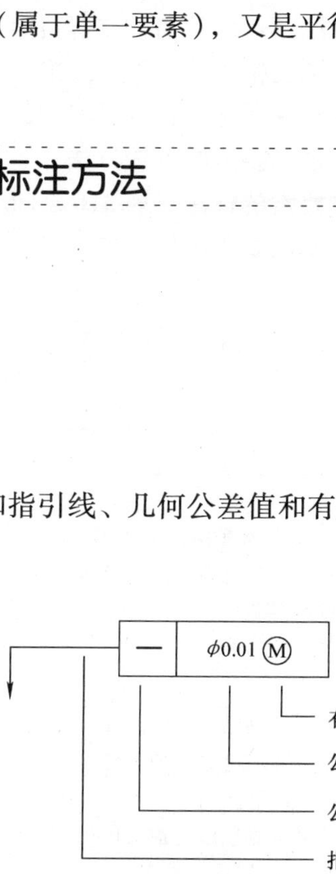

图3-6　形状公差符号

2. 方向、位置和跳动公差符号

方向、位置和跳动公差符号有三格、四格和五格等几种，用带箭头的指引线将框格与被测要素相连。框格中的内容，从左到右第一格为公差特征符号，第二格为以毫米为单位表示的公差值和有关符号，从第三格起为被测要素的基准所使用的字母和有关符号，如图 3-7 所示。

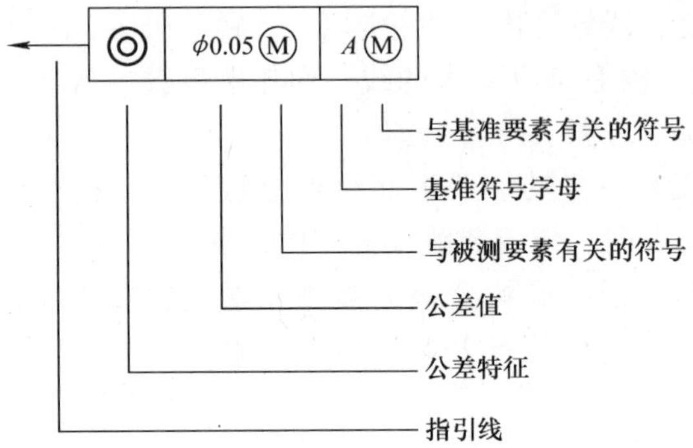

图 3-7　方向、位置和跳动公差符号

方向、位置和跳动公差有基准要求。被测要素的基准在图样上用英文大写字母表示。为了避免混淆和误解，基准所使用的字母不得采用 E、F、I、J、L、M、O、P、R 这九个字母。

必须注意：从几何公差框格第三格起填写基准的字母时，基准的顺序在该框格中是固定的，总是第三格中填写第一基准的字母，第四格和第五格中分别填写第二基准和第三基准的字母，而与这些字母在字母表中的顺序无关。

二、被测要素的标注方法

被测要素的标注见表 3-6。

三、基准要素的标注方法

与被测要素相关的基准用一个大写字母表示。字母标注在基准方格内，与一个涂黑的或空白的三角形相连表示基准；表示基准的字母则应标注在公差框格内。基准要素的常用标注方法见表 3-7。

表 3-6　被测要素的标注

序号	解　释	图　例
1	当被测要素是组成要素时，箭头应指向轮廓线，也可指向轮廓线的延长线，但必须与尺寸线明显地错开	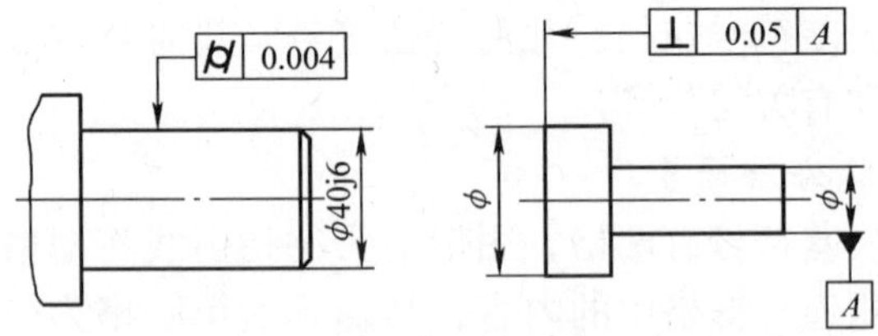
2	当被测要素是导出要素时，箭头应对准尺寸线，即与尺寸线的延长线重合 被测要素指引线的箭头可代替一个尺寸箭头 公差带为圆形或圆柱形时，在公差值前加“ϕ”；为圆球形时加“$S\phi$”	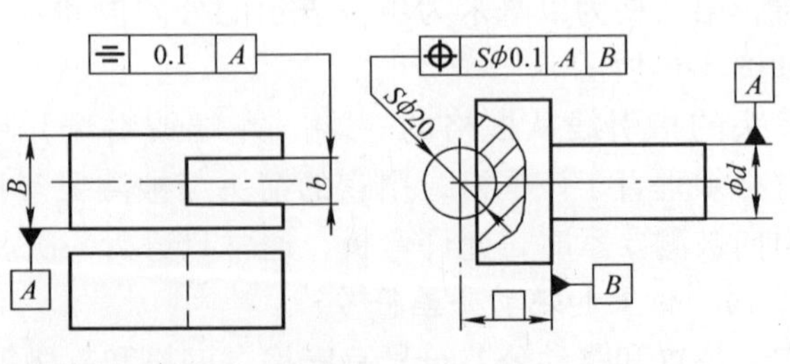

（续）

序号	解　释	图　例
3	受图形限制，需表示图样中某要素的几何公差要求时，可由黑点处做引出线，箭头指向引出线的水平线	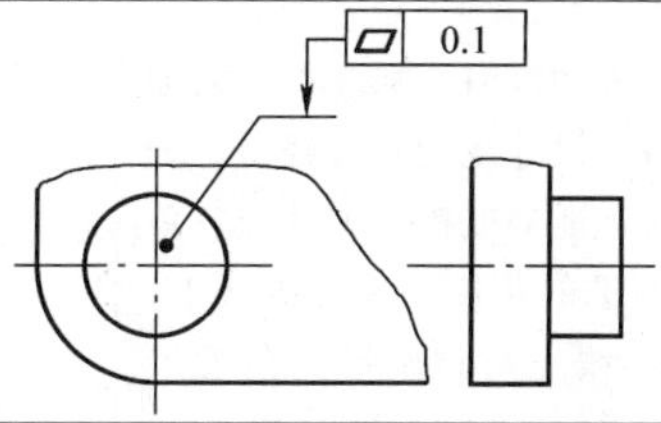
4	当被测要素是圆锥体的轴线时，指引线应对准圆锥体的大端或小端的尺寸线 如图样中仅有任意处的空白尺寸线，则可与该尺寸线相连 如需给出某要素几种几何特征公差，可将公差框格放在另一个的下面	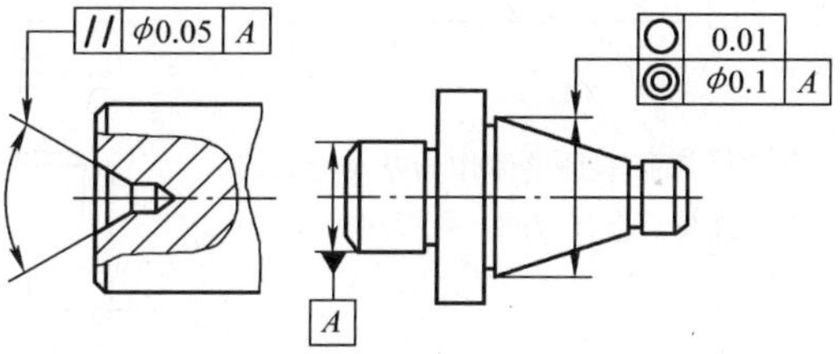
5	仅对被测要素的局部提出几何公差要求，可用粗点画线画出其范围，并标注尺寸	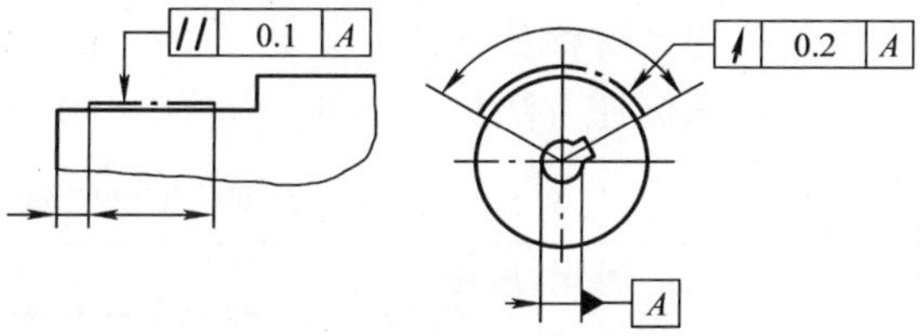

表 3-7　基准要素的常用标注方法

序号	解　释	图　例
1	当基准要素为表面或表面上的线等组成要素（轮廓要素）时，应把基准符号的基准三角形的底边放置在该基准要素的轮廓线上或它的延长线上，并且基准三角形放置处必须与尺寸线明显错开	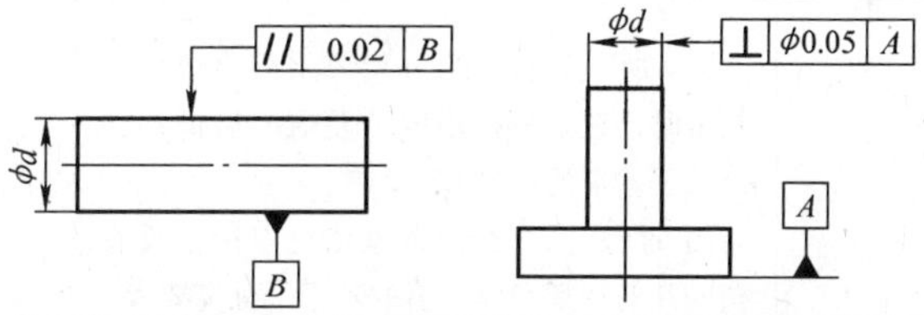
2	当基准要素是中心要素轴线、中心面或中心点时，基准三角形应放在尺寸线的延长线上 基准符号中的三角形也可代替尺寸线中的一个箭头	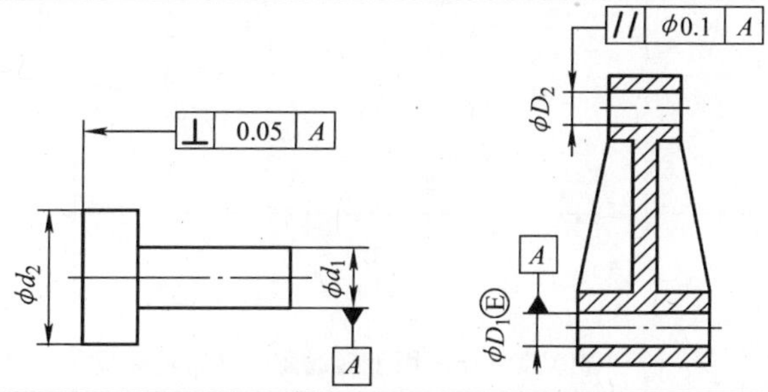
3	受图形限制，需表示某要素为基准要素时，可由黑点处做引出线，基准三角形可置于引出线的水平线上	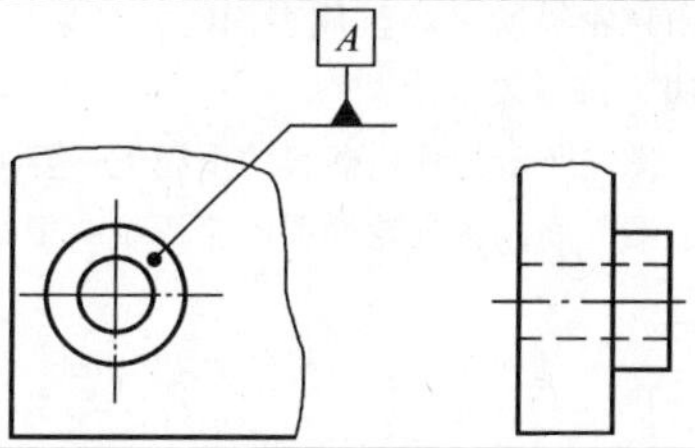

（续）

序号	解　释	图　例
4	当基准要素为圆锥轴线时，基准符号的细实线应位于圆锥直径尺寸线的延长线上。若圆锥采用角度标注，则基准符号的基准三角形应放置在对应圆锥的角度的尺寸界线上，且基准符号的细实线正对该圆锥的角度尺寸线	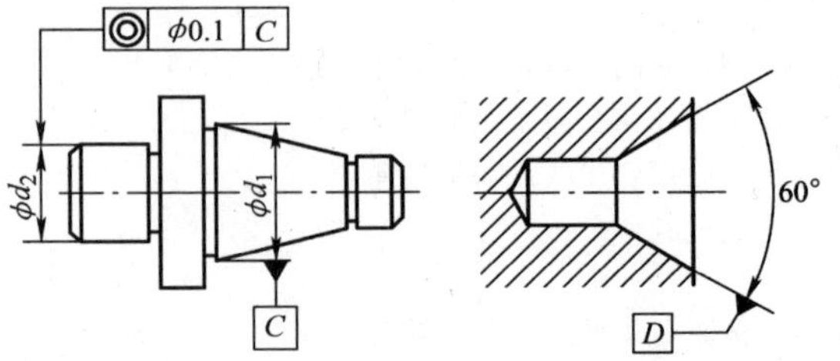
5	仅用要素的局部而不是整体作为基准要素时，可用粗点画线画出其范围，并标注尺寸	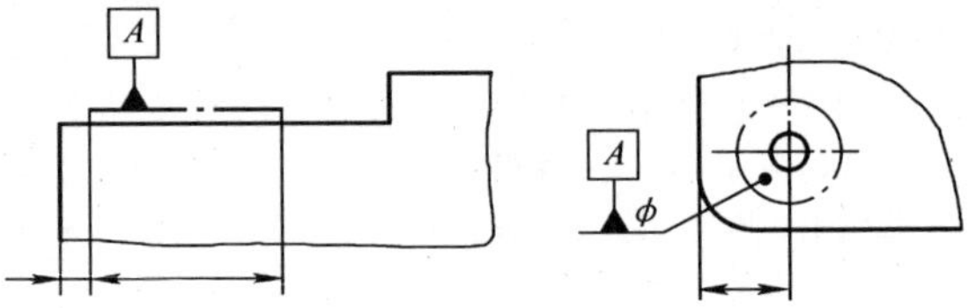

四、几何公差的特殊标注方法

几何公差的特殊标注方法见表 3-8。

表 3-8　几何公差的特殊标注方法

序号	名　称	标 注 规 定	示　例
1	公共公差带	图 a 所示为若干个分离要素给出单一公差带时，在公差框格内公差值的后面加注公共公差带的符号 CZ 图 b 所示为一个公差框格可以用于具有相同几何特征和公差值的若干个分离要素	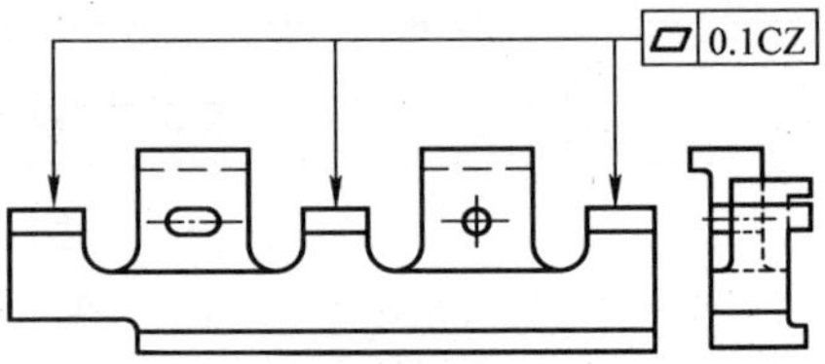 a) 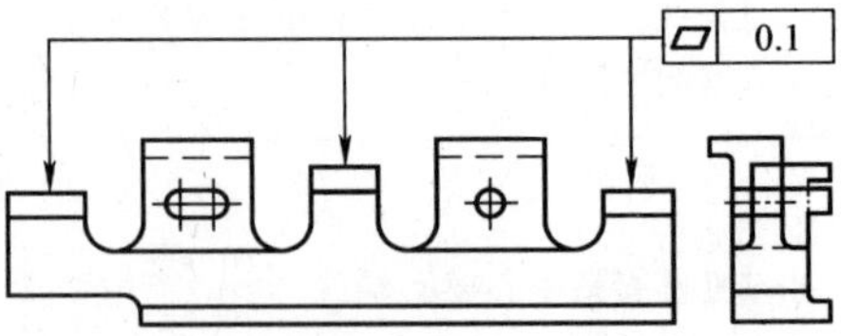 b)
2	全周符号	轮廓度特征适用于横截面的整周轮廓或由该轮廓所示的整周表面时，应采用“全周”符号表示 图 a 所示为外轮廓线的全周统一要求 图 b 所示为外轮廓面的全周统一要求	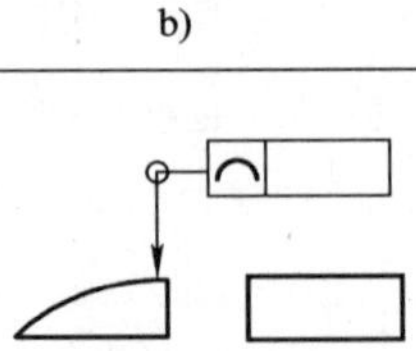 a) 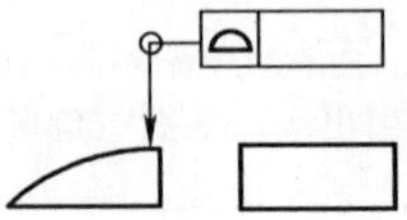 b)

（续）

序号	名　称	标 注 规 定	示　　例
3	对误差值的进一步限制	对同一被测要素，如在全长上给出公差值的同时，又要求在任一长度上进行进一步的限制，可同时给出全长上和任一长度上两项要求，任一长度的公差值要求用分数表示，如图 a 所示 同时给出全长和任一长度上的公差值时，全长上的公差值框格置于任一长度的公差值框格上面，如图 b 所示 如需限制被测要素在公差带内的形状，应在公差框格下方注明，如图 c 所示“不凸起”符号 NC	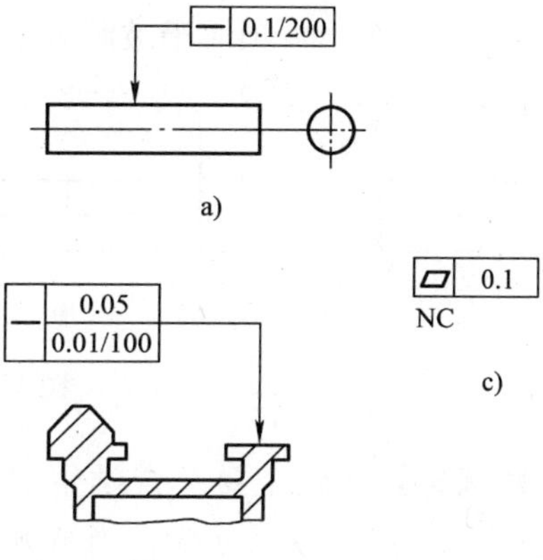 a)　b)　c)
4	说明性内容	表示被测要素的数量，应注在框格的上方，其他说明性内容应注在框格的下方。但也允许例外的情况，如上方或下方没有位置标注时，可注在框格的周围或指引线上	
5	螺纹	一般情况下，以螺纹的中径轴线作为被测要素或基准要素时，不需另加说明。如需以螺纹大径或小径作为被测要素或基准要素时，应在框格下方或基准符号中的方格下方加注“MD”或“LD”	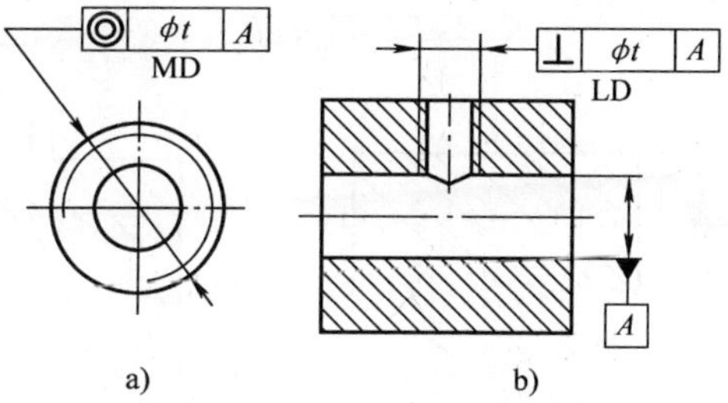 a)　b)
6	齿轮、花键	由齿轮和花键作为被测要素或基准要素时，其分度圆轴线用“PD”表示。大径（对外齿轮是齿顶圆直径，对内齿轮是齿根圆直径）轴线用“MD”表示，小径（对外齿轮是齿根圆直径，对内齿轮是齿顶圆直径）轴线用“LD”表示	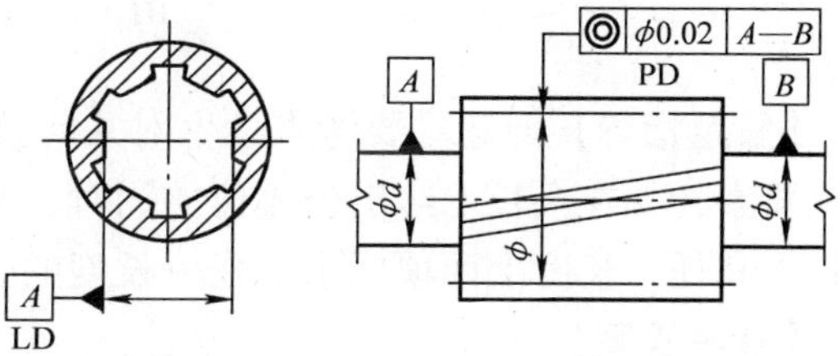 a)　b)

几何公差附加符号及标注方法见表 3-9。

表 3-9　几何公差附加符号及标注方法

对误差限定	符　号	标 注 示 例
只许实际要素的中间部位向材料内凹下	(－)	— t(−)
只许实际要素的中间部位向材料外凸起	(＋)	▱ t(+)
只许实际要素从左至右逐渐减小	(▷)	⌭ t(▷)
只许实际要素从右至左逐渐减小	(◁)	⌭ t(◁)

【考点分析】

［例4］ 单选题

图3-8中（　　）项属于被测要素为导出要素的标注。

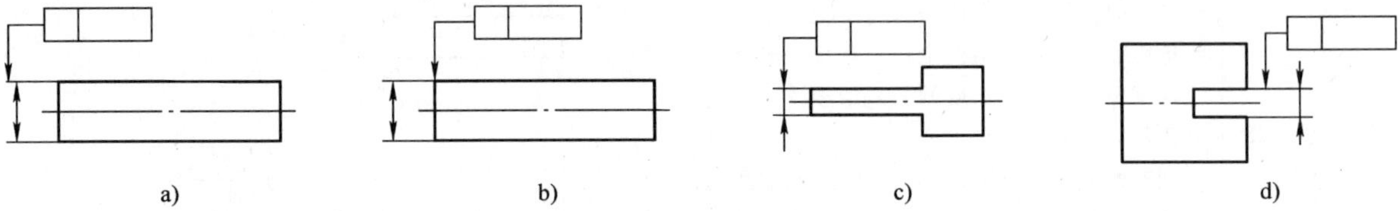

图3-8 被测要素的标准

【解题指导】此题主要考查学生对被测要素标注的掌握情况。当被测要素是导出要素时，指引线箭头应对准尺寸线；当被测要素是组成要素时，指引线的箭头应指向轮廓线，也可指向轮廓线的延长线，但必须与尺寸线明显地错开。以上四个图中只有c图中指引线箭头对准尺寸线，从而判断被测要素是导出要素。

【参考答案】c

［例5］ 简答题

解释图3-9所示几何公差符号的含义。

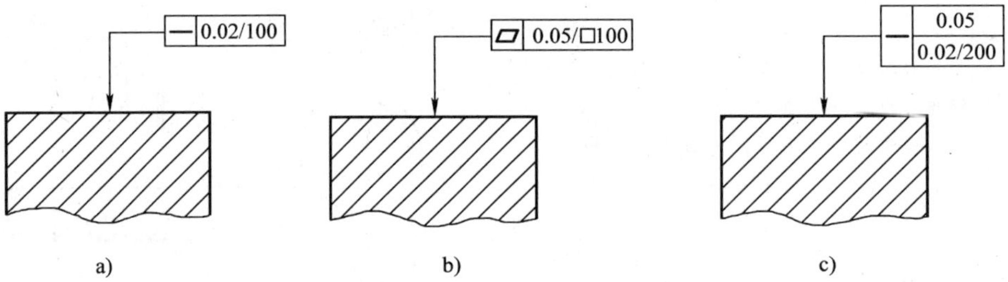

图3-9 几何公差标注

【解题指导】此题主要考查学生对几何公差特殊标注中公差值附加说明的理解。对同一被测要素，如在全长上给出公差值的同时，又要求在任一长度上进一步地限制，可同时给出全长上和任一长度上两项要求。任一长度的公差值要求用分数表示。

【参考答案】

图a表示在任一100mm长度上，直线度公差为0.02mm。

图b表示在被测表面上任意100mm×100mm的正方形表面上，平面度公差为0.05mm。

图c表示被测要素全长的直线度公差为0.05mm，而在任意200mm长度上的直线度公差为0.02mm。

【习题练习】

一、填空题

1. 几何公差符号包括________、几何公差框格和指引线、________ 和有关符号、________和有关符号等。

2. 当被测要素是导出要素时，箭头应对准________，即与________重合。

3. 由齿轮和花键作为被测要素或基准要素时，其分度圆轴线用________ 表示。大径轴线用________ 表示，小径轴线用 ________ 表示。

二、简答题

解释图 3-10 所示几何公差符号的含义。

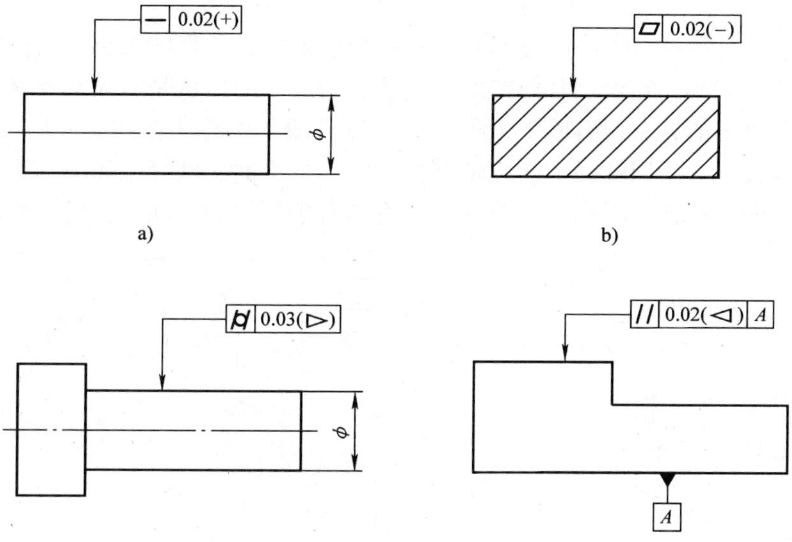

图 3-10　几何公差符号含义的练习

【参考答案】

一、填空题

1. 几何特征符号　几何公差值　基准字母
2. 尺寸线　尺寸线的延长线
3. PD　MD　LD

二、简答题

图 a 表示圆柱上任一素线直线度为 0.02mm，只许圆柱素线的中间部位向材料外凸起。

图 b 表示被测表面的平面度公差为 0.02mm，只许被测表面的中间部位向材料内凹下。

图 c 表示圆柱面的圆柱度公差为 0.03mm，只许圆柱面从左至右逐渐减小。

图 d 表示上表面相对于下底面的平行度公差为 0.02mm，只许上表面相对于下底面从右至左逐渐减小。

第三节　几何公差带

【学习要求】

1. 了解公差带的含义。
2. 掌握形状、方向、位置和跳动公差带的特点。
3. 能识读图样中几何公差的标注。

【学习内容】

一、几何公差带的概念

几何公差带是用来限制被测提取（实际）要素变动的区域。这个区域可以是平面区域或空间区域。只要被测提取（实际）要素能全部落在给定的公差带内，就表明该被测要素合格。

几何公差带具有形状、大小、方向和位置四个特征。公差带的大小是指公差带的宽度或直径，即公差值的大小，它表示几何精度的高低。公差带的形状是由被测要素的理想形状和公差项目的特征决定的，主要有以下十种：两平行直线、两等距曲线、两同心圆、一个圆、一个球、一个圆柱、一个四棱柱、两同轴圆柱、两平行平面、两等距曲面（图 3-11）。公差带的方向和位置两个特征，不同的公差项目和不同条件下的同一项目也是不相同的。

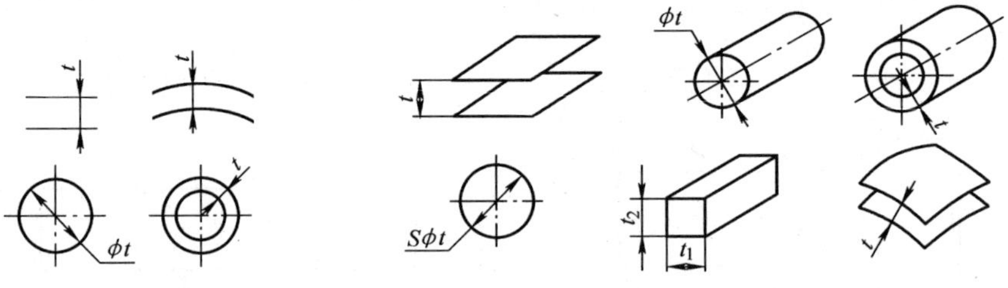

a)　　b)

图 3-11　公差带的主要形状

a）平面区域　b）空间区域

二、形状公差带

形状公差是单一被测提取要素对其拟合要素的允许变动量。形状公差涉及的要素是线和面。它有直线度、平面度、圆度和圆柱度等几个特征项目。

形状公差不涉及基准，其拟合要素的形状不涉及尺寸，公差带的方向可以浮动。也就是说，形状公差带只有形状和大小的要求，而没有方向和位置的要求。形状公差带的定义、标注示例和解释见表 3-10。

表 3-10　形状公差带的定义、标注示例和解释

项目	公差带的定义	标注示例和解释
直线度公差	（1）在给定平面内　公差带为在给定平面内，间距等于公差值 *t* 的两平行直线所限定的区域 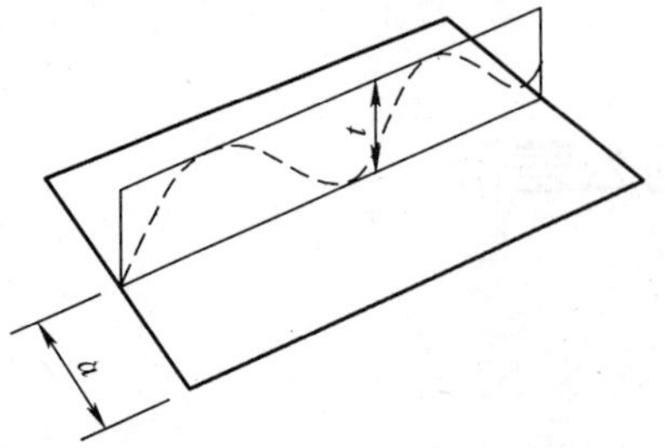 *a* 为任一距离	在任一平行于图示投影面的平面内，上平面的提取（实际）线应限定在间距等于 0.1mm 的两平行直线之间 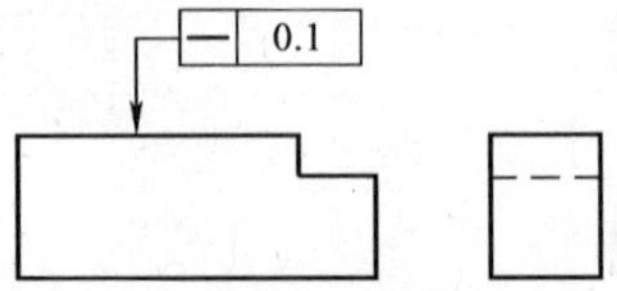

（续）

项目	公差带的定义	标注示例和解释
直线度公差	（2）在给定方向上　公差带为在给定方向上，间距等于公差值 *t* 的两平行平面所限定的区域 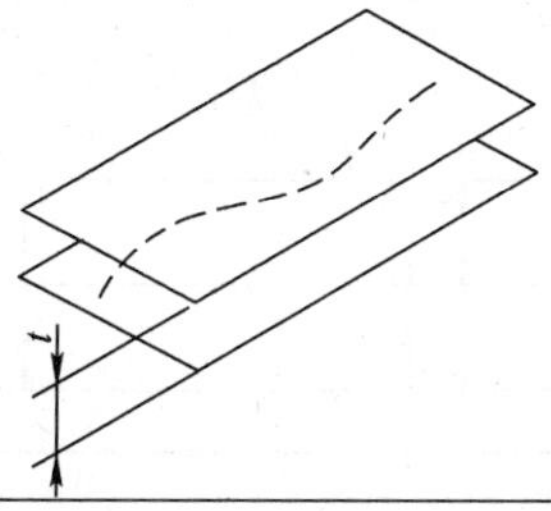 	提取（实际）的棱边应限定在间距等于 0.1mm 的两平行平面之间 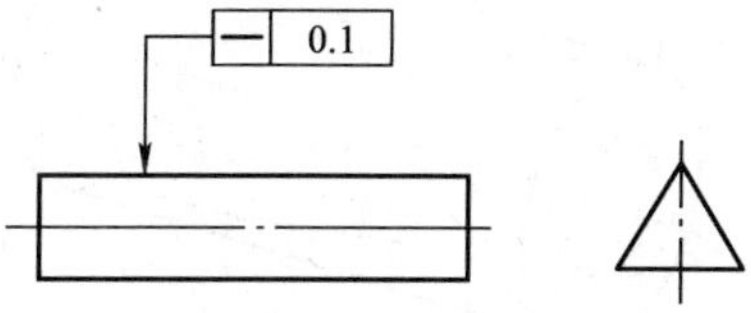
	（3）公差值前加注了符号 *ϕ*　公差带为直径等于公差值 *ϕt* 的圆柱面所限定的区域 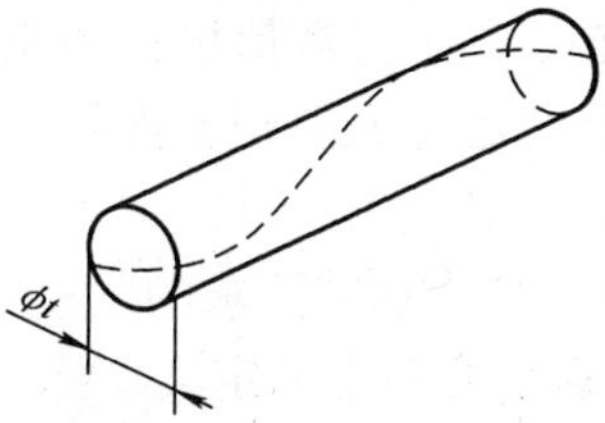 	外圆柱面的提取（实际）中心线应限定在直径等于 ϕ0.08mm 的圆柱面之内 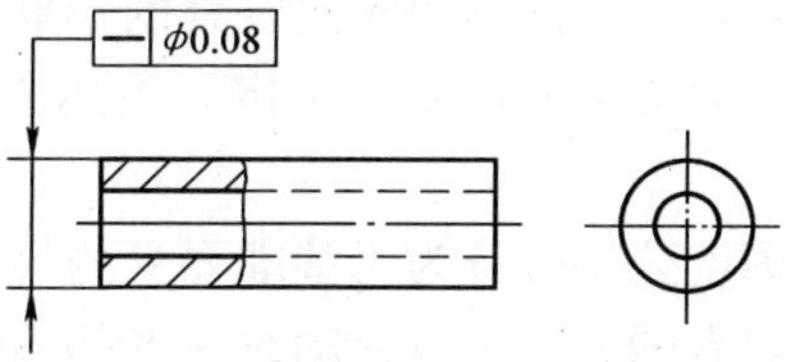
平面度公差	公差带为间距等于公差值 *t* 的两平行平面所限定的区域 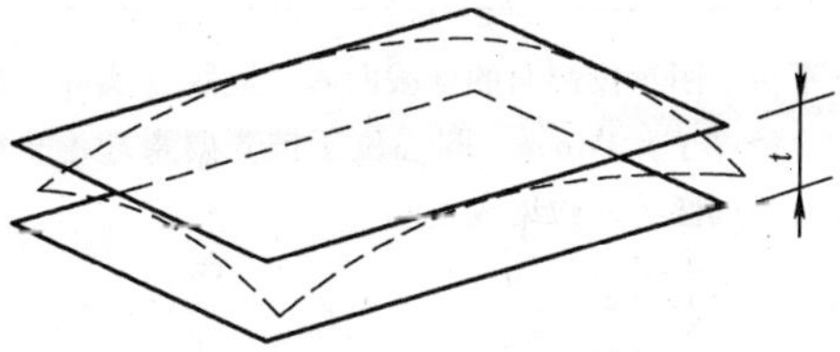 	提取（实际）表面应限定在间距等于 0.08mm 的两平行平面之间 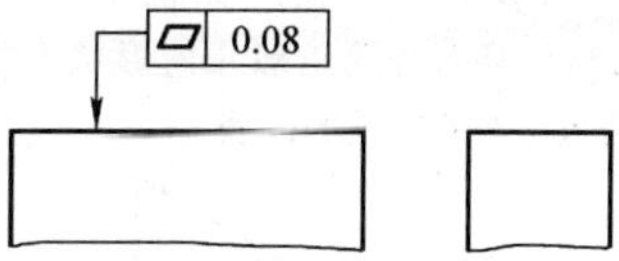
圆度公差	公差带为在给定横截面内，半径差等于公差值 *t* 的两同心圆所限定的区域 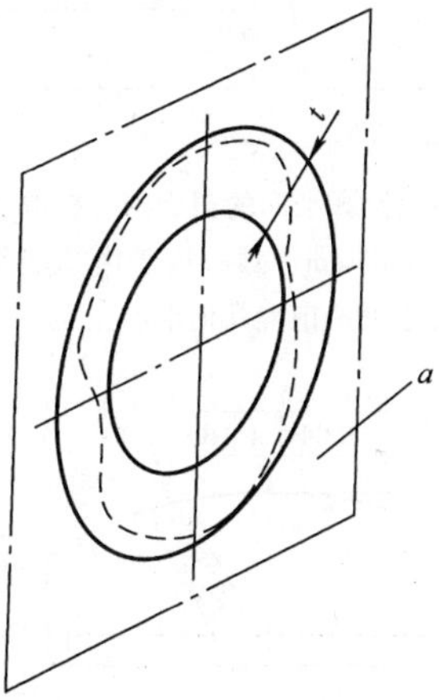 *a* 为任一横截面	在圆柱面的任意横截面内，提取（实际）圆周应限定在半径差等于 0.03mm 的两共面同心圆之间 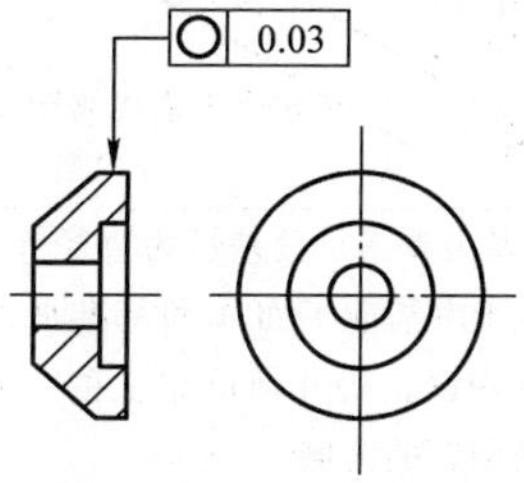 在圆锥面的任意横截面内，提取（实际）圆周应限定在半径差等于 0.1mm 的两同心圆之间 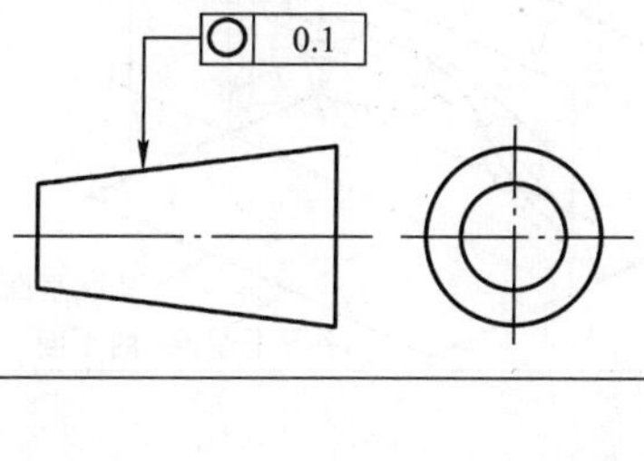

（续）

项目	公差带的定义	标注示例和解释
圆柱度公差	公差带为半径差等于公差值 t 的两同轴圆柱面所限定的区域 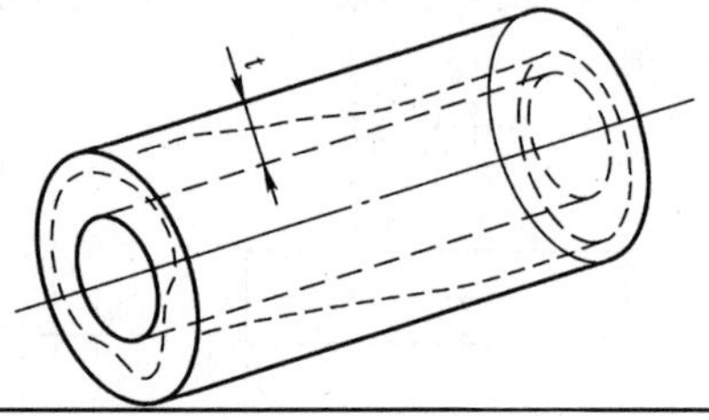	提取（实际）圆柱面应限定在半径差等于 0.1mm 的两同轴圆柱面之间 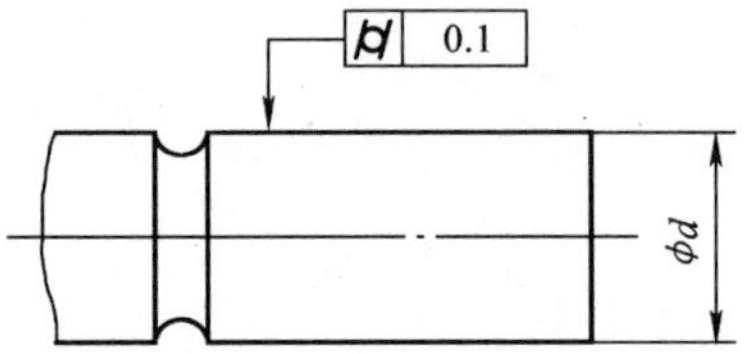

三、轮廓度公差带

轮廓度公差涉及的要素是曲线和曲面。轮廓度公差有线轮廓度公差和面轮廓度公差两个特征项目。它们的理想实测要素的形状需要用理论正确尺寸（把数值围以方框表示的没有公差而绝对准确的尺寸）决定。采用方框这种形式表示，是为了区别于图样上的未注公差尺寸。

轮廓度公差带分为无基准要求的（没有基准约束的）和有基准要求的（受基准约束的）两种。前者的方位可以浮动，后者的方位是固定的。轮廓度公差带的定义、标注示例和解释见表 3-11。

表 3-11　轮廓度公差带的定义、标注示例和解释

项目	公差带的定义	标注示例和解释
线轮廓度公差	（1）无基准要求　公差带为直径等于公差值 ϕt、圆心位于具有理论正确几何形状上的一系列圆的两包络线所限定的区域 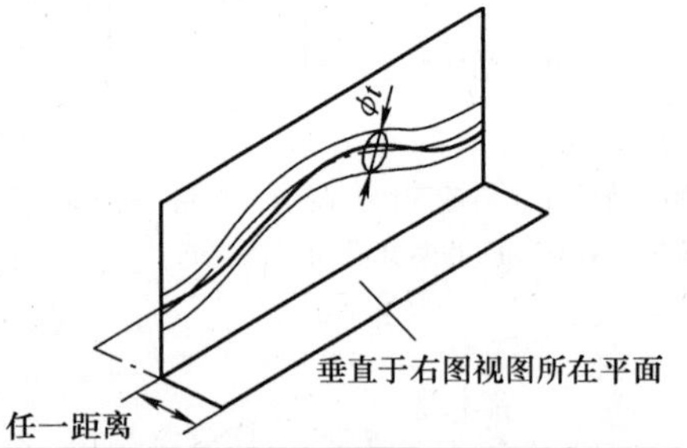	在任一平行于图示投影面的横截面内，提取（实际）轮廓线应限定在直径等于 0.04mm、圆心位于被测要素理论正确几何形状上的一系列圆的两包络线之间 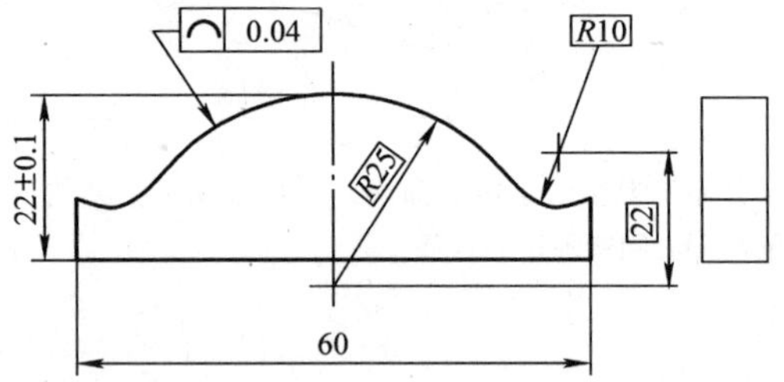
	（2）有基准要求　公差带为直径等于公差值 ϕt、圆心位于由基准平面 A 和基准平面 B 确定的被测要素理论正确几何形状上的一系列圆的两包络线所限定的区域 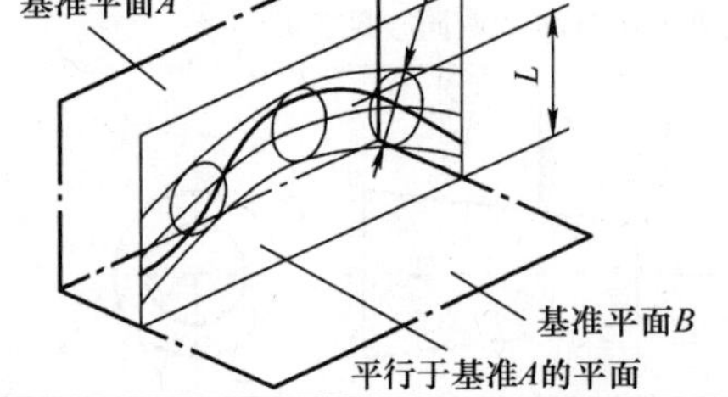	在任一平行于图示投影平面的截面内，提取（实际）轮廓线应限定在直径等于 0.04mm、圆心位于由基准平面 A 和基准平面 B 确定的被测要素理论正确几何形状上的一系列圆的两等距包络线之间 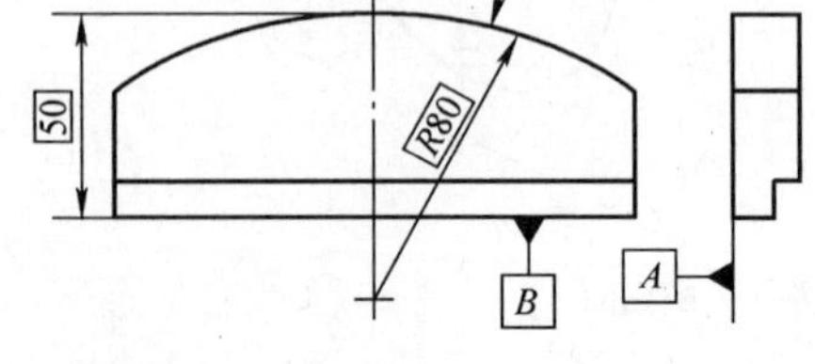

（续）

<table>
<tr><th>项目</th><th>公差带的定义</th><th>标注示例和解释</th></tr>
<tr><td rowspan="2">面轮廓度公差</td><td>（1）无基准要求　公差带为直径等于公差值 $S\phi t$、球心位于被测要素理论正确形状上的一系列圆球的两包络面所限定的区域
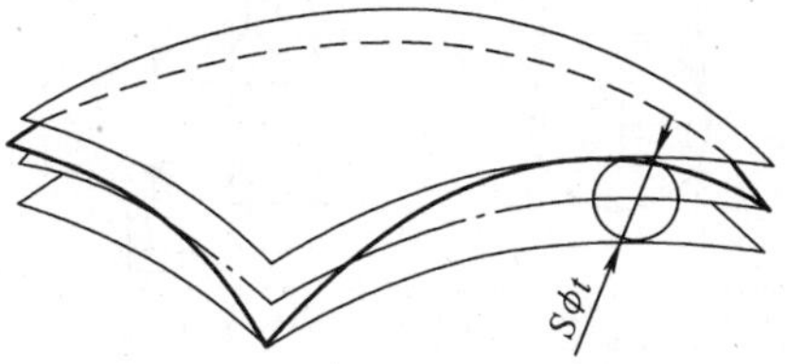
</td><td>提取（实际）轮廓面应限定在直径等于0.02mm、球心位于被测要素理论正确几何形状上的一系列圆球的两等距包络面之间
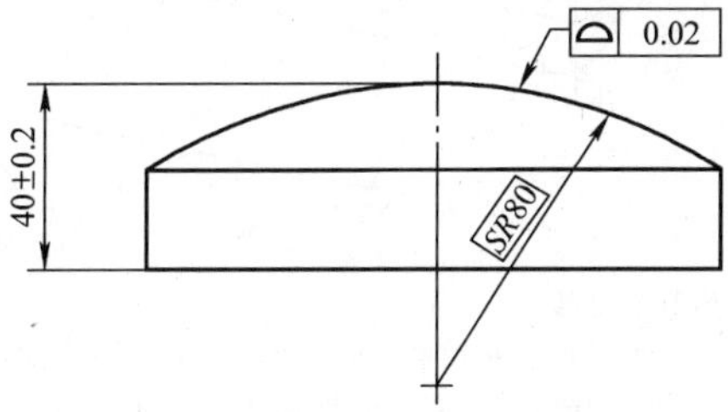
</td></tr>
<tr><td>（2）有基准要求　公差带为直径等于公差值 $S\phi t$、球心位于由基准平面 A 确定的被测要素理论正确几何形状上的一系列圆球的两包络面所限定的区域
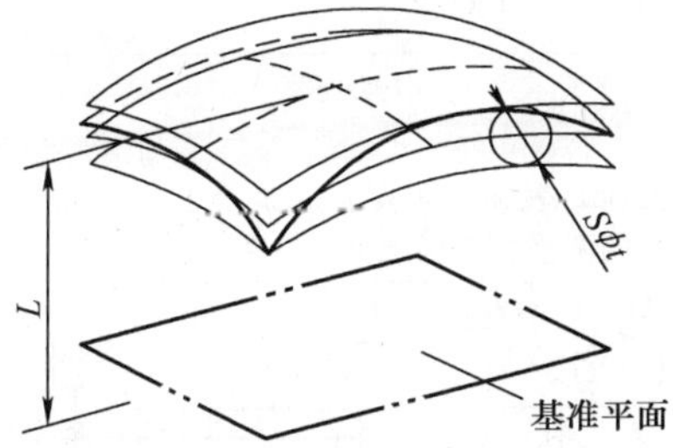
</td><td>提取（实际）轮廓面应限定在直径等于0.1mm、球心位于由基准平面 A 确定的被测要素理论正确几何形状上的一系列圆球的两等距包络面之间
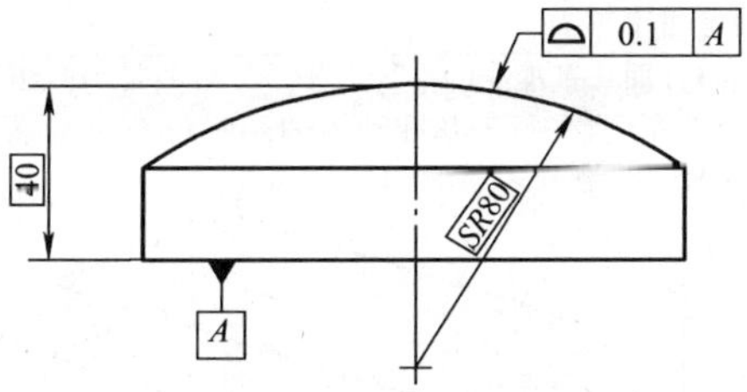
</td></tr>
</table>

四、方向公差带

方向公差带是指提取关联要素对基准的方向上所允许的变动量，它包括平行度、垂直度和倾斜度公差这几个特征项目。它们的被测要素和基准要素各有直线和平面之分，因此公差有被测直线相对于基准直线（线对线）、被测直线相对于基准平面（线对面）、被测平面相对于基准直线（面对线）、被测平面相对于基准平面（面对面）这四种形式。

方向公差带有如下特点。

1）方向公差带有形状和大小的要求，还有特定方向的要求。

2）方向公差带能自然地把同一被测要素的形状误差控制在方向公差带范围内。因此，对某一被测要素给出方向公差后仅在对其形状精度有进一步要求时，才另行给出形状公差，而形状公差值必须小于方向公差值。方向公差带的定义、标注示例和解释见表3-12。

表 3-12 方向公差带的定义、标注示例和解释

项目	公差带的定义	标注示例和解释
平行度公差	（1）线对基准线的平行度公差 在任意方向上，公差带为直径等于公差值 ϕt 且平行于基准轴线的圆柱面所限定的区域 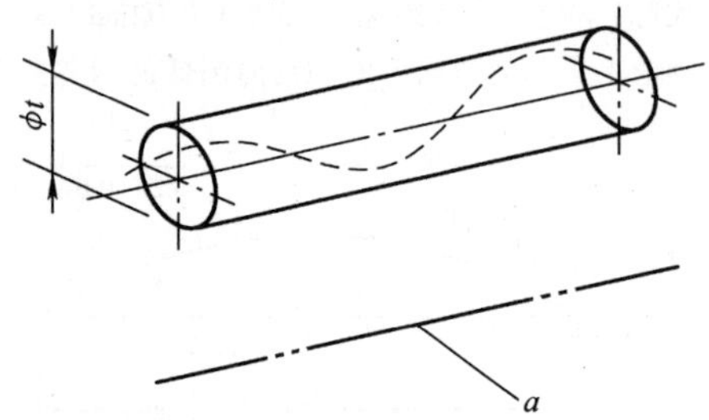 a 为基准轴线	被测孔的实际轴线应限定在直径等于 $\phi0.03$mm 且平行于基准轴线 A 的圆柱面内 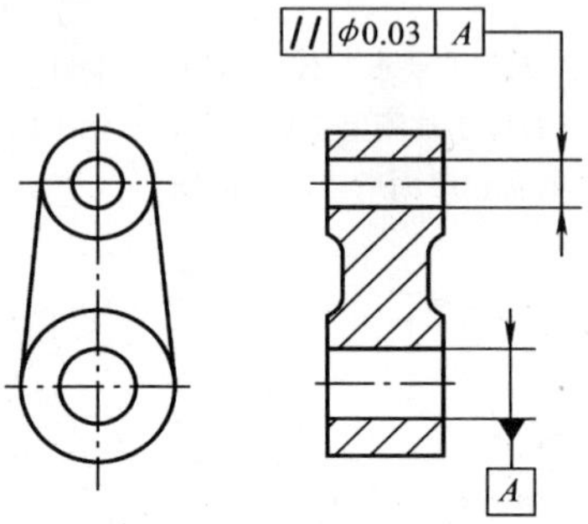
	（2）线对基准面的平行度公差 公差带为间距等于公差值 t 且平行于基准平面的两平行平面所限定的区域 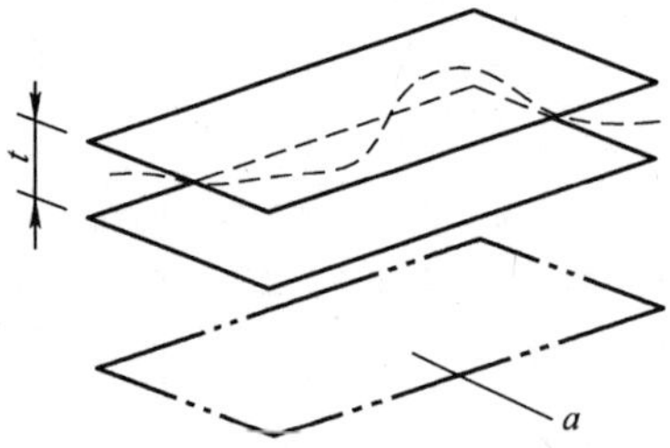 a 为基准平面	被测孔的实际轴线应限定在间距等于 0.01mm 且平行于基准平面 B 的两平行平面之间 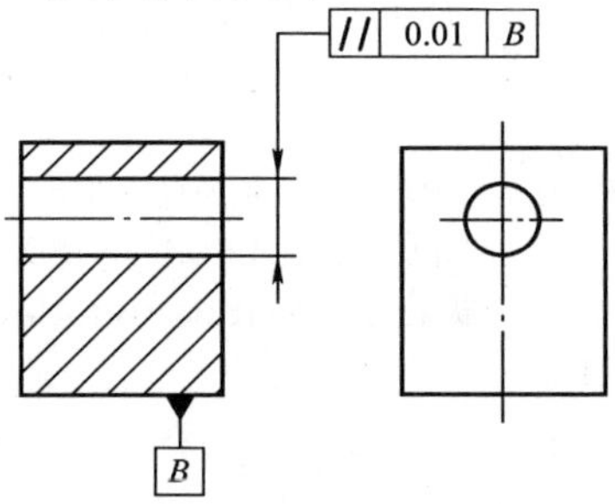
	（3）面对基准线的平行度公差 公差带为间距等于公差值 t 且平行于基准轴线的两平行平面所限定的区域 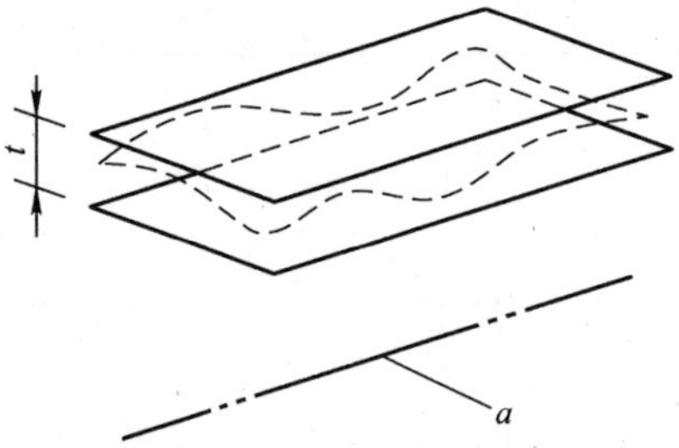 a 为基准轴线	提取（实际）表面应限定在间距等于 0.1mm 且平行于基准轴线 C 的两平行平面之间 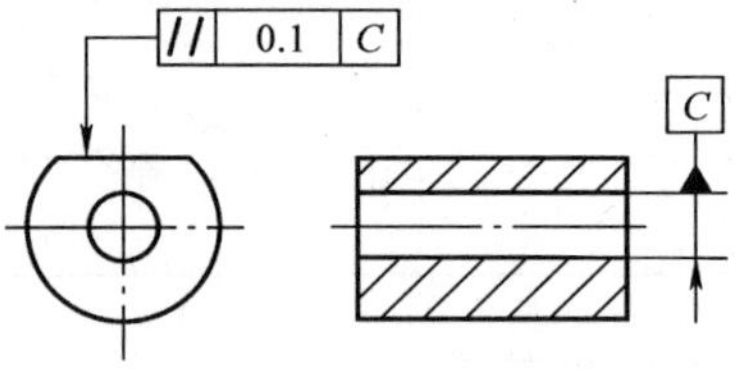
	（4）面对基准面的平行度公差 公差带为间距等于公差值 t 且平行于基准平面的两平行平面所限定的区域 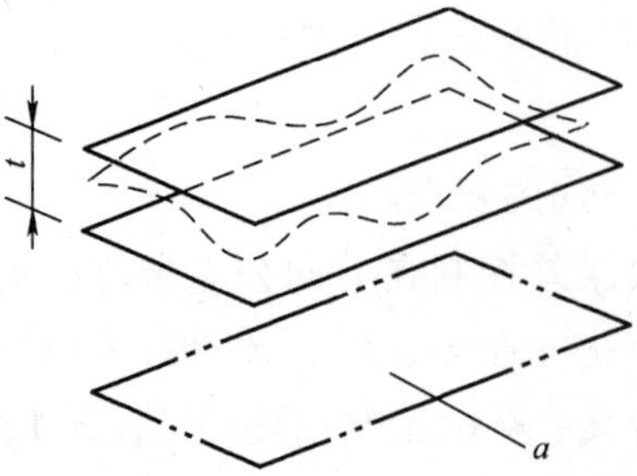 a 为基准平面	提取（实际）表面应限定在间距等于 0.01mm 且平行于基准平面 D 的两平行平面之间 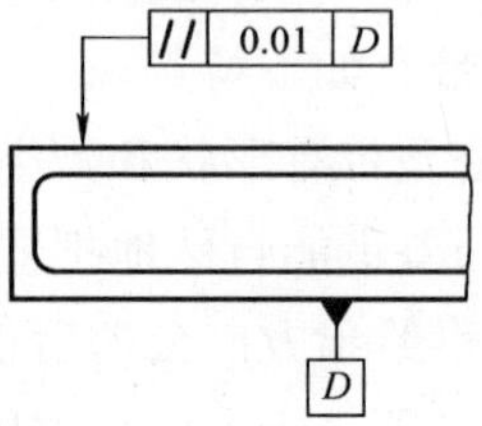

（续）

项目	公差带的定义	标注示例和解释
垂直度公差	（1）线对基准线的垂直度公差 公差带为间距等于公差值 t 且垂直于基准线的两平行平面所限定的区域 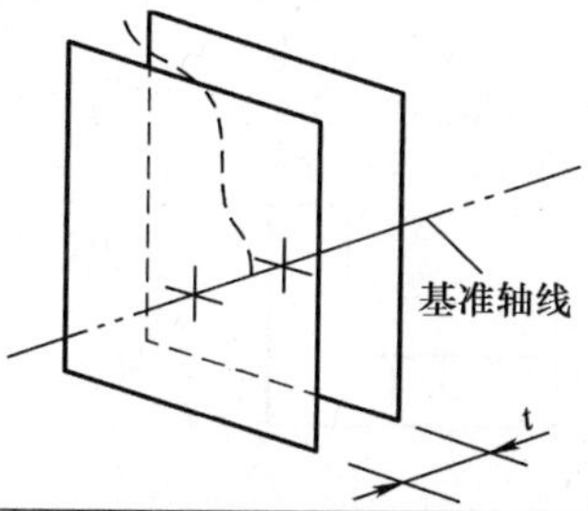	提取（实际）中心线应限定在间距等于 0.06mm 且垂直于基准轴线 A 的两平行平面之间 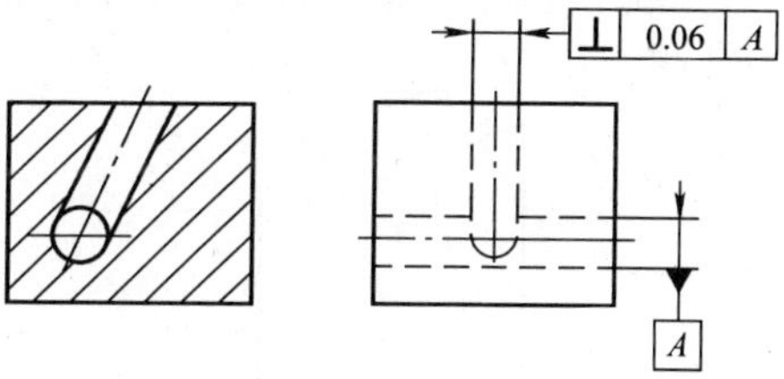
	（2）线对基准面的垂直度公差 若公差值前加注符号 ϕ，公差带为直径等于公差值 ϕt 且轴线垂直于基准平面的圆柱面所限定的区域 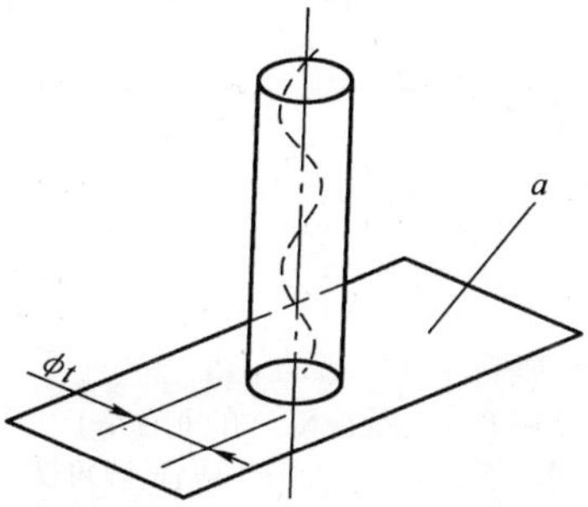 a 为基准平面	圆柱面的提取（实际）中心线应限定在直径等于 ϕ0.01mm 且垂直于基准平面 A 的圆柱面内 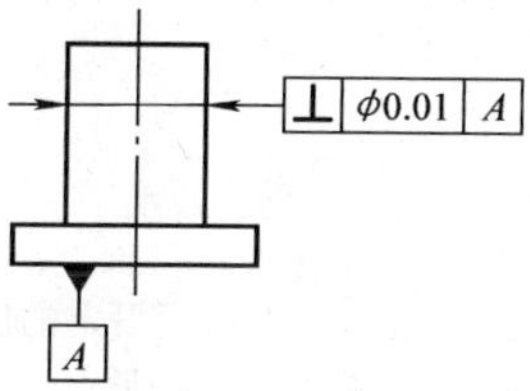
	（3）线对基准体系的垂直度公差 公差带为间距等于公差值 t 的两平行平面所限定的区域。该两平行平面垂直于基准平面 A，且平行于基准平面 B 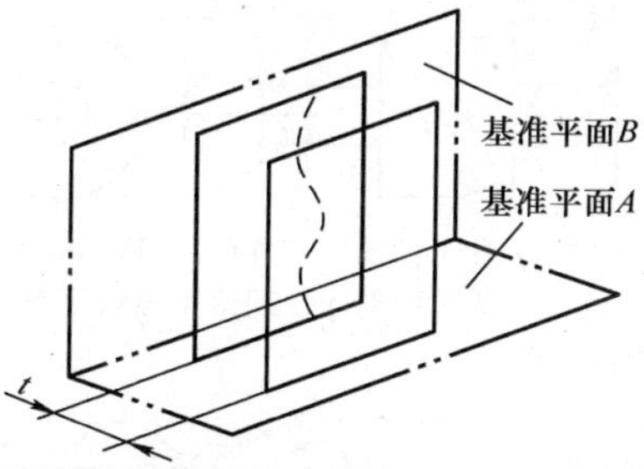	圆柱面的提取（实际）中心线应限定在间距等于 0.1mm 的两平行平面之间。该两平行平面垂直于基准平面 A，且平行于基准平面 B 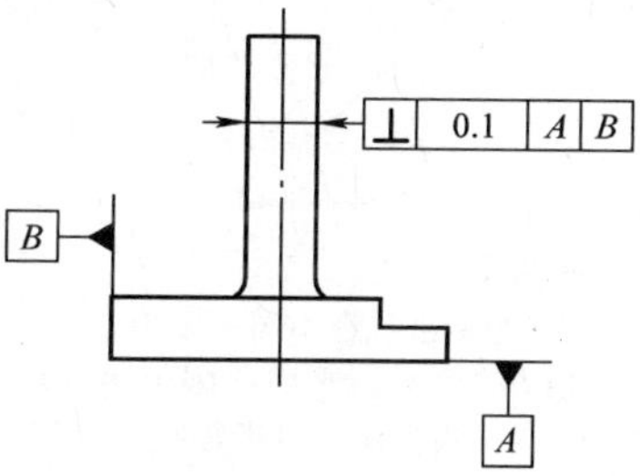
	（4）面对基准线的垂直度公差 公差带为间距等于公差值 t 且垂直于基准轴线的两平行平面所限定的区域 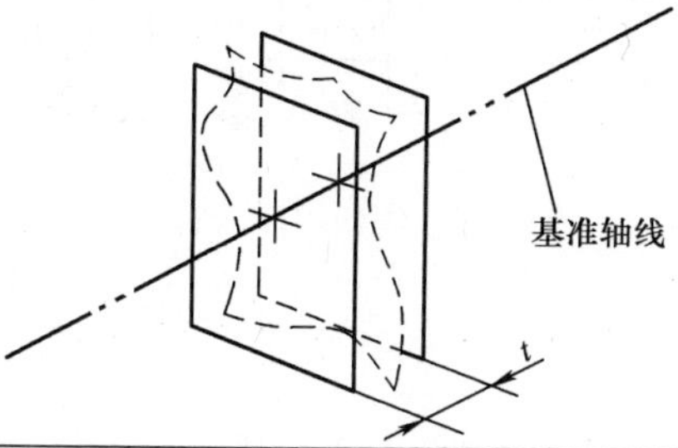	提取（实际）表面应限定在间距等于 0.08mm 且垂直于基准轴线 A 的两平行平面之间 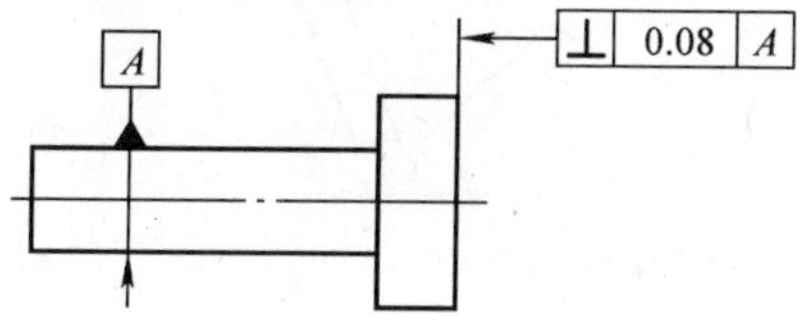

（续）

项目	公差带的定义	标注示例和解释
垂直度公差	（5）面对基准平面的垂直度公差　公差带为间距等于公差值 t 且垂直于基准平面的两平行平面所限定的区域 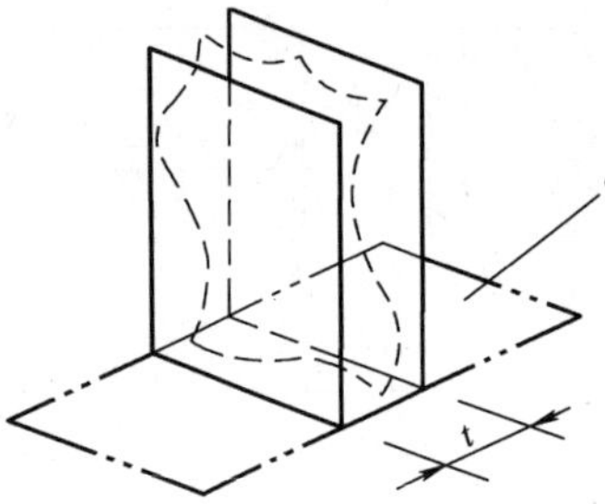 a 为基准平面	提取（实际）表面应限定在间距等于 0.08mm 且垂直于基准平面 A 的两平行平面之间 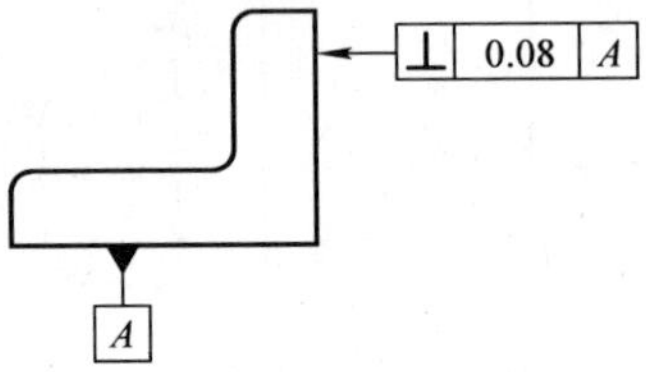
倾斜度公差	（1）线对基准线的倾斜度公差 1）被测线与基准线在同一平面上，公差带为间距等于公差值 t 的两平行平面所限定的区域。该两平行平面按给定角度倾斜于基准轴线 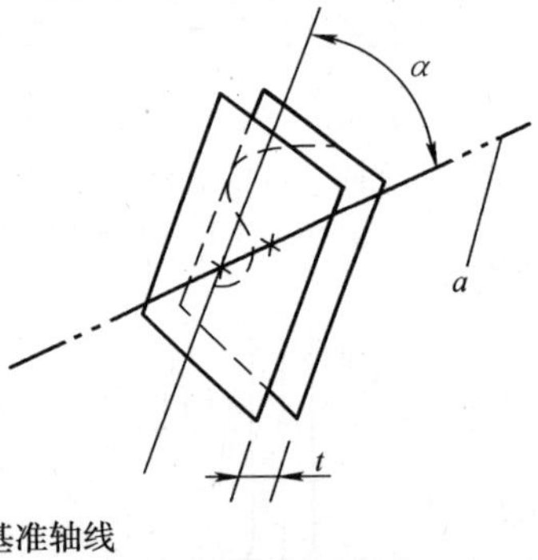 a 为基准轴线	提取（实际）中心线应限定在间距等于 0.08mm 的两平行平面之间。该两平行平面按理论正确角度 60°倾斜于公共基准轴线 A—B 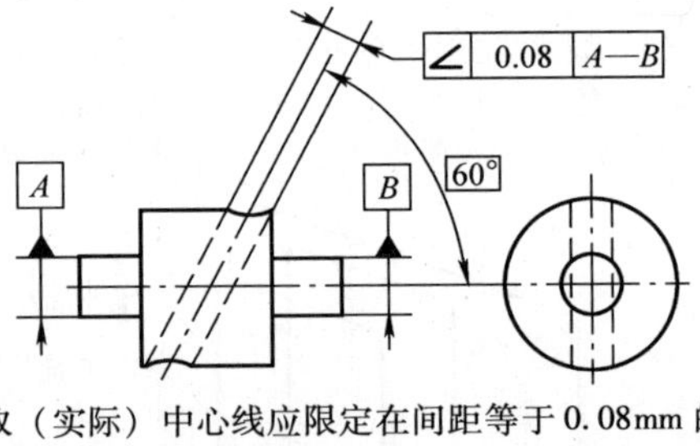
	2）被测线与基准线在不同平面内，公差带为间距等于公差值 t 的两平行平面所限定的区域。该两平行平面按给定角度倾斜于基准轴线 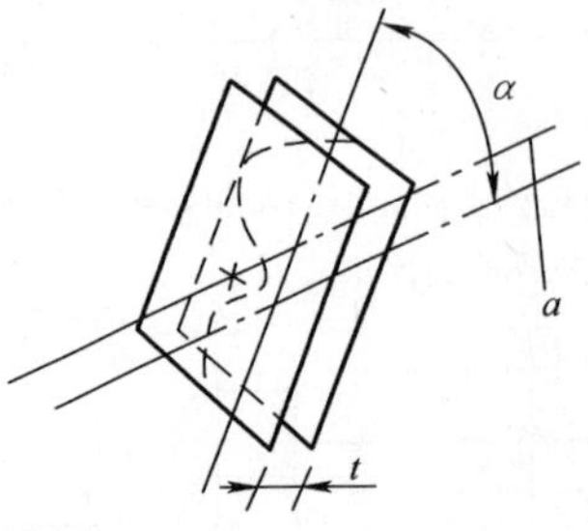 a 为基准轴线	提取（实际）中心线应限定在间距等于 0.08mm 的两平行平面之间。该两平行平面按理论正确角度 60°倾斜于公共基准轴线 A—B 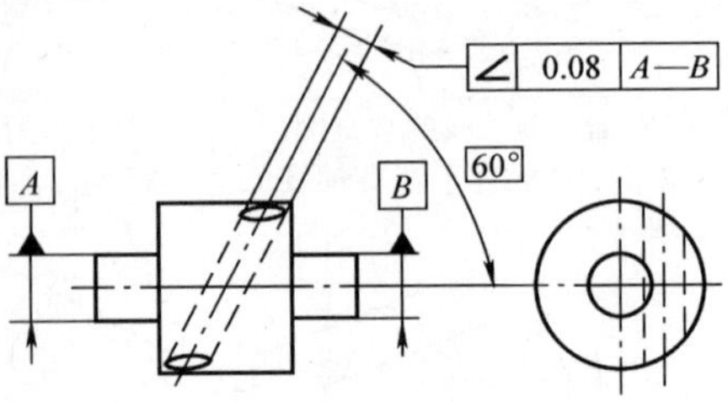

（续）

项目	公差带的定义	标注示例和解释
倾斜度公差	（2）线对基准面的倾斜度公差 1）在给定一个方向上，公差带为间距等于公差值 t 的两平行平面所限定的区域。该两平行平面按给定角度倾斜于基准平面 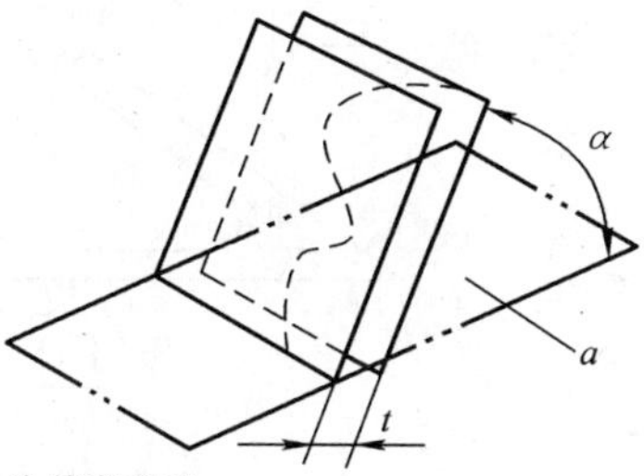 a为基准平面。	提取（实际）中心线应限定在间距等于 0.08mm 的两平行平面之间。该两平行平面按理论正确角度 60°倾斜于基准平面 A 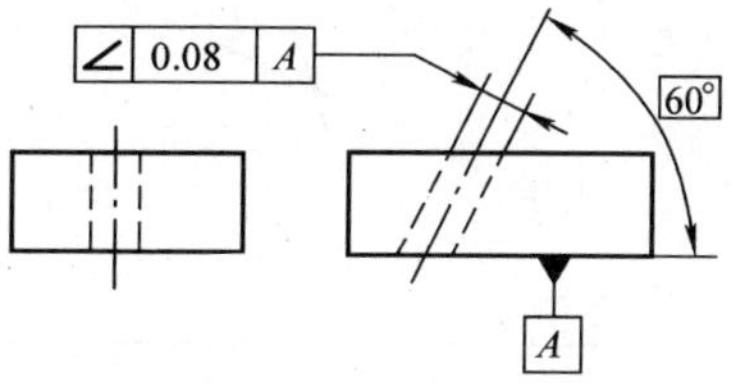
	2）在给定任意方向上，公差值前加注符号 ϕ，公差带为直径等于公差值 ϕt 的圆柱面所限定的区域，该圆柱面公差带的轴线按给定角度倾斜于基准平面 A 且平行于基准平面 B 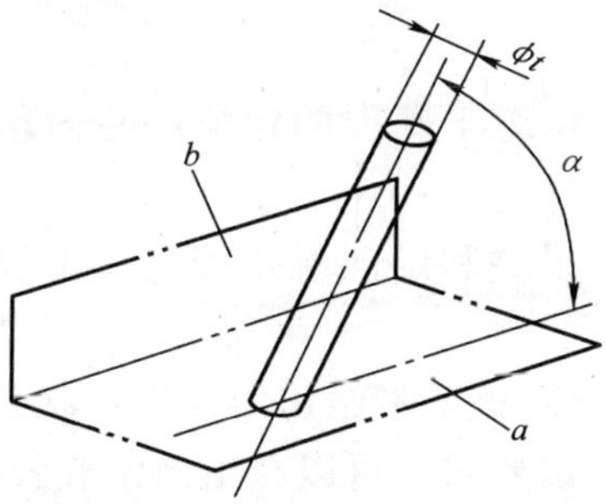 a 为基准平面 A；b 为基准平面 B	提取（实际）中心线应限定在直径等于 ϕ0.1mm 的圆柱面内。该圆柱面的中心线按理论正确角度 60°倾斜于基准平面 A 且平行于基准平面 B 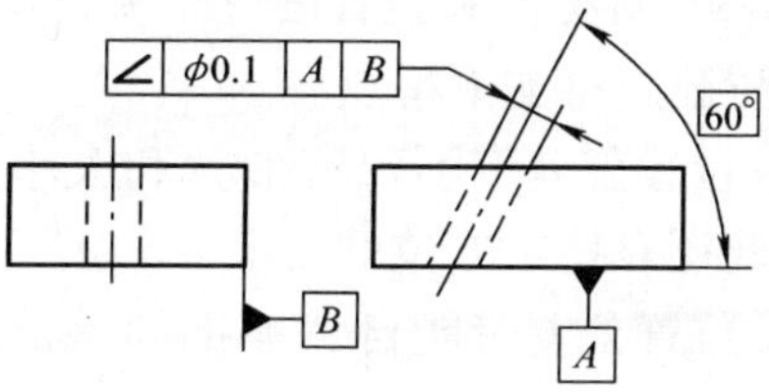
	（3）面对基准线的倾斜度公差　公差带为间距等于公差值 t 的两平行平面所限定的区域。该两平行平面按给定角度倾斜于基准直线 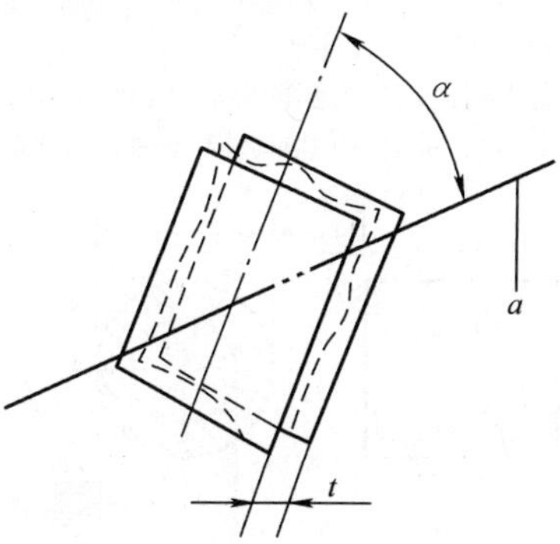 a 为基准直线	提取（实际）表面应限定在间距等于 0.1mm 的两平行平面之间。该两平行平面按理论正确角度 75°倾斜于基准轴线 A 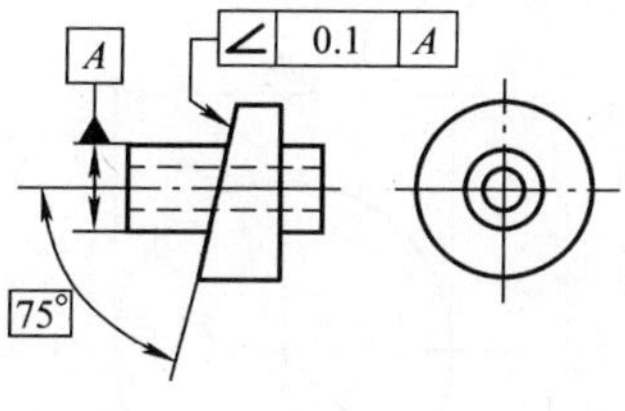

（续）

项目	公差带的定义	标注示例和解释
倾斜度公差	（4）面对基准面的倾斜度公差　公差带为间距等于公差值 t 的两平行平面所限定的区域。该两平行平面按给定角度倾斜于基准平面 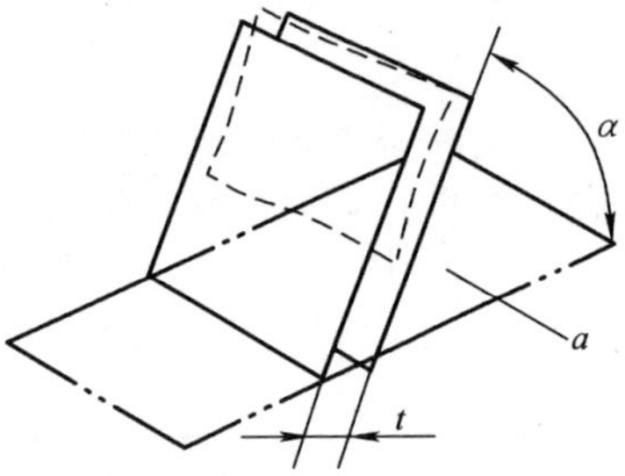 a 为基准平面	提取（实际）表面应限定在间距等于 0.08mm 的两平行平面之间。该两平行平面按理论正确角度 40°倾斜于基准平面 A 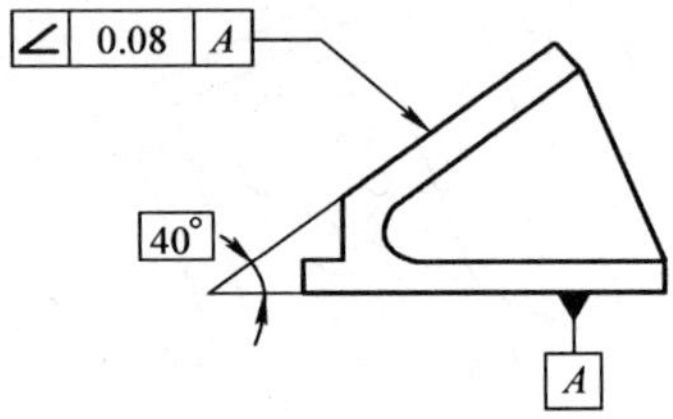

五、位置公差带

位置公差是关联提取（实际）要素对基准在位置上所允许的变动量。它包括同轴度（圆心度）、对称度和位置度三个项目及线、面轮廓度。

位置公差有如下特点。

1）位置公差带不仅有形状和大小的要求，而且相对于基准的定位尺寸为理论正确尺寸，因此还有特定方位的要求。

2）位置公差带能自然地把同一被测要素的形状误差和定向误差控制在定位公差带范围内。

3）当对某一被测要素给出定位公差后，通常不再对该要素给出定向和形状公差。如果根据功能要求需要对它的形状或（和）方向提出进一步要求，可以在给出位置公差的同时，再给出形状公差或（和）方向公差，使形状公差 < 方向公差 < 位置公差。

典型位置公差带的定义、标注示例和解释见表 3-13。

表 3-13　典型位置公差带的定义、标注示例和解释

项目	公差带的定义	标注示例和解释
同心度与同轴度公差	（1）点的同心度公差　公差值前标注符号 ϕ，公差带为直径等于公差值 ϕt 的圆周所限定的区域。该圆周的圆心与基准点重合 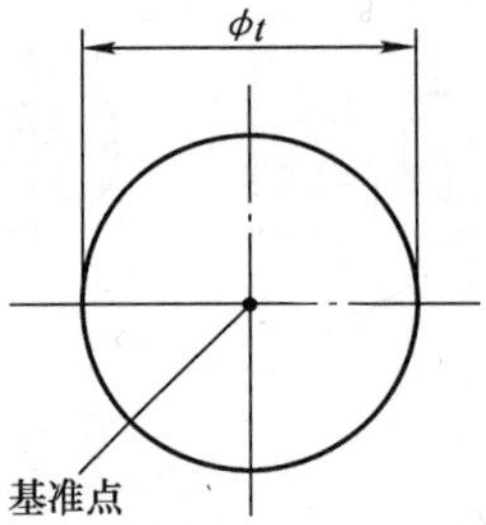	在任意横截面内，内圆的提取（实际）中心点应限定在直径等于 ϕ0.1mm 且以基准点 A 为圆心的圆周内 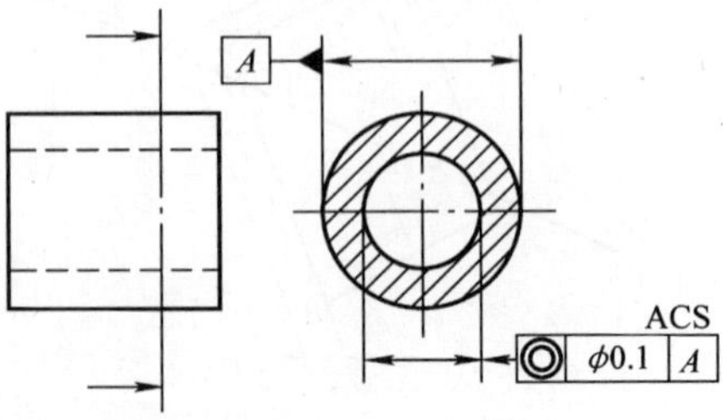

（续）

项目	公差带的定义	标注示例和解释
同心度与同轴度公差	（2）轴线的同轴度公差　公差值前标注符号 ϕ，公差带为直径等于公差值 ϕt 的圆柱面所限定的区域。该圆柱面的轴线与基准轴线重合 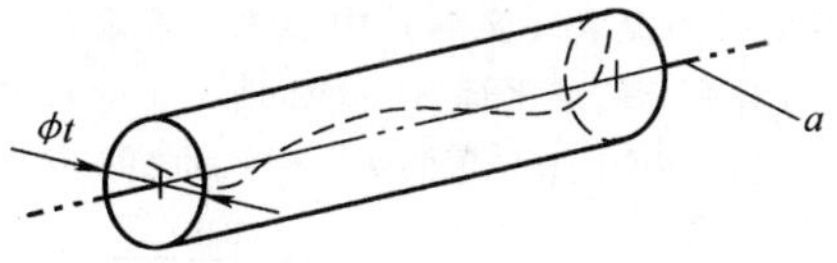 a 为基准轴线	被测圆柱面的提取（实际）中心轴线应限定在直径等于 ϕ0.04mm 且以基准轴线 A 为轴线的圆柱面内 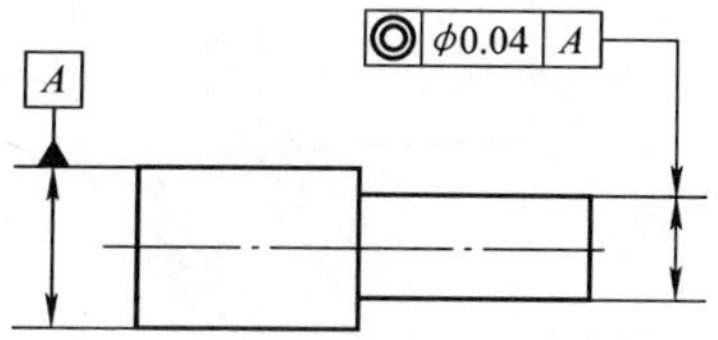
对称度公差	中心平面的对称度公差　公差带为间距等于公差值 t 且对称于基准中心平面的两平行平面所限定的区域 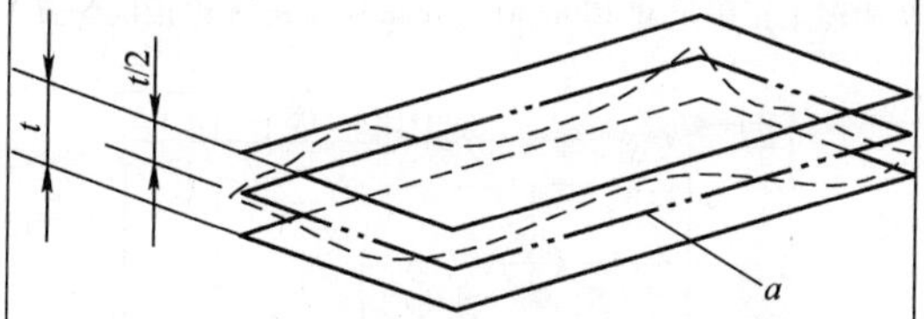 a 为基准中心平面	被测腰形槽的提取（实际）中心面应限定在间距等于 0.08mm 且对称于公共基准中心平面 A—B 的两平行平面之间 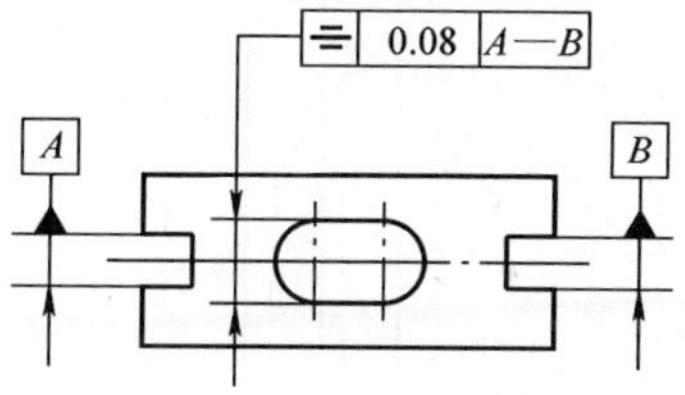
位置度公差	（1）点的位置度公差　公差值前加注 $S\phi$，公差带为直径等于公差值 $S\phi t$ 的圆球面所限定的区域。该圆球面中心的理论正确位置由基准平面 A、B、C 和理论正确尺寸 x、y 确定 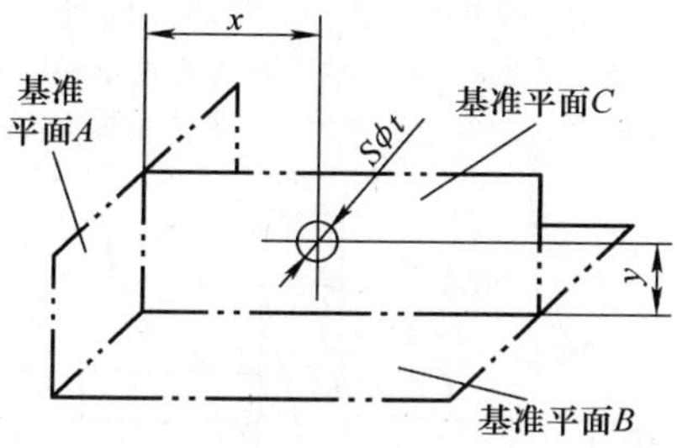	提取（实际）球心应限定在直径等于 $S\phi$0.3mm 的圆球面内，该圆球面的中心由基准平面 A、B 及基准中心平面 C 和理论正确尺寸 30mm、25mm 确定 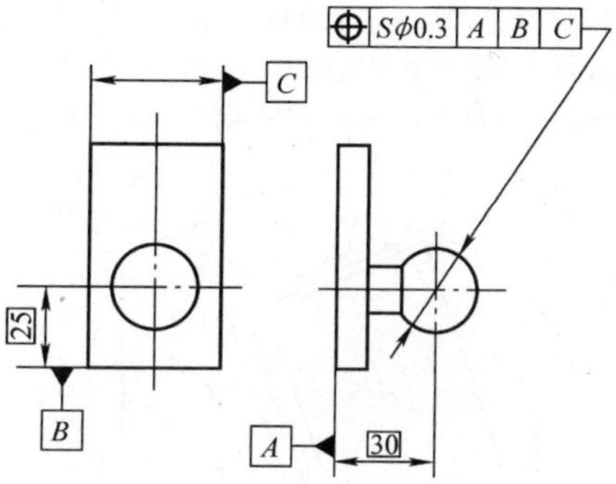

（续）

项目	公差带的定义	标注示例和解释
位置度公差	（2）线的位置度公差 1）给定一个方向的公差时，公差带为间距等于公差值 t、对称于线的理论正确位置的两平行平面所限定的区域。线的理论正确位置由基准平面 A、B 和理论正确尺寸确定 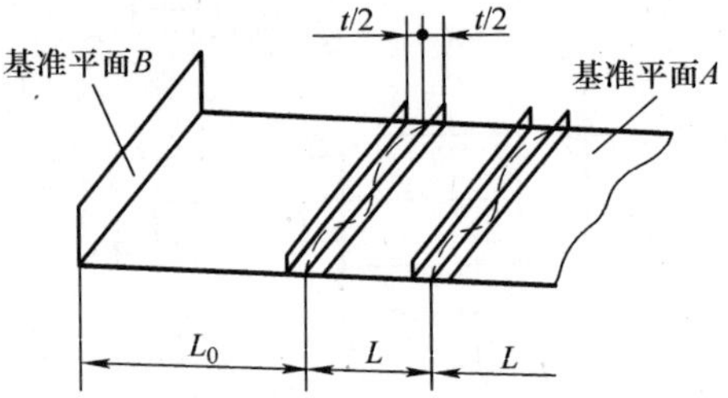 2）公差值前加注符号 ϕ，公差带为直径等于公差值 ϕt 的圆柱面所限定的区域。该圆柱面轴线的位置由基准平面 C、A、B 和理论正确尺寸 x、y 确定 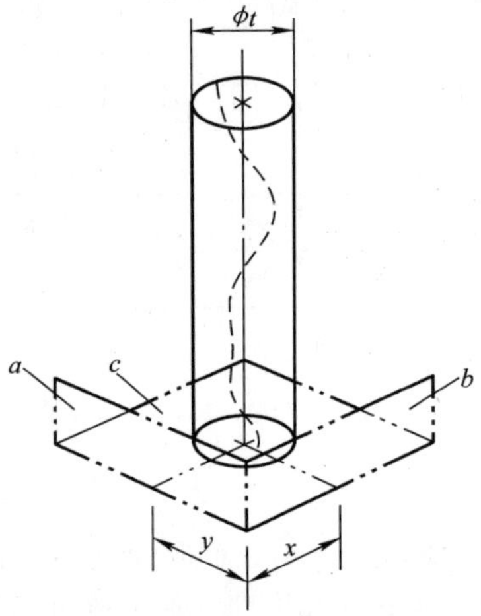 a、b、c 分别为基准平面 A、B、C	各条刻线的提取（实际）中心线应限定在间距等于 0.1mm、对称于基准平面 A、B 和理论正确尺寸 25mm、10mm 确定的理论正确位置的两平行平面之间 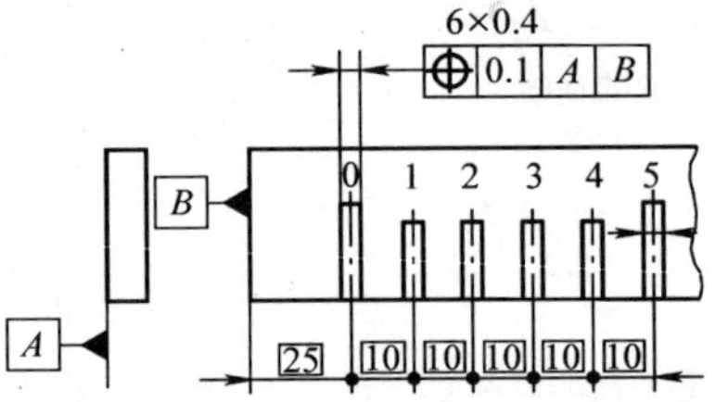 提取（实际）中心线应限定在直径等于 ϕ0.08mm 的圆柱面内。该圆柱面的轴线的位置应处于由基准平面 C、A、B 和理论正确尺寸 100mm、68mm 确定的理论正确位置上 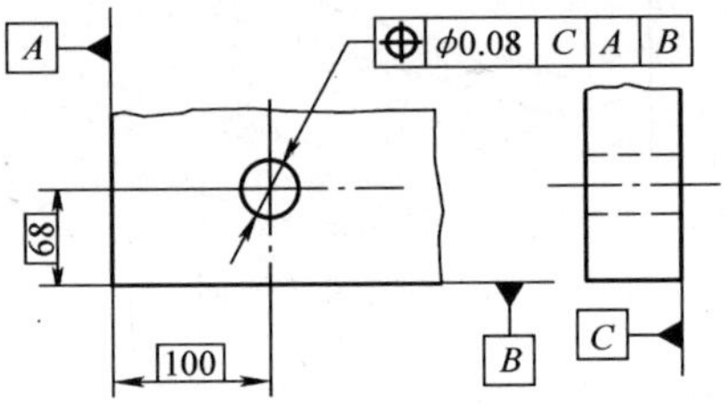
	（3）面的位置度公差　公差带为间距等于公差值 t 且对称于被测面理论正确位置的两平行平面所限定的区域。面的理论正确位置由基准平面、基准轴线和理论正确尺寸 L、理论正确角度 α 确定 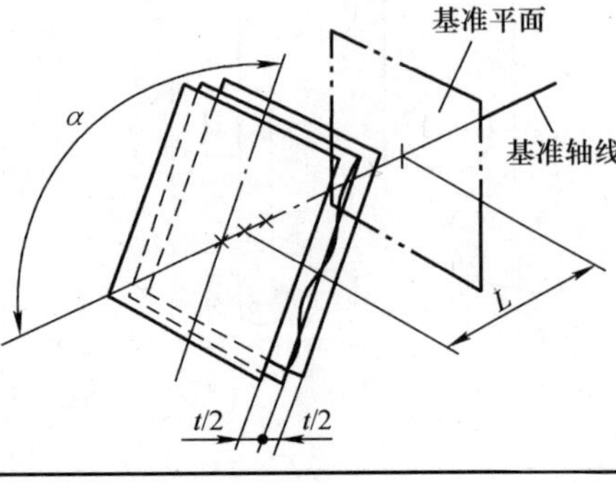	提取（实际）表面应限定在间距等于 0.05mm 且对称于被测面的理论正确位置的两平行平面之间。该两平行平面对称于由基准平面 A、基准轴线 B 和理论正确尺寸 15mm、理论正确角度 105°确定的被测面的理论正确位置 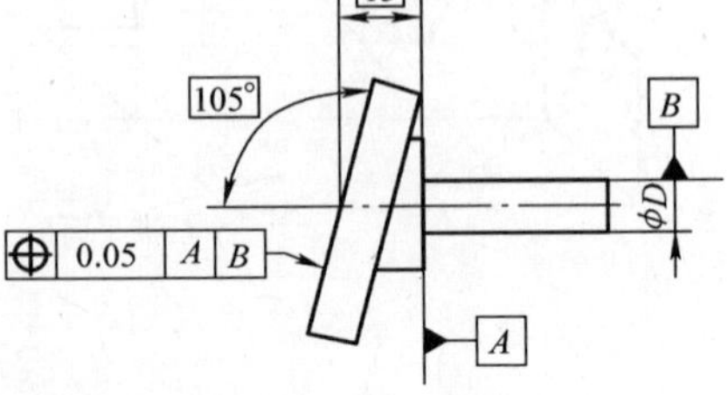

六、跳动公差带

跳动公差是被测要素围绕基准轴线回转过程中所允许的最大跳动量，也就是指示器在给定方向上指示读数的最大值与最小值之差的允许值。

跳动公差包括圆跳动和全跳动。圆跳动控制被测范围内每一截面上被测要素的变动。按其测量方式不同，它又分为径向圆跳动、斜向圆跳动和轴向圆跳动。全跳动是控制整个被测要素在连续测量时相对于基准轴线的跳动量。按其测量方向不同，又可分为径向全跳动和轴向全跳动。

跳动公差带的特点如下：

1）跳动公差带有形状和大小的要求，还有方位的要求，即公差带相对于基准轴线有确定的方位。

2）跳动公差带能综合控制同一被测要素的形状误差、方向误差和位置误差。例如径向圆跳动公差带可以同时控制同轴度误差和圆度误差，径向全跳动公差带可以同时控制同轴度误差和圆柱度误差，轴向全跳动公差带可以同时控制端面对基准轴线的垂直度误差和平面度误差。

3）对某一被测要素给出跳动公差后，若不能满足功能要素时，则另行给出形状、方向和位置公差，其公差值应遵守形状公差小于方向公差、方向公差小于位置公差、位置公差小于跳动公差的原则。

典型跳动公差带的定义、标注示例和解释见表3-14。

表3-14　典型跳动公差带的定义、标注示例和解释

项目	公差带的定义	标注示例和解释
圆跳动公差	（1）径向圆跳动公差　公差带为在任一垂直于基准轴线的横截面内、半径差等于公差值 t、圆心在基准轴线上的两同心圆所限定的区域 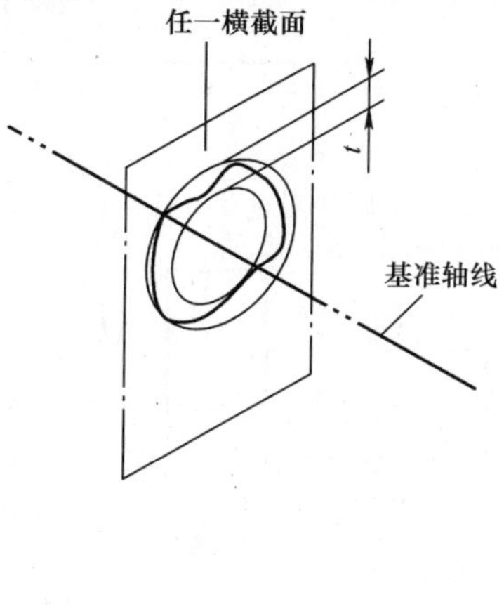	在任一垂直于基准 A 的横截面内，提取（实际）圆应限定在半径差等于0.1mm且圆心在基准轴线 A 上的两同心圆之间（图a） 在任一平行于基准平面 B、垂直于基准轴线 A 的截面上，提取（实际）圆应限定在半径差等于0.1mm且圆心在基准轴线 A 上的两同心圆之间（图b） 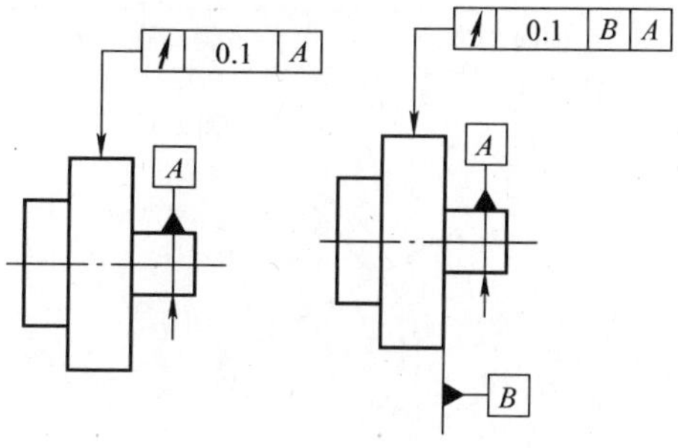 a)　　b)

（续）

项目	公差带的定义	标注示例和解释
圆跳动公差	（2）轴向圆跳动公差　公差带为与基准轴线同轴的任一半径的圆柱截面上，间距等于公差值 t 的两圆所限定的圆柱面区域 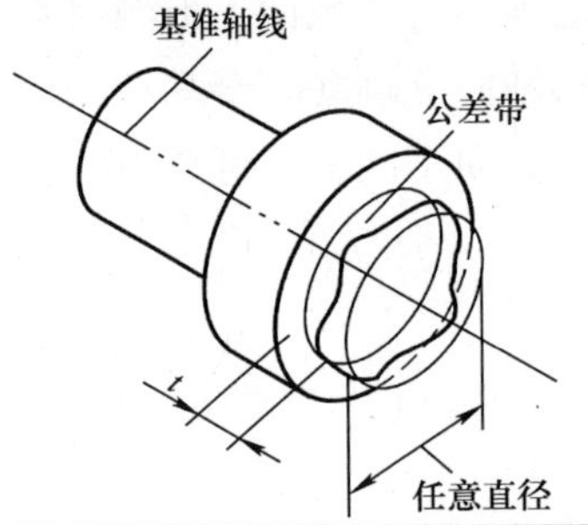	在与基准轴线 D 同轴的任一圆柱形截面上，提取（实际）圆应限定在轴向距离等于 0.1mm 的两等圆之间 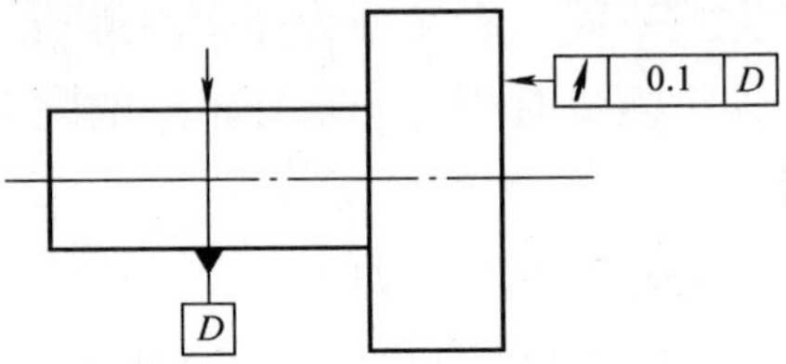
	（3）斜向圆跳动公差　公差带为与基准轴线同轴的某一圆锥截面上，间距等于公差值 t 的两圆所限定的圆锥面区域 除非另有规定，测量方向应沿被测表面的法向 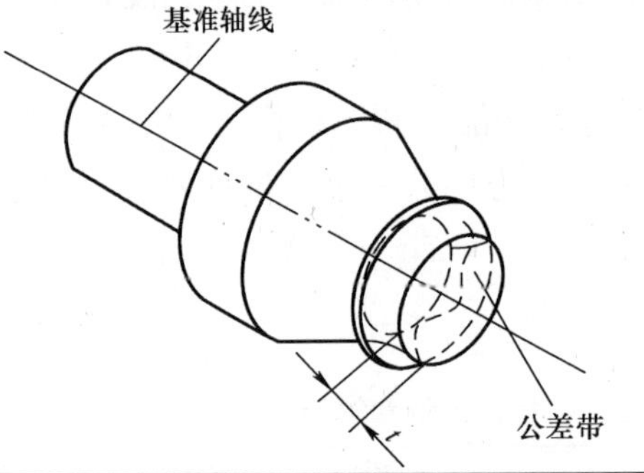	在与基准轴线 C 同轴的任一圆锥截面上，提取（实际）线应限定在素线方向间距等于 0.1mm 的两不等圆之间 当标注公差的素线不是直线时，圆锥截面的锥角要随所测圆的实际位置而改变 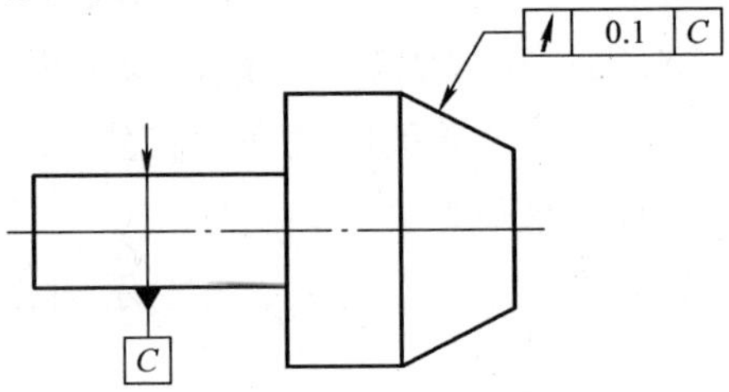
全跳动公差	（1）径向全跳动公差　公差带为半径差等于公差值 t 且与基准轴线同轴的两个圆柱面所限定的区域 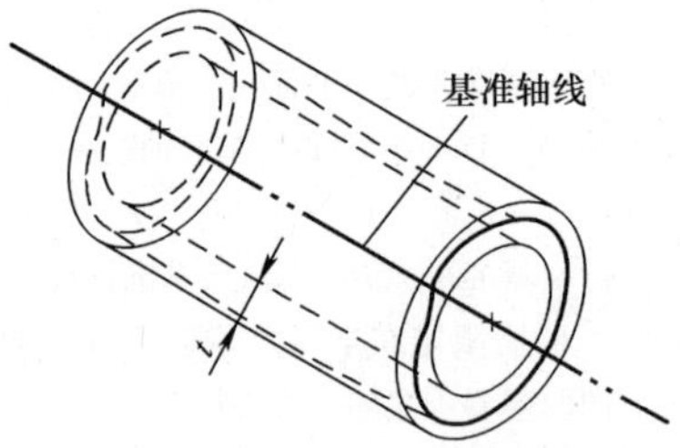	提取（实际）表面应限定在半径差等于 0.1mm，且与公共基准轴线 $A—B$ 同轴的两个圆柱面之间 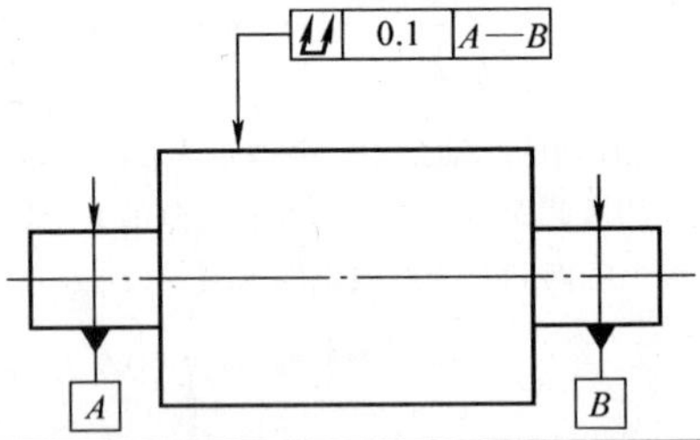
	（2）轴向全跳动公差　公差带为间距等于公差值 t 且垂直于基准轴线的两平行平面所限定的区域 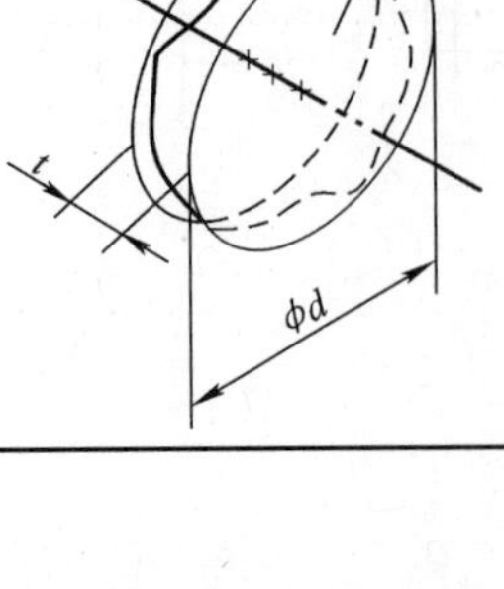	提取（实际）表面应限定在间距等于 0.1mm 且垂直于基准轴线 D 的两平行平面之间 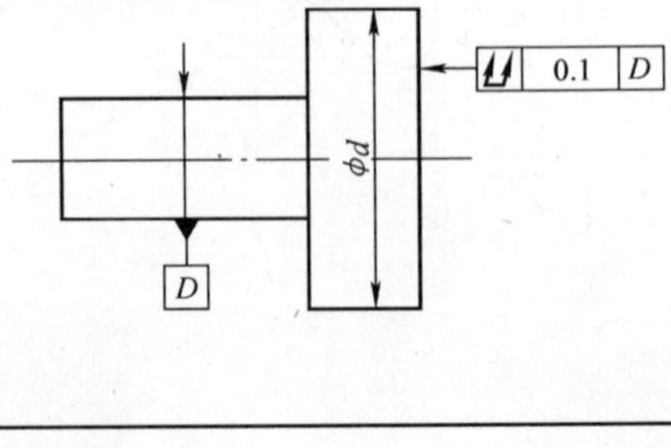

【考点分析】

［例 6］　单选题

圆柱度公差带是半径差为公差 t 的（　　）之间的区域。

A. 两平行直线　　B. 两平行平面　　C. 两同心圆　　D. 两同轴圆柱面

【解题指导】此题主要考查学生对圆柱度公差的掌握情况。圆柱度公差用来限制被测提取圆柱面的形状误差。圆柱度公差不仅对圆柱表面有控制要求，同时还控制圆柱体横剖面和轴向各项形状误差。圆柱度公差带形状是两同轴圆柱面。

【参考答案】D

［例 7］　填空题

径向圆跳动公差带与圆度公差带在形状方面________，但前者公差带圆心的位置是________，而后者公差带圆心的位置是________。

【解题指导】此题主要考查学生对圆度和径向圆跳动公差带及公差带特点的掌握情况。圆度公差带为在给定横截面内半径差等于公差值 t 的两同心圆所限定的区域；径向圆跳动公差带为在任一垂直于基准轴线的横截面内、半径差等于公差值 t、圆心在基准轴线上的两个同心圆所限定的区域。公差带形状都是两同心圆。而圆度公差用来限制回转表面的径向截面轮廓的形状误差，没有基准要求，公差带是浮动的；径向圆跳动公差带相对于基准有确定的位置，公差带是固定的。

【参考答案】相同　固定的　浮动的

［例 8］　简答题

轴向圆跳动与端面垂直度有哪些关系？

【解题指导】此题主要考查学生对轴向圆跳动与端面垂直度公差带含义的理解。

【参考答案】轴向圆跳动与端面垂直度的关系：轴向圆跳动与端面垂直度的被测要素都是端面，基准都是轴线。两者都可控制回转体端面几何误差，但控制效果不尽一样。轴向圆跳动控制端面的被测圆周上沿轴向的位置误差，不能控制整个被测端面的垂直度误差和平面度误差。垂直度公差可以综合控制整个被测端面对基准轴线的垂直度误差和平面度误差。由此可见，被测端面存在圆跳动误差，必然存在垂直度误差；反之，存在垂直度或平面度误差，不一定存在圆跳动误差。

［例 9］　综合题

识读图 3-12 中几何公差的标注。

【解题指导】此题主要让学生理解几何公差的含义，能对几何公差的标注做出正确的解释。检测学生对几何公差符号、被测要素和基准要素等的掌握程度。

【参考答案】

1）|⊥|ϕ0.01|B| 表示 $\phi 22_{-0.013}^{0}$ mm 圆柱体的轴线相对于 ϕ32mm 圆柱右端面的垂直度公差为 0.01mm。即圆柱面的实际中心线应限定在直径等于 0.01mm 且垂直于 ϕ32mm 圆柱右端面的圆柱面内。

2）|◎|ϕ0.03|A| 表示 $\phi 18_{-0.034}^{-0.016}$ mm 圆柱体的轴线相对于 $\phi 22_{-0.041}^{-0.020}$ mm 圆柱体轴线的同轴度公差为 0.03mm。即 $\phi 18_{-0.034}^{-0.016}$ mm 圆柱体的轴线应限定在直径等于 0.03mm 且以 $\phi 22_{-0.041}^{-0.020}$ mm 圆柱体轴线为轴线的圆柱面内。

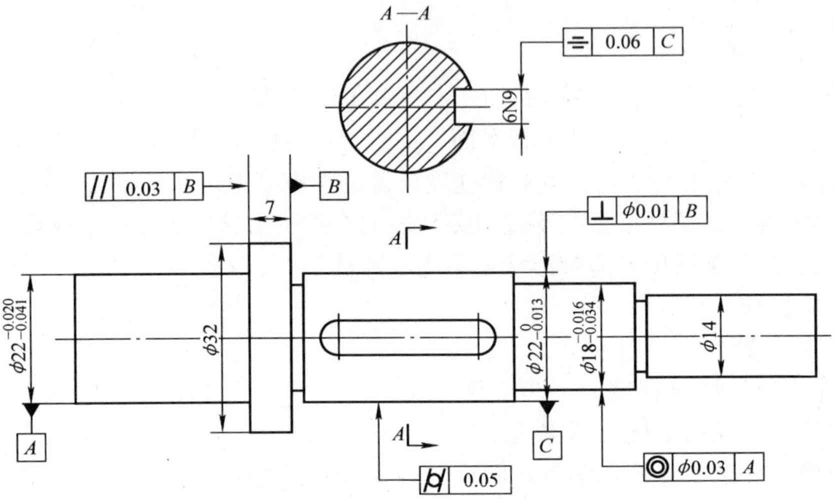

图 3-12 识读几何公差的标注

3）[// 0.03 B]表示 $\phi32$mm 圆柱左端面与基准 B（其右端面）的平行度公差为 0.03mm。即 $\phi32$mm 圆柱左端面应限定在间距等于 0.03mm 且平行于 $\phi32$mm 圆柱右端面的两平行平面之间。

4）[≡ 0.06 C]表示键槽上、下对称中心面相对基准轴线 C 的对称度公差为 0.06mm。即键槽上、下对称中心面应限定在间距等于 0.06mm 且对称于 $\phi22^{\ 0}_{-0.013}$mm 圆柱体的轴线（过 $\phi22^{\ 0}_{-0.013}$ mm 圆柱体轴线的理想平面）的两平行平面之间。

5）[⌭ 0.05]表示 $\phi22^{\ 0}_{-0.013}$mm 外圆柱面的圆柱度公差为 0.05mm。即 $\phi22^{\ 0}_{-0.013}$mm 外圆柱面应限定在半径差等于 0.05mm 的两同轴圆柱面之间。

【习题练习】

一、判断题

（　　）1. 任意方向上线对线的平行度公差带形状是直径为公差值 t 的圆柱面内区域。

（　　）2. 圆柱度公差可以同时控制圆度和素线直线度。

（　　）3. 方向公差带能自然地把同一被测要素的形状误差和方向误差控制在位置公差带范围内。

（　　）4. 标注斜向圆跳动时，指引线箭头应与轴线垂直。

（　　）5. 当某要素既有位置公差要求又有形状公差要求时，形状公差值应大于位置公差值。

二、单选题

1. 属于形状公差的有（　　）。

A. 圆柱度　　B. 同轴度　　C. 圆跳动　　D. 平行度

2. 下列几何公差带中，不属于固定位置公差带的是（　　）。

A. 同轴度　　B. 对称度　　C. 平行度　　D. 部分位置度

3. 圆柱度公差带的形状是（　　）。

A. 圆柱　　B. 圆筒　　C. 两平行平面　　D. 两同心圆

4. 与圆度公差带的形状相同的是________。

A. 同轴度　　B. 径向圆跳动　　C. 轴向圆跳动　　D. 平面点的位置度

5. 在给定一个方向时，平行度的公差带是（　　）。

A. 距离为公差值 t 的两平行直线之间的区域

B. 直径为公差值 t，且平行于基准轴线的圆柱面内的区域

C. 距离为公差值 t，且平行于基准平面（或直线）的两平行平面之间的区域

D. 正截面为公差值 t_1、t_2，且平行于基准轴线的四棱柱内的区域

三、填空题

1. 形状公差带是限制________实际被测要素变动的区域。形状公差没有________，所以公差带是________。

2. 位置公差是________被测要素对其有确定位置的理想要素允许的变动量。位置公差能综合控制被测要素的________、________和________误差。

3. 识读图 3-13 中几何公差的标注，按要求填空。

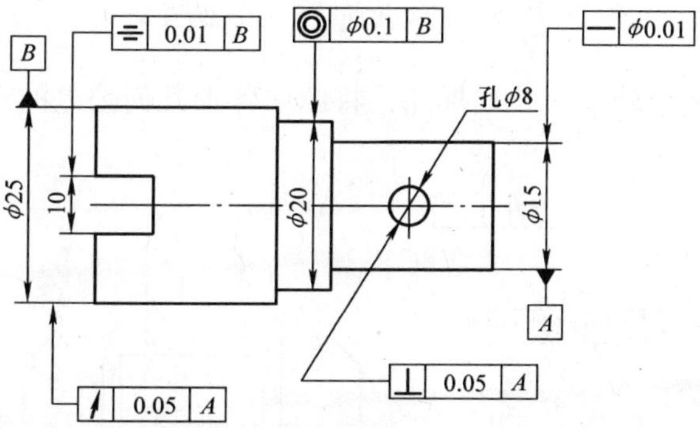

图 3-13　识读几何公差标注的练习

1）↗ 0.05 A 被测要素：________；基准要素：________；公差带形状：________。

2）⌯ 0.01 B 被测要素：________；基准要素：________；公差带形状：________。

3）◎ ϕ0.1 B 被测要素：________；基准要素：________；公差带形状：________。

4）⊥ 0.05 A 被测要素：________；基准要素：________；公差带形状：________。

5）— ϕ0.01 被测要素：________；公差带形状：________。

四、简答题

1. 试述几何公差带与尺寸公差带的异同点。

2. 径向圆跳动与同轴度有哪些关系？

3. 试述径向全跳动公差带与圆柱度公差带的异同点。

4. 销轴的三种几何公差标注如图 3-14 所示，它们的公差带有何不同？

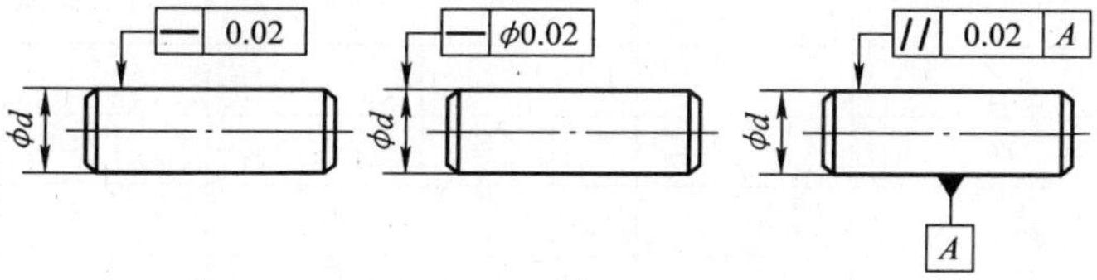

a)　　b)　　c)

图 3-14　销轴的三种几何公差标注

五、综合题

1. 识读图 3-15 中几何公差标注的含义。

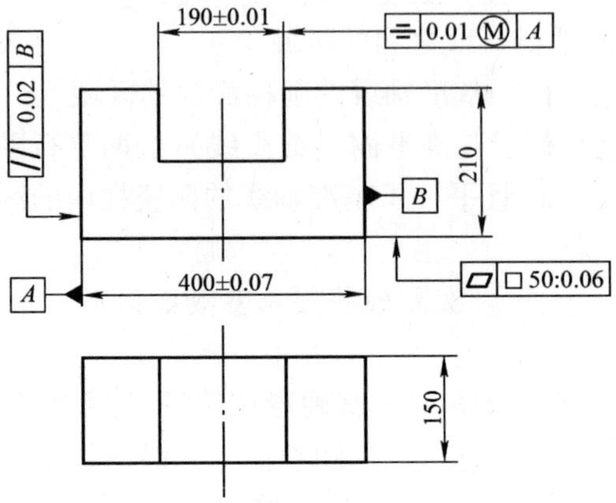

图 3-15 识读几何公差标注的含义

2. 根据图 3-16 中曲轴的几何公差标注，将图中各项几何公差的含义填入表 3-15 中。

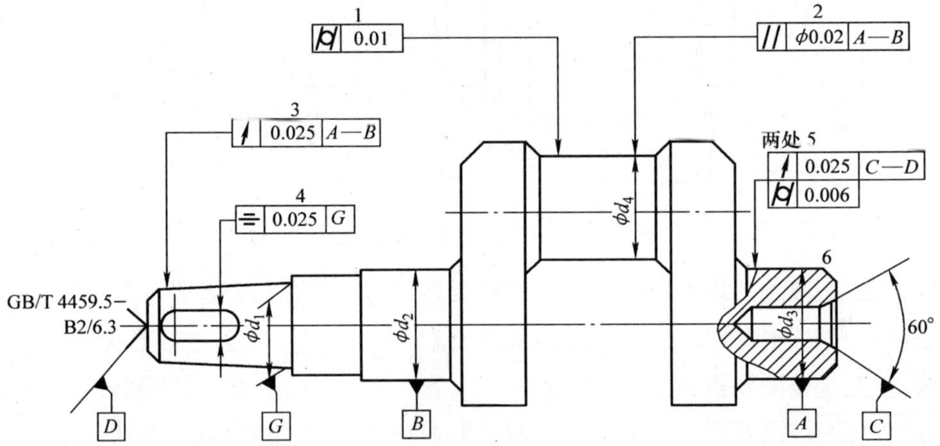

图 3-16 曲轴的几何公差标注

表 3-15 曲轴的几何公差的含义

序号	几何特征		被测要素	公差值/mm	基准		公差带形状
	符号	名称			有无	基准要素	
1							
2							
3							
4							
5							
6							

3. 改正图 3-17 中几何公差标注上的错误（不改变几何公差特征）。

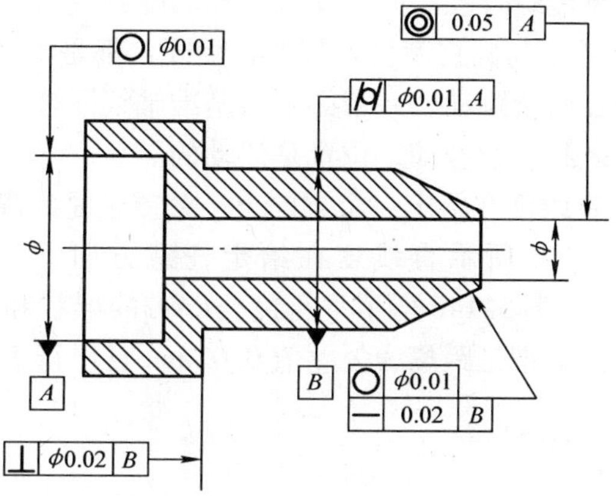

图 3-17　改错

【参考答案】

一、判断题

1. √　　2. √　　3. ×　　4. ×　　5. ×

二、单选题

1. A　2. C　3. B　4. B　5. C

三、填空题

1. 单一　基准要求　浮动的

2. 关联　方向　位置　形状

3. 1）ϕ25mm 圆柱面　ϕ15mm 圆柱的轴线　两同心圆

2）槽的中心平面　ϕ25mm 圆柱的轴线　两平行平面

3）ϕ20mm 圆柱的轴线　ϕ25mm 圆柱的轴线　圆柱

4）ϕ8mm 孔轴线　ϕ15mm 圆柱的轴线　两平行平面

5）ϕ15mm 圆柱的轴线　圆柱

四、简答题

1. **答**：几何公差带与尺寸公差带的相同点是公差带的功能是相同的。几何公差带是限制实际要素变动的区域；尺寸公差带是限制实际尺寸变动的区域。只有零件的实际尺寸或实际要素位于其公差带内，才是合格的，否则是不合格的。

几何公差带与尺寸公差带的不同点：

（1）几何公差带通常是空间区域，尺寸公差带是平面区域。

（2）几何公差带由四个要素（形状、大小、方向和位置）组成，尺寸公差带由两个要素（位置和大小）组成。

2. **答**：径向圆跳动与同轴度的关系：对径向圆跳动，被测要素是圆柱表面；对同轴度，被测要素是圆柱面的轴线。两者之间的关系可以这样来分析，同一测量面内的径向圆跳动主要来自该测量截面内的同轴度误差和圆度误差。若截面轮廓线为一理想圆，则径向圆跳动主要由同轴度误差引起。若该被测截面没有同轴度误差，则径向圆跳动主要由圆度误差引起。

由此可见，存在同轴度误差，必然存在径向圆跳动，而存在径向圆跳动并不能说明一定有同轴度误差。径向圆跳动公差能综合控制同轴度误差和圆度误差。

3. **答**：径向全跳动公差带与圆柱度公差带形状相同，都是半径差为公差 t 的两同轴圆柱面之间的区域。区别在于径向全跳动公差带必须与基准轴线同轴，位置是固定的，而圆柱度公差带的轴线则可随实际被测轮廓变动，位置是浮动的。

4. **答**：图 3-14a 所示直线度在给定一个方向上，公差带是距离为公差值 0.02mm 的两平行平面之间的区域；图 3-14b 所示直线度在给定任意方向上，公差带是直径为公差值 0.02mm 的圆柱面内的区域；图 3-14c 所示平行度公差带的形状和图 3-14a 相同，但两平行平面有特定方向的要求，公差带是距离为公差值 0.02mm 且平行于基准要素的两平行平面之间的区域。

五、综合题

1. **答**：1）零件的左侧面对基准平面 B（右侧面）的平行度公差为 0.02mm。

2）零件下表面任一 50mm × 50mm 的正方形面积上，平面度公差为 0.06mm。

3）槽的中心平面对基准中心平面 A（零件左、右两侧面的中心平面）的对称度公差为 0.01mm，被测要素的尺寸公差与对称度公差满足最大实体要求。

2. **答**：见表 3-16。

表 3-16　曲轴的几何公差的含义

序号	几何特征		被测要素	公差值 /mm	基准		公差带形状
	符号	名称			有无	基准要素	
1	⌭	圆柱度	ϕd_4外圆柱面	0.01	无	无	两同轴圆柱
2	//	平行度	ϕd_4的轴线	0.02	有	ϕd_2、ϕd_3的公共基准轴线	圆柱
3	↗	径向圆跳动	圆锥面	0.025	有	ϕd_2、ϕd_3的公共基准轴线	两同心圆
4	⌯	对称度	键槽的中心面	0.025	有	ϕd_1的轴线	两平行平面
5	↗	径向圆跳动	ϕd_3外圆柱面	0.025	有	左右中心孔的公共基准轴线	两同心圆
6	⌭	圆柱度	ϕd_3外圆柱面	0.006	无	无	两同轴圆柱

3. **答**：如图 3-18 所示。

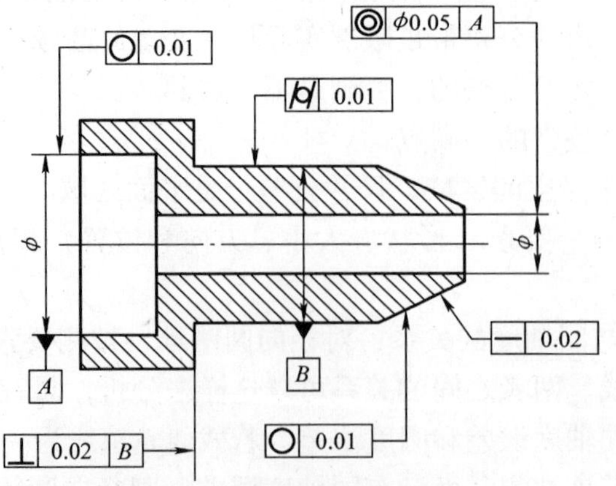

图 3-18　改错题答案

第四节　几何误差的检测

【学习要求】

1. 了解几何误差的检测原则。

2. 掌握常用的几何误差检测方法。

【学习内容】

一、几何误差的检测原则

由于零件结构的形式多种多样，几何误差的特征又较多，所以几何误差的检测方法也很多。为了能够正常地检测几何误差，便于合理地选择测量方法，合理地选择量具和量仪，国家标准将各种方法总结后归纳出一套检测几何误差的方案，概括为以下五种检测原则。

1. 与拟合要素比较的原则

与拟合要素比较的原则是指测量时将被测实际要素与相应的理想要素进行比较，在比较过程中测出实际要素的误差，误差值可由直接方法和间接方法得出，如图 3-19 所示。

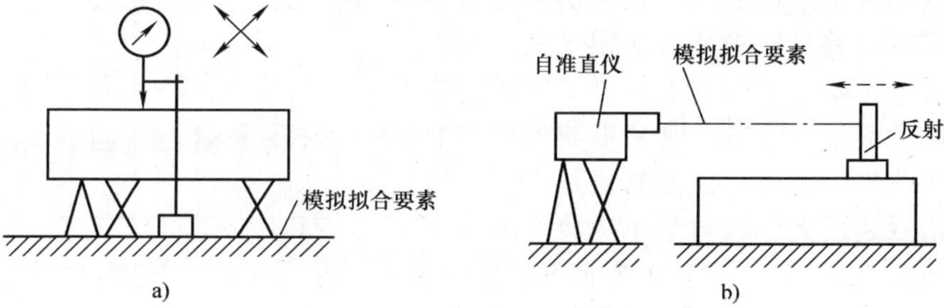

图 3-19　误差值的测量方法

a）误差值由直接方法获得　b）误差值由间接方法获得

例如，用实物来体现的刀口尺刃口、平尺的工作面、一条拉紧的钢丝、平板的工作面以及样板的轮廓等都可以作为理想要素。理想要素还可以用一束光线、水平线（面）来体现。

2. 测量坐标值原则

被测要素无论是平面的还是空间的，它们的几何特征总是可以在适当的坐标系中反映出来。测量坐标值原则就是用坐标测量装置（如三坐标测量机和工具显微镜）测量被测提取要素的坐标值（如直角坐标值、极坐标值和圆柱面坐标值），并经数据处理获得几何误差值。

该原则适用于测量形状复杂的表面，它的数字处理工作比较复杂，适用于使用计算机进行数据处理，其检测方法如图 3-20 所示。

3. 测量特征参数原则

测量特征参数原则就是用被测提取要素上具有代表性的参数（即特征参数）来近似表示该要素的几何误差值。这是一种近似测量方法，易于实现，在实际生产中经常使用。

例如，以平面上任意方向的最大直线度误差来近似表示该平面的平面度误差；用两点法测量圆度误差（图 3-21），即在一个横截面内的几个方向上测量直径，取最大直径与最小直径差的 1/2 作为圆度误差。用该原则所得到的几何误差值与按定义确定的几何误差值相比，只是一个近似值。

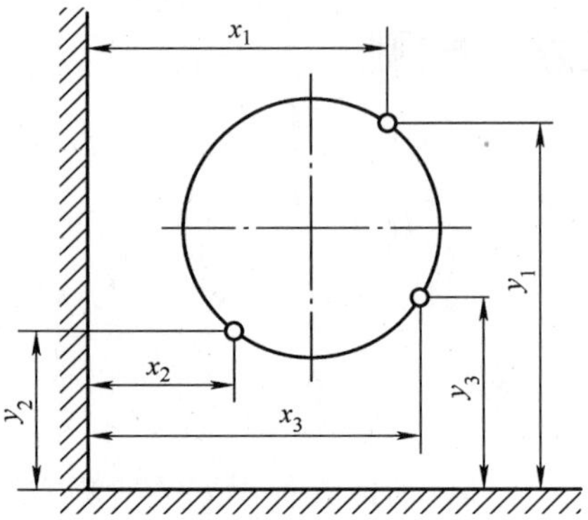

图 3-20　测量直角坐标值

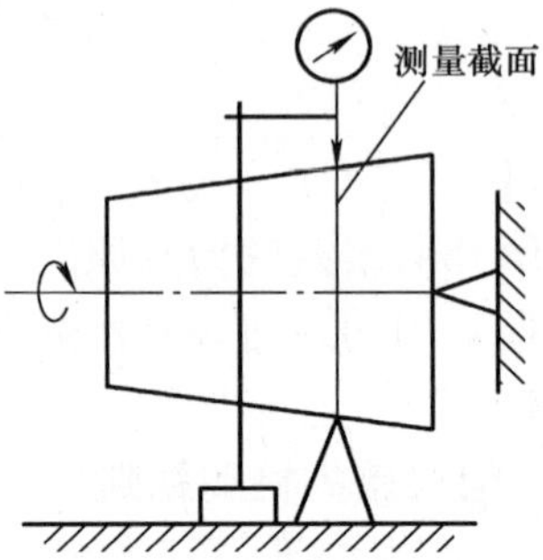

图 3-21　用两点法测量圆度误差值

4. 测量跳动原则

测量跳动原则是在被测实际要素绕基准轴线回转的过程中，沿给定方向测量其对参考点或线的变动量。变动量是指指示表上最大示值与最小示值之差。跳动公差是按检测方法定义的，所以测量跳动的原则主要用于图样上标注了圆跳动或全跳动公差时的测量。例如，用 V 形架模拟基准轴线，并对零线轴线定位。在被测要素回转一周的过程中，指示表最大读数与最小读数之差为该截面的径向圆跳动误差；若被测要素回转的同时，指示表缓慢地轴向移动，在整个过程中指示表最大读数与最小读数之差为该零件的径向全跳动误差，如图 3-22 所示。

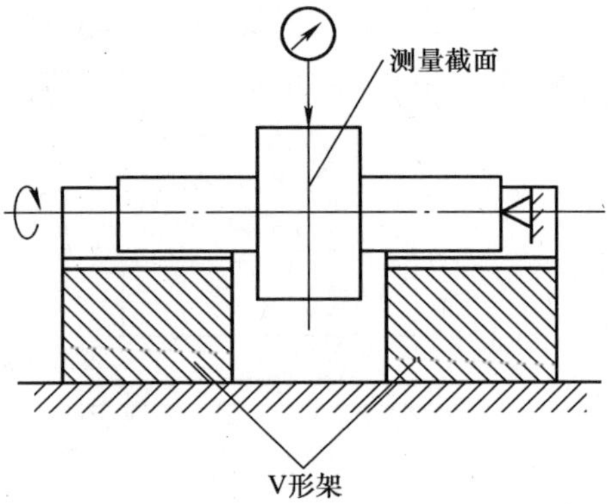

图 3-22　径向跳动误差的测量方法

5. 控制实效边界原则

控制实效边界原则就是检验被测提取要素是否超过实效边界，以判断零件是否合格。判断被测实体是否超越最大实体实效边界的有效方法是用综合量规检测。综合量规是模拟最大实体实效边界的全形量规。若被测实际要素能被功能量规通过，则表示该项几何公差要求合格。图 3-23 所示为用综合量规检测同轴度误差。

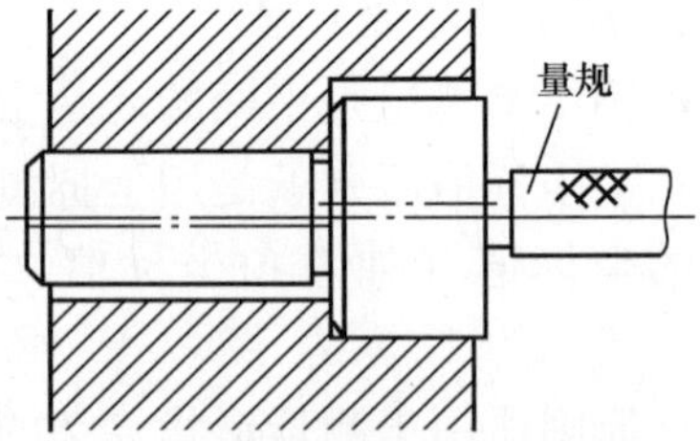

图 3-23　用综合量规检测同轴度误差

二、几何误差的评定

1. 无基准的形状误差的评定

加工后的零件，其提取组成要素的形状误差值必须通过测量才能得到。根据测量得到的形状误差值来判断零件是否符合精度要求，从而判断其是否合格。

(1) 形状误差的评定准则——最小条件　形状误差是被测提取要素与拟合要素比较的结果。比较时，若拟合要素的位置不同，则提取组成要素相对于拟合要素的变动量也不同。

为此，拟合要素的位置应符合最小条件。

最小条件是提取组成要素相对于拟合要素的最大变动量为最小。按最小条件确定的包容区域（简称最小区域），其宽度或直径就是提取组成要素的形状误差。最小包容区域的形状由形状误差的特征决定。

评定提取（实际）直线直线度误差的方法如图 3-24 所示。用两条平行的理想直线包容提取（实际）直线，两平行线之间的区域称为包容区域，包容区域可以有很多（h_1、h_2、h_3），而最小区域的宽度（或直径）h_1 是唯一的，我们把它作为提取组成要素的直线度误差。

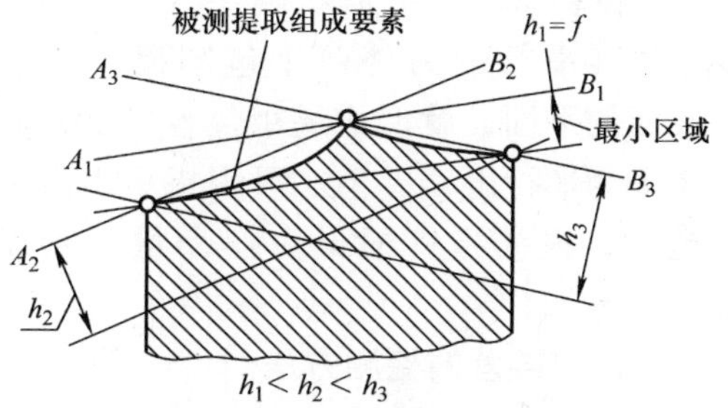

图 3-24　评定提取（实际）直线直线度误差的方法

评定提取（实际）轴线直线度误差的方法如图 3-25 所示。其直线度误差的包容区域为包容被测提取轴线的若干个小圆柱，其中 $d_1<d_2$，且 d_1 最小，则 d_1 是被测轴线的直线度误差。

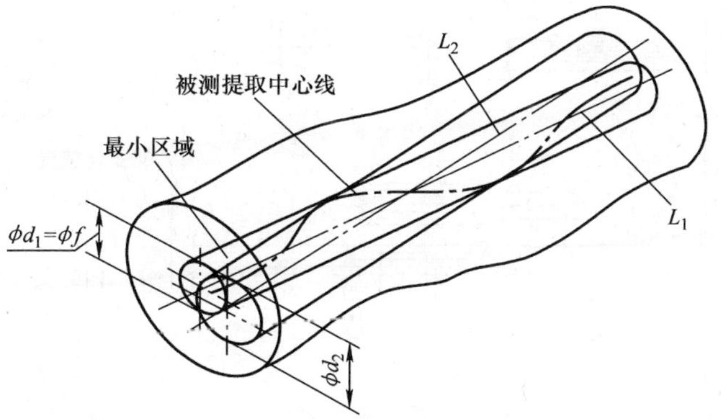

图 3-25　评定提取（实际）轴线直线度误差的方法

（2）拟合要素　在确定拟合要素的位置时，如果被测要素是组成要素（线、面轮廓度除外），则其拟合要素应位于实体之外与提取组成要素接触，且使被测要素相对于拟合要素的最大变动量为最小，即拟合要素的位置应符合最小条件。如图 3-24 所示，A_1B_1、A_2B_2、A_3B_3 均与提取组成要素接触，但只有 A_1B_1 的位置符合最小条件，所以 A_1B_1 为拟合要素。

如果被测要素是导出要素（轴线、对称中心面等），则其拟合要素应位于被测提取要素之中，且使被测要素相对于拟合要素的最大变动量为最小。如图 3-25 所示，L_1 为符合最小条件的拟合要素。

2. 有基准的几何误差的评定

有基准的几何误差包括位置误差、方向误差和跳动误差。位置误差、方向误差和跳动误差涉及被测要素和基准。基准是确定要素之间几何方位关系的依据，必须是拟合要素。通常通过采用精确工具模拟的基准要素来建立基准。为排除形状误差的影响，基准的位置也必须符合最小条件。

有了基准，被测要素的理想方位就可以确定，即可找出被测提取要素偏离拟合要素的最大变动量。如图3-26所示，工件上表面相对于基准底面有平行度要求，可用平板的精确平面模拟基准，按最小条件与下表面接触。与基准平行的另外两个包容提取（实际）表面的平面，就形成最小包容区域，其间距Δ即为平行度误差值。可用指示表沿上表面拖动，根据指针的最大摆动量得到误差值。

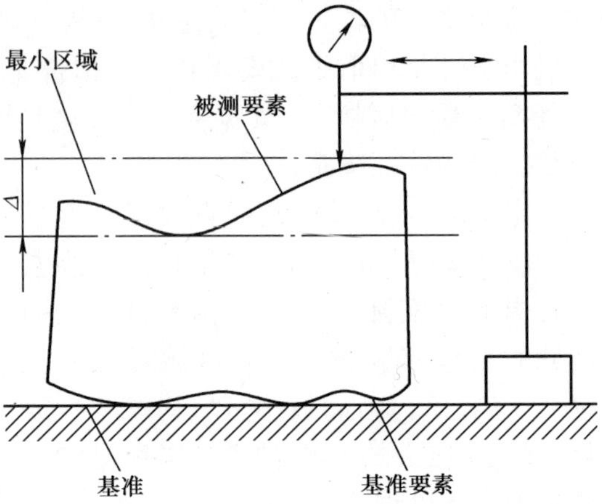

图3-26　平行度误差的测量

三、几何误差的检测方法

1. 形状误差的检测

（1）直线度误差的检测（表3-17）

表3-17　直线度误差的检测方法

检测方法	检测设备	图　例	说　明
光隙法	刀口尺	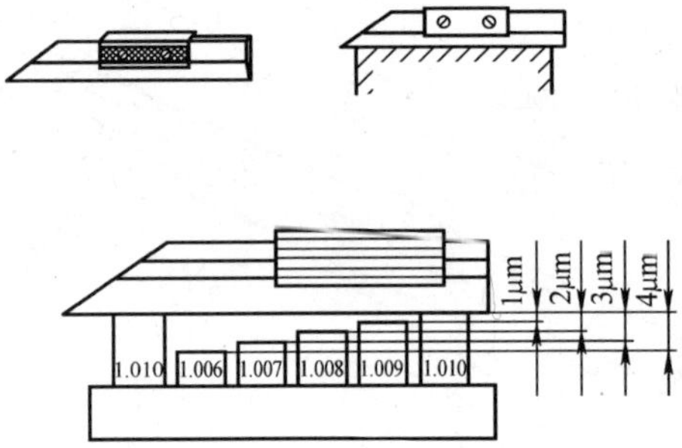	检测时，转动刀口尺的刀口与被测提取要素接触的位置，用肉眼观察透光量的变化情况，当被测提取直线到刀口尺刃口间的最大光隙为最小时（符合最小条件），估读出的最大光隙值就是被测平面内的直线度误差
指示器法	平板、带指示表的表架、支承顶尖	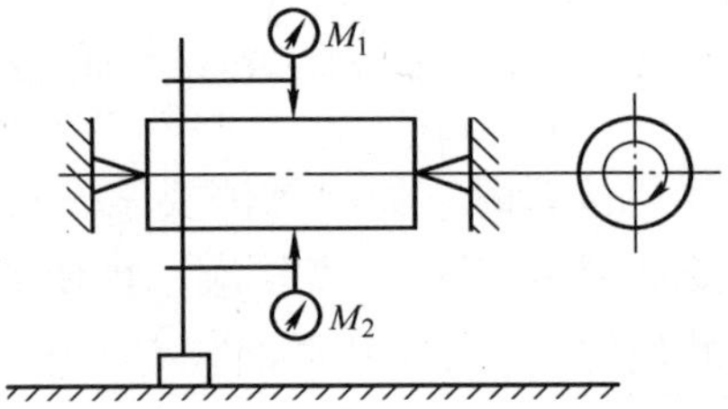	将被测零件安装在平行于平板的两顶尖之间。用带有两个指示表的表架，沿工件铅垂轴截面的两条素线进行测量，同时分别记录两指示表在各测点的读数值 M_1 和 M_2，取各测点读数差值的一半 $\left(\frac{M_1-M_2}{2}\right)$ 中的最大差值作为该截面轴线的直线度误差。转动工件，按上述方法测量若干个截面，取其中最大的误差值作为被测零件轴线的直线度误差
水平仪测量法	水平仪、桥板	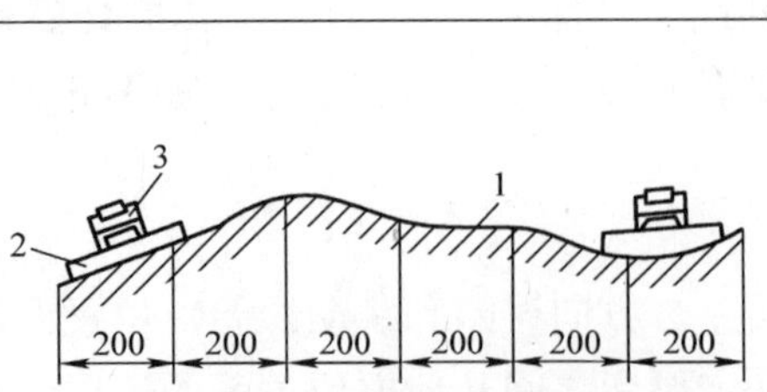 1—实测直线　2—桥板　3—框式水平仪	将框式水平仪放在跨距为 L 的桥板上，从工件被测要素的一端开始，使桥板首尾相接依次移动，分别读取水平仪上的数值。将读数值进行累加，再用累加值作图，得到被测要素的提取（实际）直线，作被测要素的最小包容区域（相间准则），来评定提取（实际）要素的直线度误差值

［例 3-1］　用水平仪测量直线度误差。如图 3-27 所示，测量长为 1600mm 的导轨，把分度值为 0.02/1000 的框式水平仪放在跨距为 200mm 的桥板上，从工件被测要素的一端开始，使桥板首尾相接依次移动，分别读取水平仪的数值（单位：mm）：0、+1.5、+1.5、0、-0.5、-0.5、+1、+1、+2。

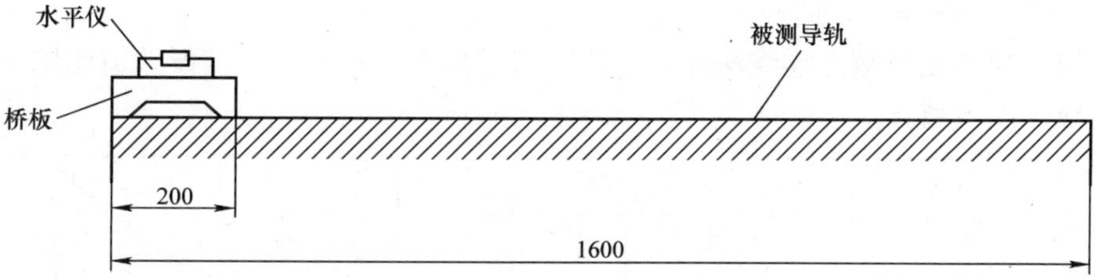

图 3-27　用水平仪测量直线度误差

解：首先将读数值进行累加（表 3-18），再用累加值作图。

表 3-18　直线度测量数据及数据处理

测点序号	0	1	2	3	4	5	6	7	8
水平仪读数值	0	+1.5	+1.5	0	-0.5	-0.5	+1	+1	+2
相对高度/μm	0	+6	+6	0	-2	-2	+4	+4	+8
累加值/μm	0	+6	+12	+12	+10	+8	+12	+16	+24

注：相对高度＝水平仪分度值（0.02mm/m）×水平长度（200mm）×气泡移动格数。

1）用最小条件法评定直线度误差（图 3-28）。

作图步骤如下：

① 以 X 轴为点序，横坐标按适当比例缩小；Y 轴为累加值，累加值按适当比例放大。

② 按读数值在坐标图上描点，画出误差折线图。

③ 作包容误差曲线的平行线。在误差折线图上找出最高点 2 点和 8 点，5 点为一个低点且在 2 点和 8 点之间，故过 2 点和 8 点作一条直线，过 5 点作该直线的平行线，此两平行线间的区域为最小区域。因而可以确定该导轨的直线度误差 $f=10\mu m$。

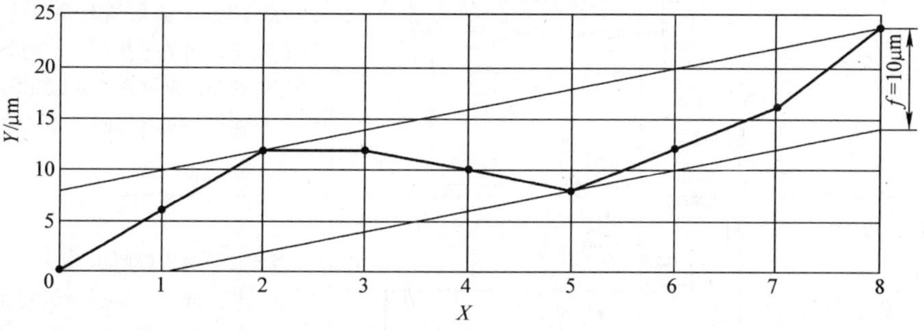

图 3-28　导轨直线度误差曲线（一）

2）用两端点连线法评定直线度误差（图 3-29）。

作图步骤如下：

① 以 X 轴为点序，横坐标按适当比例缩小；Y 轴为累加值，累加值按适当比例放大。

② 按读数值在坐标图上描点，画出误差折线图。

③ 作两端点连线，从误差折线上找出各测点中相对于两端点连线的最高点和最低点。分别量取这两个测点至两端点连线 Y 坐标距离，它们的代数差即为直线度误差值 $f = h_1 - h_2 = 6\mu m - (-7)\mu m = 13\mu m$。

从上例可知，用两端点连线法评定直线度误差的方法简单，但其误差值比用最小条件法评定的直线度误差值大。

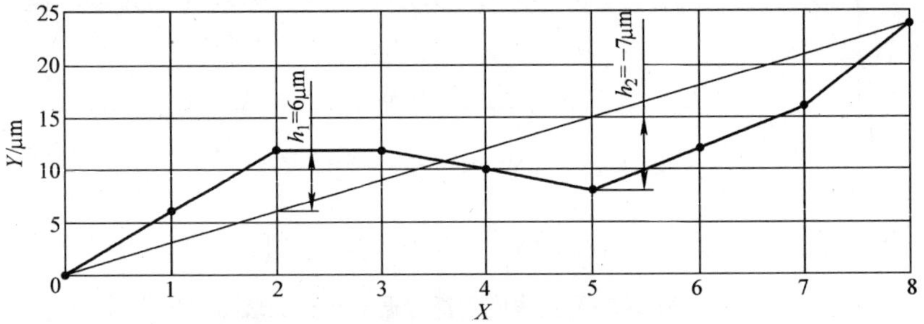

图 3-29　导轨直线度误差曲线（二）

（2）平面度误差的检测　平面度误差的检测方法见表 3-19。

平面度误差最小条件判别准则见表 3-20。

表 3-19　平面度误差的检测方法

检测方法	检测设备	图　例	说　明
指示器法	标准平板、带指示表的表架、可调支承	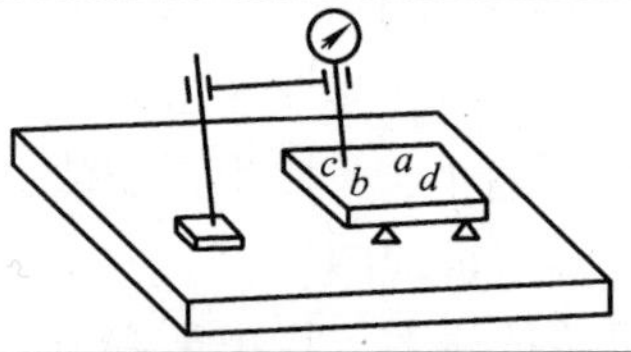	将被测零件支承在平板上，将被测平面上两条对角线的顶点分别调成等高，或将最远的三点调成距测量平面等高。按一定布点测量被测表面。指示表上最大读数与最小读数之差即为该平面平面度误差的近似值
干涉法	平晶	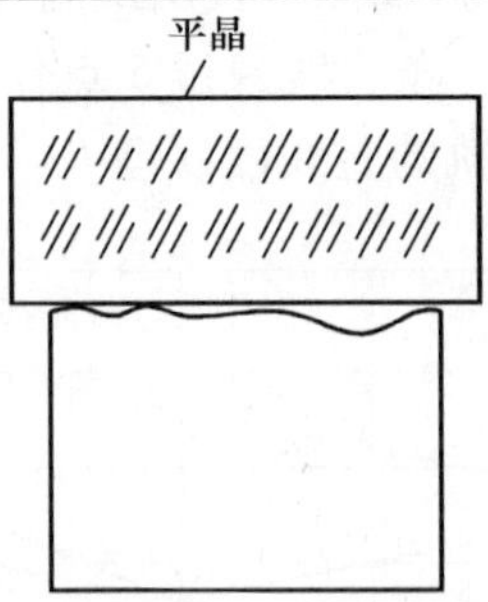	将平晶贴于被测表面上，观察平晶与被测表面之间的干涉条纹。被测表面的平面度误差为封闭的干涉条纹数乘以光波波长的一半；对不封闭的干涉条纹，为条纹的弯曲度与相邻两条间距之比再乘以光波波长的一半 干涉法适用于对平面度要求较高的小平面
水平仪测量法	平板、水平仪、固定支承和可调支承	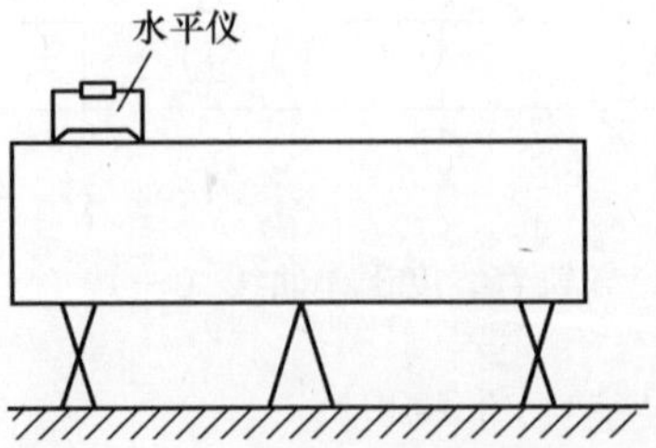	将被测平面大致调水平，用水平仪按一定的布点和方向逐点地测量被测表面，同时记录读数值，并换算成长度值 根据各长度值用计算法或图解法计算平面度误差

表 3-20　平面度误差最小条件判别准则

名称	示意图	说　明
三角形准则	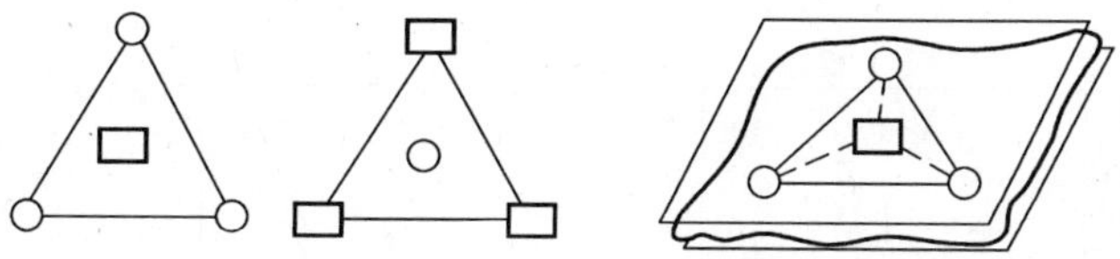	由两平行平面包容被测面时，两平行平面与被测面接触点分别为三个等值最高（低）点与一个最低（高）点，且最低（高）点投影落在由三个等值最高（低）点所组成的三角形之内
交叉准则		由两平行平面包容被测面时，两平行平面与被测面接触点分别为两个等值最高点与两个等值最低点，且最高点连线的投影与最低点连线相互交叉
直线准则		由两平行平面包容被测面时，两平行平面与被测面接触点分别为两个等值最高（低）点与一个最低（高）点，且一个最低（高）点的投影位于两等值最高（低）点的连线上

［**例 3-2**］　如图 3-30a 所示，在平板上用指示表测量平面度误差，测量数据如图 3-30b 所示。试用最小条件评定平面度误差。

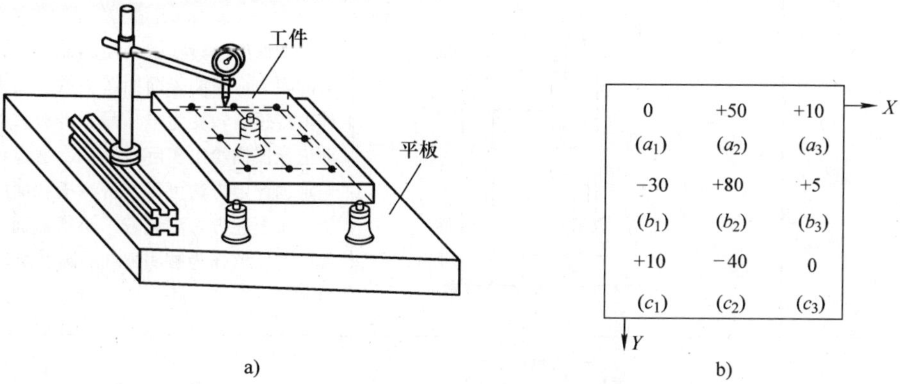

图 3-30　用指示表测量平面度误差
a）测量示意图　b）测量数据（μm）

解： 按最小条件评定平面度误差值时，从图 3-30b 中所列的数据判断，实际被测平面属中凸形表面，下包容面通过三个极值点 a_3、b_1、c_2（10、−30、−40），上包容面通过 b_2（80），此点投影于 a_3、b_1、c_2所组成的三角形内，符合三角形准则。数据处理步骤如下：

1）将被测平面误差原始数据标在图 3-31a 上。

2）测量基准旋转后应使实际被测表面三个角点 a_3、b_1、c_2相等，即

$$10+2X=-30+Y=-40+X+2Y$$

解得：$X=-10$，$Y=20$，即绕 Y 轴和 X 轴的单位旋转量分别为 $-10\mu m$ 和 $20\mu m$。

3）选择 Y 轴为旋转轴，将旋转量分别加到原始数值上，得图 3-31b 所示数据。

4）选择 X 轴为旋转轴，将旋转量分别加到原始数值上，得图 3-31c 所示数据。

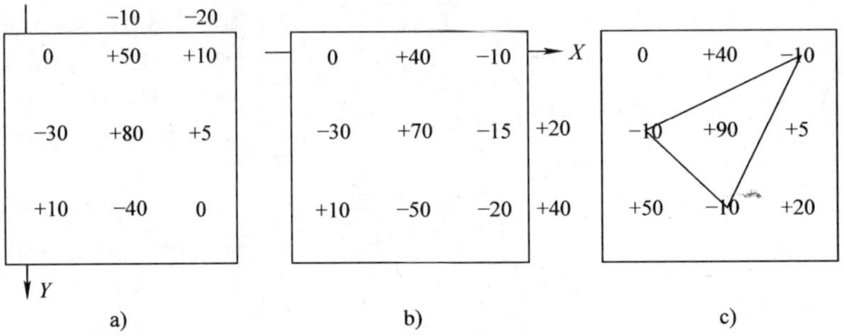

图 3-31 平面度数据处理

5）由三个最低等值点 a_3、b_1、c_2 组成下包容面，过最高点，且与下包容面平行的两包容面之间 $f_2=[90-(-10)]\mu m=100\mu m$。

即平面度误差为 $100\mu m$。

（3）圆度误差的检测（见表 3-21）

表 3-21 圆度误差的检测方法

检测方法	检测设备	图例	说明
圆度仪测量法	圆度仪（或其他类似量仪）	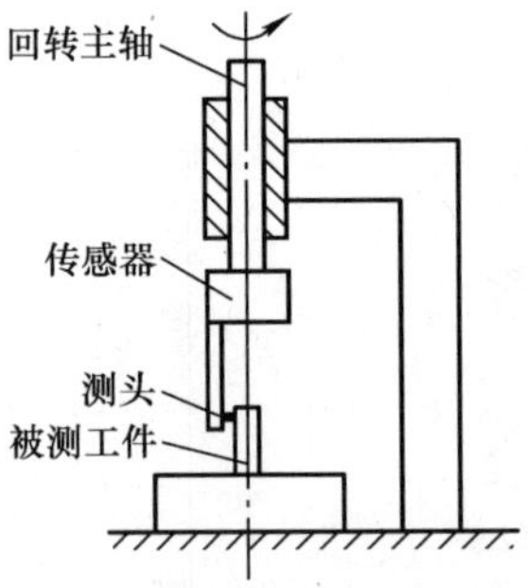	圆度仪的回转轴带动传感器转动，使传感器上的测头沿被测表面回转一周。测头的径向位移由传感器转变为电信号，经放大器放大，推动记录器描绘出实际轮廓线，通过计算机，按选定的评定方法可得到所测横截面的圆度误差值。按上述方法测量若干个横截面，取其中最大的误差值作为被测零件的圆度误差
三点法	平板、带指示表的表架、V形架	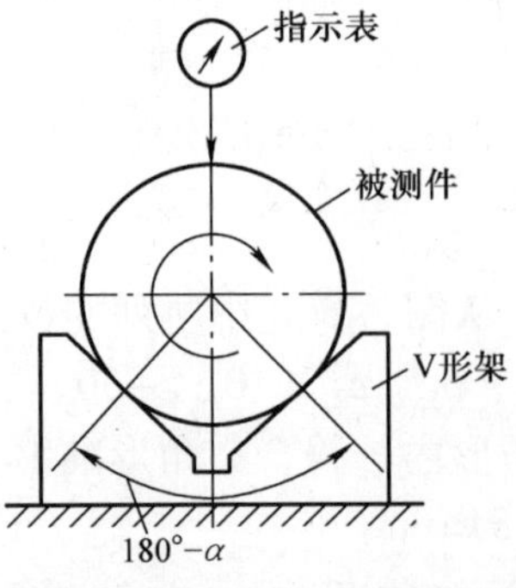	将 V 形架放在平板上，被测零件放在比它长的 V 形架上，固定其轴向位置。被测零件回转一周，指示表最大差值的一半，即为该横截面的圆度误差。按上述方法，重复测量若干个横截面，取其中最大的误差值作为被测零件的圆度误差。此法适用于奇数棱圆的圆度误差的测量

（4）圆柱度误差的检测（表 3-22）

表 3-22　圆柱度误差的检测方法

检测方法	检测设备	图　例	说　明
圆度仪测量法	圆度仪（或其他类似量仪）	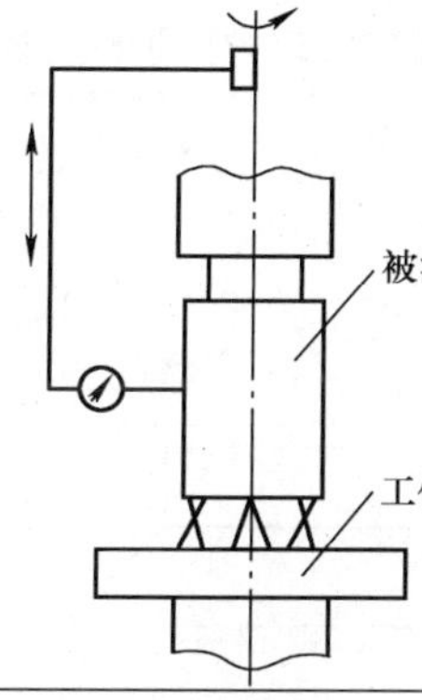	将被测零件的轴线调整到与圆度仪的轴线同轴，然后记录被测零件回转一周过程中测量截面上各点的半径差 在测头没有径向偏移的情况下，按需要重复上述方法，测量若干个横截面 由计算机按最小条件确定圆柱度误差，也可以用极坐标图近似地求出圆柱度误差
V 形架测量法	指示表、比较仪、V 形架	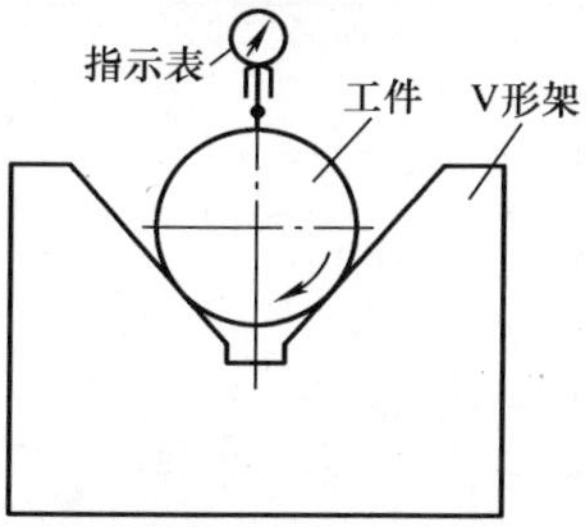	将 V 形架放在平板上，被测零件放在比它长的 V 形架上 被测零件回转一周，测取一个横截面上的最大读数与最小读数 按上述方法，重复测量若干个横截面，取其各截面所测得的最大读数与最小读数之差的一半作为被测零件的圆柱度误差。此法适用于奇数棱圆的圆柱度误差的测量

（5）线轮廓度和面轮廓度误差的检测（表 3-23）

表 3-23　线轮廓度和面轮廓度误差的检测方法

检测方法	检测设备	图　例	说　明
样板比较法	截面轮廓样板	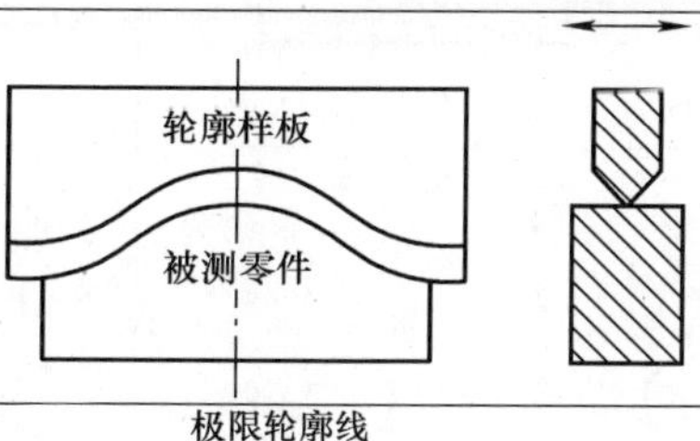	用样板模拟拟合曲线，与提取（实际）轮廓进行比较，根据样板与被测轮廓之间的光隙评定线轮廓度误差。检验时，应使两轮廓之间的最大光隙为最小（最小条件），将这时的最大光隙作为线轮廓度误差
投影法	轮廓投影仪	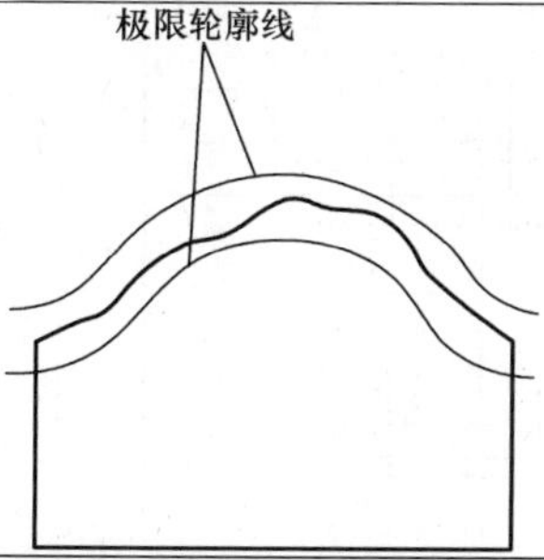	将被测轮廓投射在投影屏上与极限轮廓相比较，实际轮廓的投影应在极限轮廓线之间。此法适用于测量尺寸较小的薄零件
三坐标测量法	三坐标测量仪	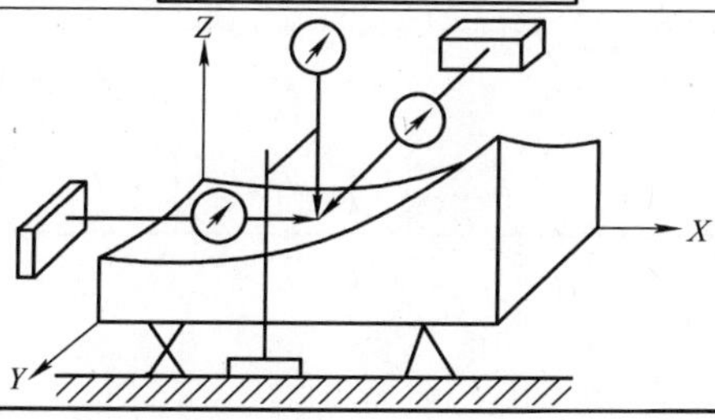	将被测零件放置在仪器工作台上，并进行正确定位。测出实际曲面轮廓上若干个点的坐标值，并将测得的坐标值与理想轮廓的坐标值进行比较，取其中差值最大的绝对值的两倍作为该零件的面轮廓度误差

2. 方向误差的检测

(1) 平行度误差的检测（表3-24）

表3-24 平行度误差的检测方法

检测方法	检测设备	图 例	说 明
用指示表法测量面对面的平行度误差	平板、带指示表的表架	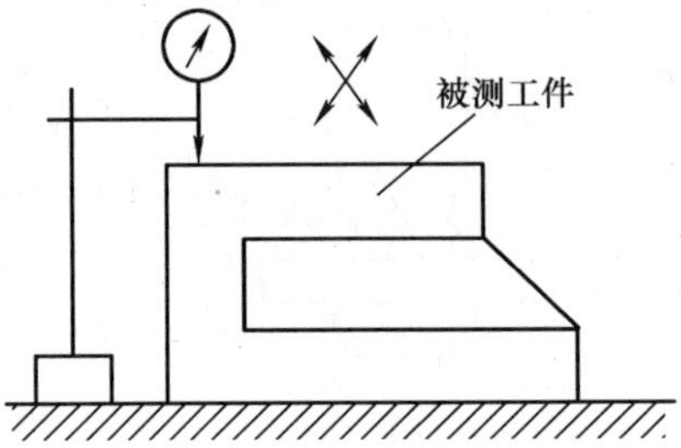	将被测零件放在平板上，在整个被测面上按规定的测量线进行测量，取指示表最大读数与最小读数之差作为该零件的平行度误差
用指示表法测量面对线的平行度误差	平板、心轴、等高支承、带指示表的表架	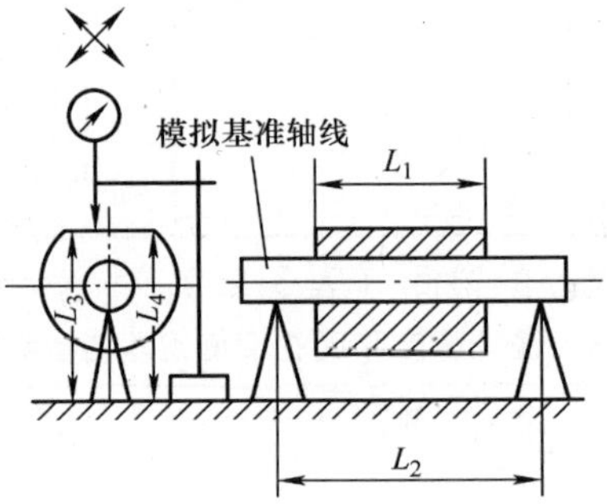	基准轴线用心轴模拟，将被测零件放在与心轴等高的支承上。转动该零件，使 $L_3=L_4$，然后测量整个提取（实际）表面，并记录读数。取整个测量过程中指示表的最大读数与最小读数之差作为该零件的平行度误差
用指示表法测量线对线的平行度误差	平板、心轴、等高支承、带指示表的表架	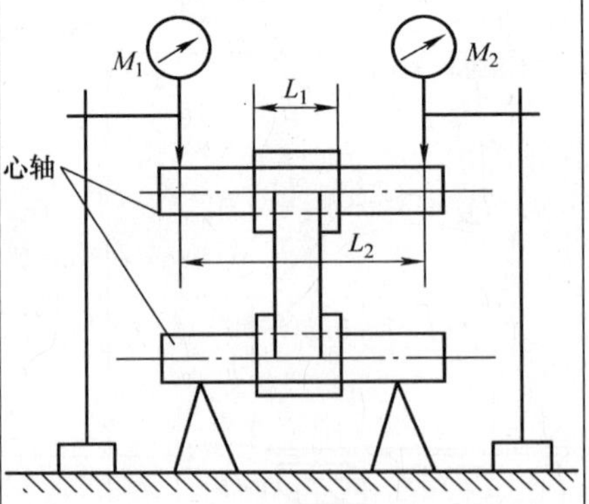	基准轴线和提取（实际）轴线用心轴模拟。将被测零件放在等高支承上，在选定长度 L_2 的两端位置上测得指示表的读数 M_1 和 M_2，则平行度误差为 $f_x=\frac{L_1}{L_2}\lvert M_1-M_2\rvert$ 式中，L_1、L_2 为被测线长度 按上述方法测得另一个方向上的平行度误差为 $f_y=\frac{L_1}{L_2}\lvert M_1-M_2\rvert$ 计算轴线的平行度误差得 $f=\sqrt{f_x^2+f_y^2}$

(2) 垂直度误差的检测（表3-25）

表 3-25　垂直度误差的检测方法

检测方法	检测设备	图　例	说　明
用指示表法测量面对面的垂直度误差	平板、带指示表的表架、直角座	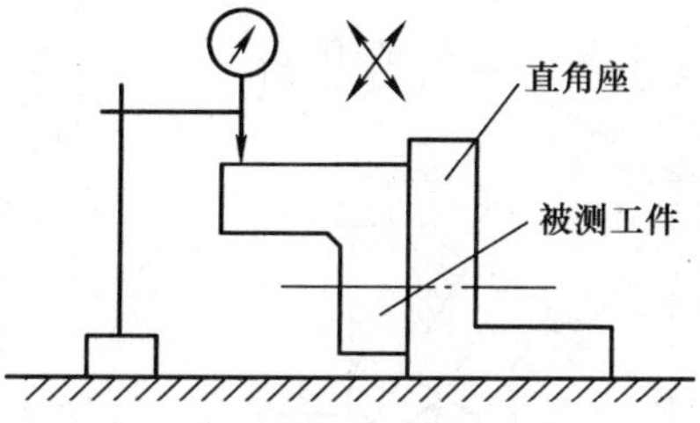	将被测零件固定在直角座上，直角座放在平板上 调整靠近基准的被测表面的读数差为最小，然后计算出指示表在整个被测表面各点测得值的最大读数和最小读数之差，即为测量平面对基准平面的垂直度误差
用指示表法测量面对线的垂直度误差	平板、导向块、支承、带指示表的表架	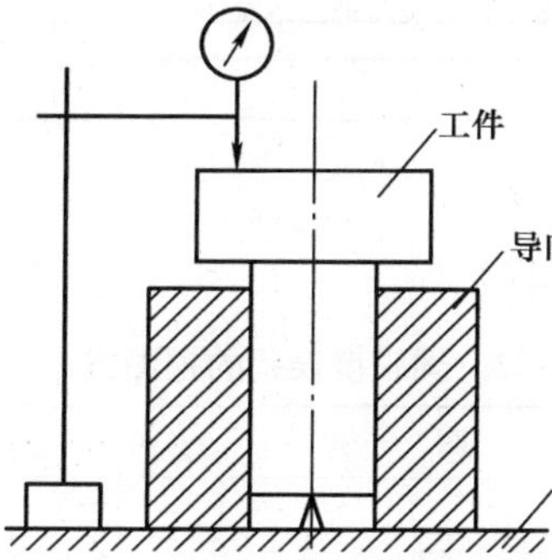	将被测零件置于导向块内，基准由导向块模拟。在整个被测面上测量，所得数值中的最大读数差即为垂直度误差
用指示表法测量线对线的垂直度误差	心轴、支承、带指示表的表架、90°角尺	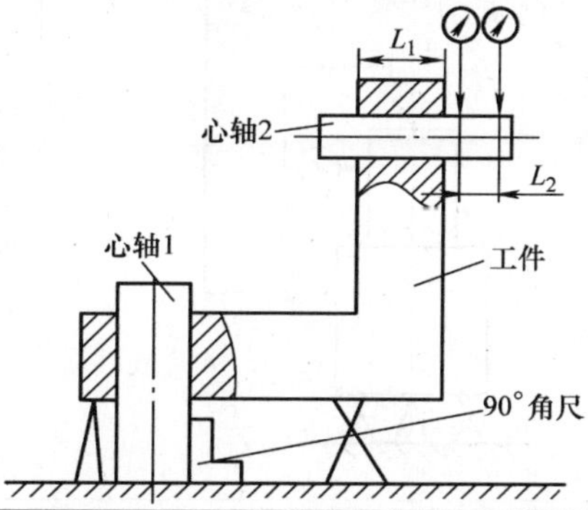	基准轴线和被测轴线由心轴模拟。转动基准心轴，在距离为 L_2 的两个位置上，测得的数值分别是 M_1 和 M_2，则在 L_1 长度上的垂直度误差为 $f=\frac{L_1}{L_2}\lvert M_1-M_2\rvert$

（3）倾斜度误差的检测（表 3-26）

表 3-26　倾斜度误差的检测方法

检测方法	检测设备	图　例	说　明
用指示表法测量面对面的倾斜度误差	平板、定角座、支承（正弦规）、带指示表的表架	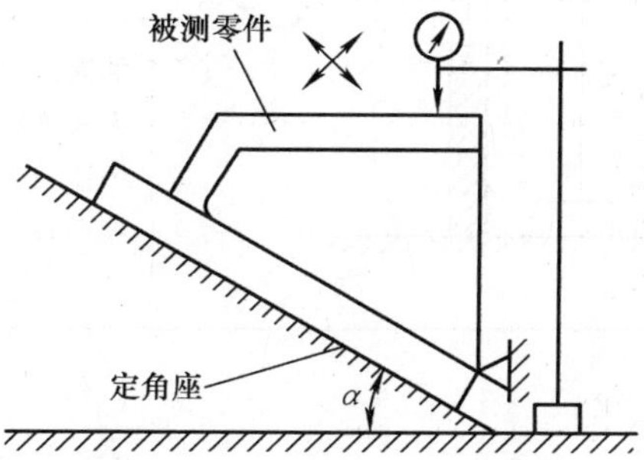	将提取（实际）零件置于定角座上，调整提取（实际）零件，使整个提取（实际）表面的读数为最小。取指示表最大读数与最小读数的差值，作为该零件的倾斜度误差 定角座可用正弦规代替

（续）

检测方法	检测设备	图　例	说　明
用水平仪测量线对线的倾斜度误差	平板、定角座、支承、心轴、带指示表的表架	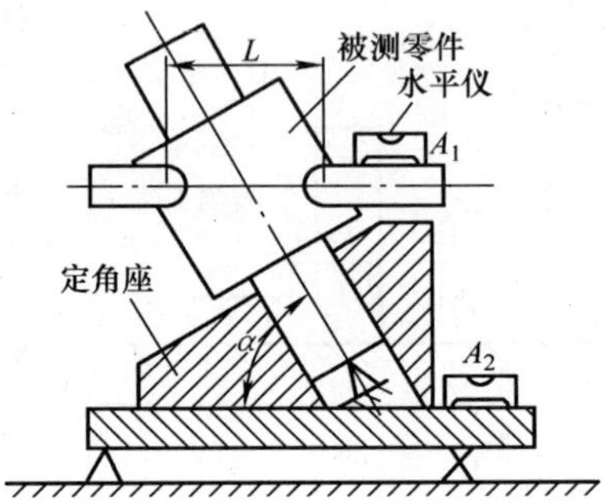	调整平板，使其处于水平位置，并用心轴模拟提取（实际）中心线，调整提取（实际）零件，使心轴的右侧处于最长的位置。用水平仪在心轴和平板上测得的数值分别为 A_1 和 A_2，则倾斜度误差为 $\|A_1 - A_2\|iL$ 式中，i 为水平仪的分度值；L 为被测孔的长度（mm）

3. 位置误差的检测

（1）同轴度误差的检测（表 3-27）

表 3-27　同轴度误差的检测方法

检测方法	检测设备	图　例	说　明
指示表法	径向变动测量装置、记录器或计算机、固定和可调支承	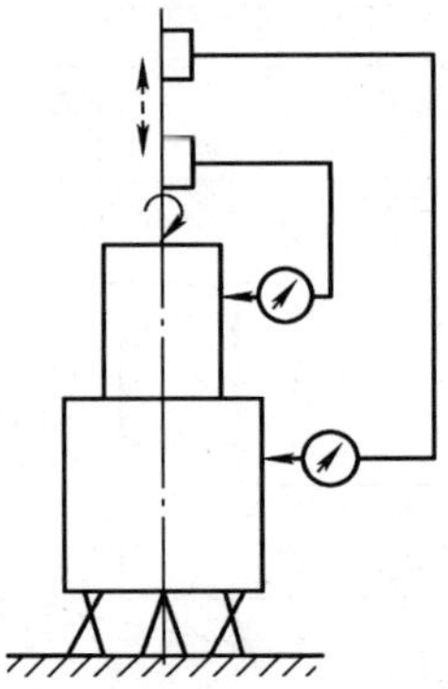	调整被测零件，使基准轴线与仪器主轴的回转轴线同轴。测量被测零件的基准和被测部位，并记下在若干横截面上测量的各轮廓图形。根据截面图形，按定义经计算求出基准轴线至被测轴线最大距离的两倍，即为同轴度误差
指示表法	平板、刃口状 V 形架、带指示表的表架	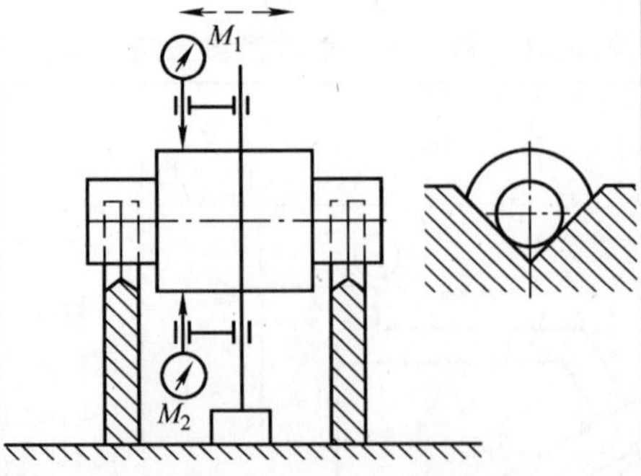	将被测零件基准轮廓要素的中剖面放置在两个等高的刃口状 V 形架上，并轴向定位。沿圆柱的轴剖面移动两指示表，取各对应点的读数差 $\|M_1 - M_2\|$ 的最大值作为该横截面内的同轴度误差。转动被测件，按上述方法测量若干个横截面，取各横截面中读数差的最大值作为该零件的同轴度误差

（2）对称度误差的检测（表 3-28）

表 3-28　对称度误差的检测方法

检测方法	检测设备	图　例	说　明
用指示表法测量面对面的对称度误差	平板、带指示表的表架	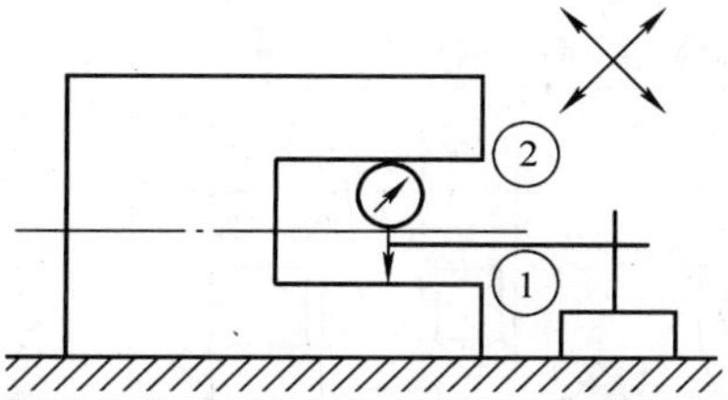	将零件放在平板上，测量被测表面与平板之间的距离。将零件翻转后，测量另一被测表面与平板之间的距离。取测量截面内对应两测点的最大差值作为对称度误差
用指示表法测量面对线的对称度误差	平板、带指示表的表架、V形架、定位块	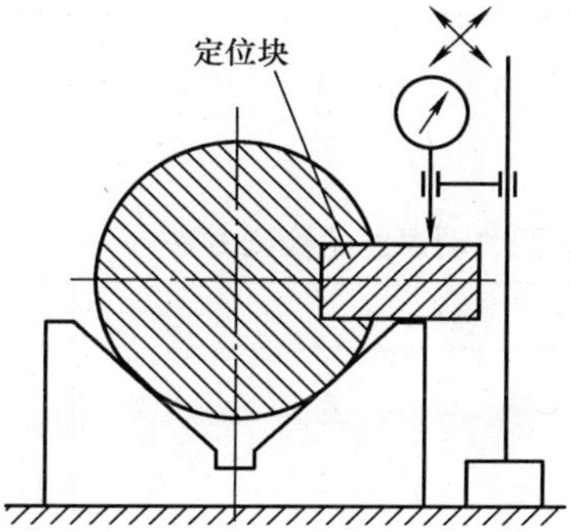	基准轴线由V形架模拟，被测中心平面由定位块模拟 调整被测零件，使定位块沿径向与平板平行。测量定位块与平板之间的距离，再将被测零件翻转180°后，在同一截面上重复上述测量。该截面上、下两对应点读数差的最大值为 a，则该截面的对称度误差为 $\Delta_{截} = \dfrac{a\dfrac{h}{2}}{R-\dfrac{h}{2}} = \dfrac{ah}{d-h}$ 式中，R 为轴的半径；h 为槽深；d 为轴的直径 沿键槽长度方向测量，取长度方向两点的最大读数差为长度方向的对称度误差，即 $\Delta_{长} = a_{高} - a_{低}$ 取两个方向误差值的最大者为该零件的对称度误差

（3）位置度误差的检测（表 3-29）

表 3-29　位置度误差的检测方法

检测方法	检测设备	图例	说　明
用直角坐标法测量位置度误差	坐标测量装置、指示表、心轴	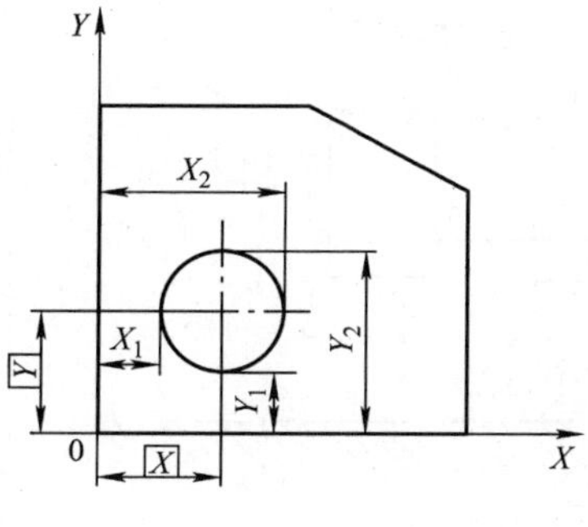	按基准调整被测零件，使其与测量装置的坐标方向一致，将心轴无间隙地安装在被测孔中，用心轴轴线模拟被测孔的实际轴线。在靠近被测零件的端面处测得 X_1、X_2、Y_1、Y_2，按下式分别计算坐标尺寸 X、Y，$X = \dfrac{X_1 + X_2}{2}$，$Y = \dfrac{Y_1 + Y_2}{2}$，将 X、Y 分别与相应的理论正确尺寸比较，得出差值 f_X、f_Y，则被测点的位置度误差为 $f = 2\sqrt{f_X^2 + f_Y^2}$ 按上述方法测量被测孔的另一端，取两端测量中所得的较大误差值作为该零件的位置度误差

（续）

检测方法	检测设备	图例	说　明
直接用综合量规检验	综合量规	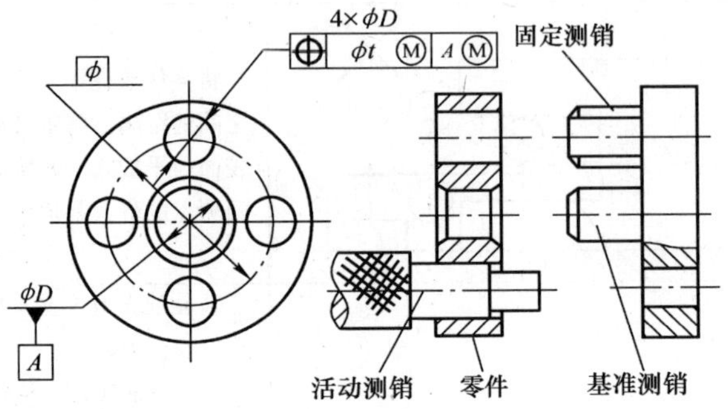	测量时，将检验量规的基准测销和固定测销插入零件中，再将活动测销插入其他孔中，如果都能插入零件和量规的对应孔中，就能判断孔的位置度合格

4. *跳动误差的检测*

（1）圆跳动误差的检测（表 3-30）

表 3-30　圆跳动误差的检测方法

检测方法	检测设备	图　例	说　明
用双 V 形架测量径向圆跳动误差	V 形架、指示表	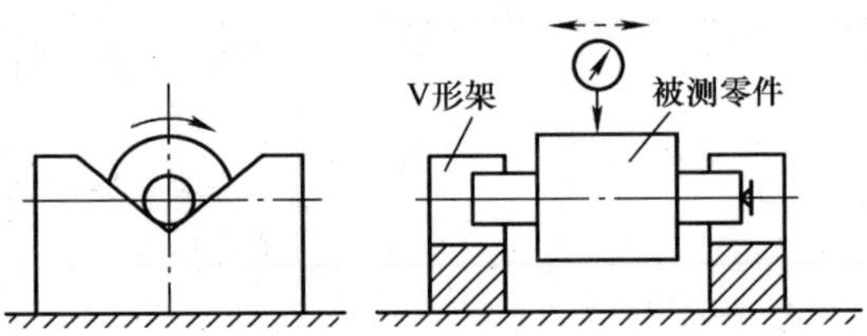	基准轴线由 V 形架模拟，将被测零件轴向定位，使指示表测头垂直于基准轴线。在被测零件回转一周的过程中，指示表读数的最大差值为所测平面的径向圆跳动误差 按上述方法测量若干个横截面，取各横截面读数的最大差值作为该零件的径向圆跳动误差
用指示表法测量轴向圆跳动误差	V 形架、指示表	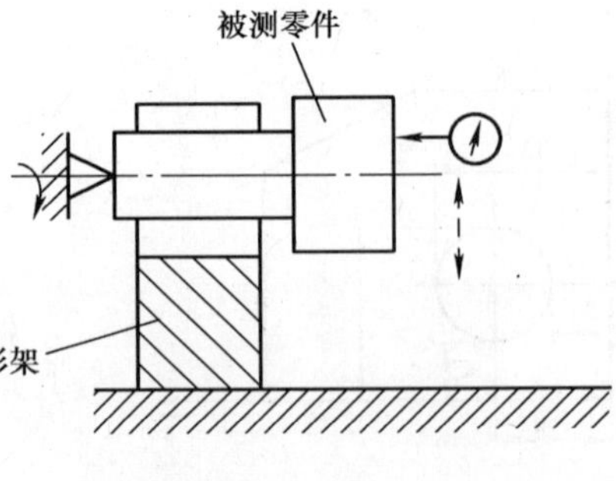	基准轴线由 V 形架模拟，将被测零件轴向定位，使指示表平行于基准轴线。在被测零件回转一周的过程中，指示表读数的最大差值为所测平面的轴向圆跳动误差 按上述方法测量若干个横截面，取各横截面读数的最大差值作为该零件的轴向圆跳动误差

（续）

检测方法	检测设备	图　　例	说　　明
用指示表法测量斜向圆跳动误差	导向套筒、指示表	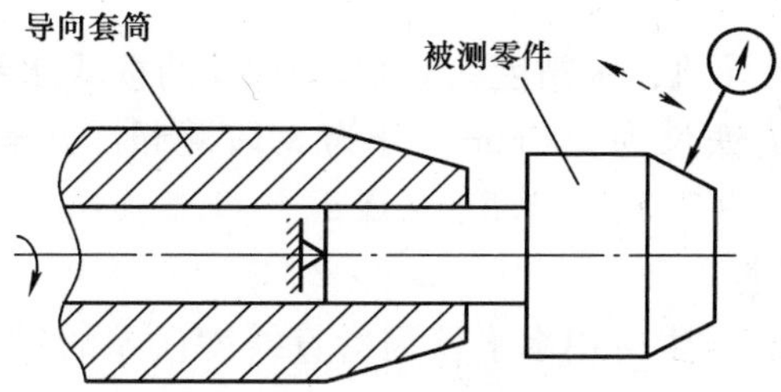	用导向套筒来模拟基准轴线。将被测零件装在导向套筒内，并进行轴向定位，使指示表测头垂直于被测表面。在被测零件回转一周的过程中，指示表读数的最大差值为所测平面的斜向圆跳动误差 按上述方法测量若干个横截面，取各横截面读数的最大差值作为该零件的斜向圆跳动误差

（2）全跳动误差的检测（表3-31）

表3-31　全跳动误差的检测方法

检测方法	检测设备	图　　例	说　　明
用指示表法测量径向全跳动误差	V形架、指示表、平板	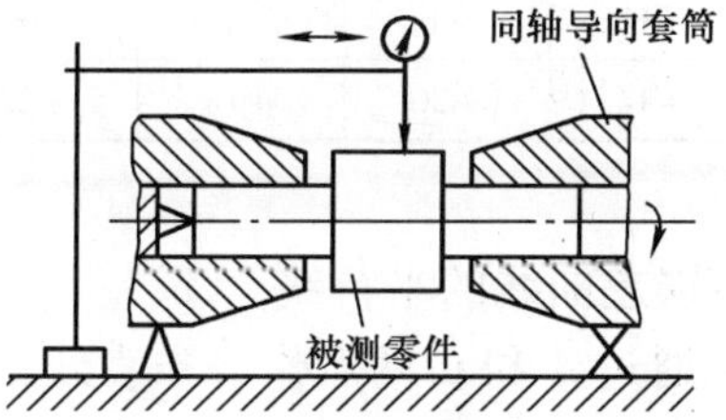	将被测零件固定在两同轴导向套筒内，同时在轴向固定并调整两导向套筒，使其同轴并与平板平行。在被测零件连续旋转的过程中，同时让指示表沿基准轴线的方向做直线移动，使指示表测头在外圆表面的整个表面划过，取指示表最大读数和最小读数的差值作为被测要素的径向全跳动误差。基准轴线也可以采用两个V形架或两个顶尖来实现
用指示表法测量轴向全跳动误差	V形架、指示表、平板	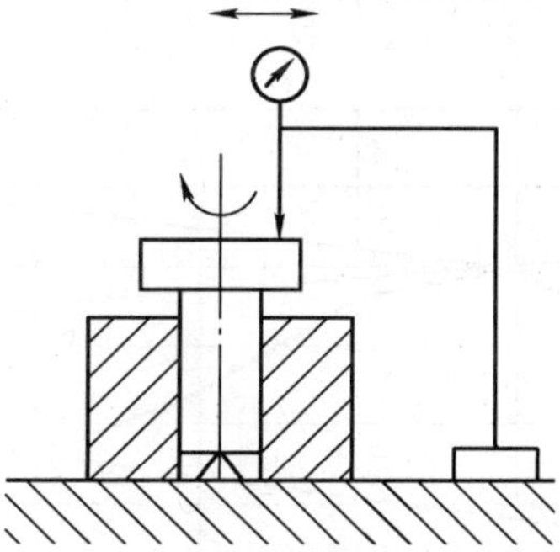	将被测零件支承在导向套筒内，并在轴向固定，导向套筒的轴线应与平板垂直。在被测零件连续旋转的同时，指示表沿其径向轴线做直线移动，使指示表测头在端面的整个表面划过，取指示表最大读数和最小读数的差值作为被测要素的轴向全跳动误差

【考点分析】

［**例10**］　单选题

用两点法测量圆度误差的方法符合的（　　）。

A. 测量坐标值原则　　B. 测量特征参数原则　　C. 测量跳动原则

D. 控制实效边界原则

【解题指导】此题主要考查学生对两点法测量圆度误差的理解情况。用两点法测量圆度误差即在一个横截面内的几个方向上测量特征参数直径，取最大直径与最小直径差的1/2作为圆度误差。

【参考答案】B

［例11］ 长为1600mm的导轨，用精度为0.02/1000的框式水平仪测量导轨在铅垂平面内的直线度误差。水平仪垫铁长为200mm，分为8段测量。用绝对读数法，每段读数（单位：mm）依次为：0、+1、+2.5、+1.5、−0.5、−1.5、−1、+0.5、+1.5。试用最小条件法评定导轨的直线度误差。

【解题指导】此题主要考查学生对用水平仪测量直线度误差的原理的理解及对直线度误差的评定方法的掌握情况。

【参考答案】

1）首先将读数值进行累加，累加值见表3-32。其次按累加值作出导轨直线度误差曲线图（图3-32），以 X 轴为点序，横坐标按适当比例缩小；Y 轴为累加值，累加值按适当比例放大。

表3-32 直线度测量数据及数据处理

测点序号	0	1	2	3	4	5	6	7	8
水平仪读数值	0	+1	+2.5	+1.5	−0.5	−1.5	−1	+0.5	+1.5
相对高度/μm	0	+4	+10	+6	−2	−6	−4	+2	+6
累加值/μm	0	+4	+14	+20	+18	+12	+8	+10	+16

2）按不同的包容方式作包容误差曲线的平行线。

第一组包容线（点画线）：先通过 A 和 C 两点作一条直线，再通过0点作 AC 的平行线，测得直线度误差 $f_1=22.4\mu m$。

第二组包容线（细实线）：先通过0和 B 两点作一条直线，再通过 A 点作 $0B$ 的平行线，测得直线度误差 $f_2=15.8\mu m$。

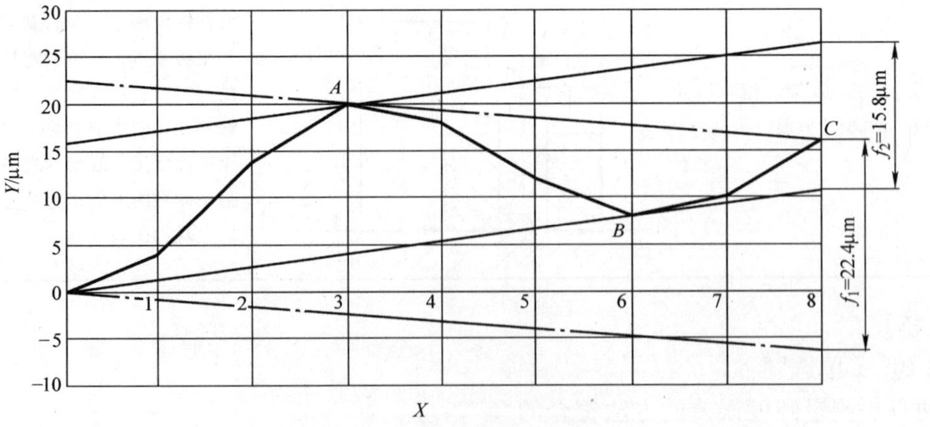

图3-32 直线度误差值的评定

$f_1 > f_2$，所以导轨在垂直面内的直线度误差为 0.0158mm。

［**例 12**］　试述图 3-33 所示轴类零件的径向圆跳动误差的检测方法。

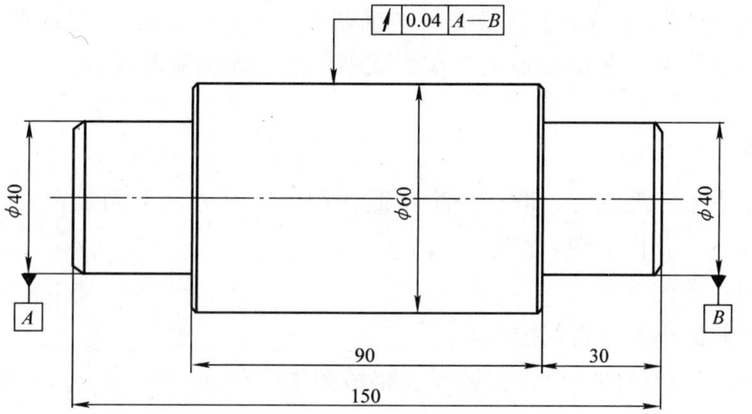

图 3-33　轴类零件

【解题指导】 此题主要考查学生对径向圆跳动公差概念的理解及对径向圆跳动误差测量方法的掌握情况。

【参考答案】 测量时，用偏摆仪的两顶尖来模拟体现公共基准轴线。测量器具包括百分表、表座、表架、偏摆仪。

测量步骤如下：

1）将工件安装在偏摆仪的两顶尖间，公共基准轴线由两顶尖来模拟，如图 3-34 所示。

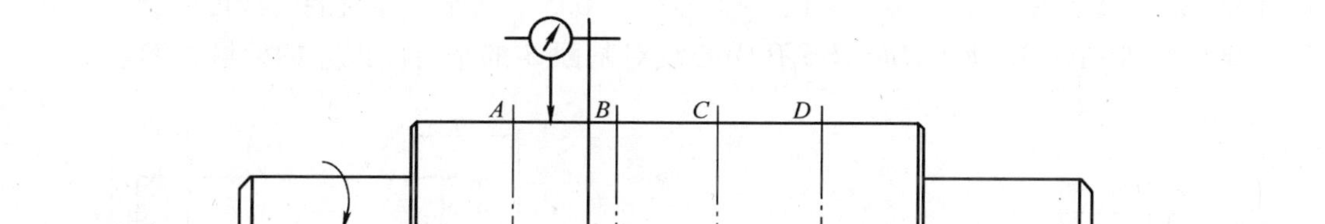

图 3-34　测量轴类零件径向圆跳动误差的示意图

2）安装好百分表、表座、表架，调节百分表，使测头与工件表面接触，保持垂直，将指针调零，且有一定的压缩量。

3）缓慢而均匀地转动工件一周，记录百分表的最大读数 M_{max} 与最小读数 M_{min}。

4）按上述方法，测量四个不同横截面（横截面 A、B、C、D），取各横截面测得的最大读数 M_{max} 与最小读数 M_{min} 差值的最大值作为该零件的径向圆跳动误差。

【习题练习】

一、填空题

1. 用两点法测量圆度误差，即在一个横截面内的几个方向上测量直径，取最大直径与最小直径差的________作为圆度误差。

2. 评定几何误差的准则是________。

3. 平面度误差最小条件判别准则有________、________ 和________。

4. 用指示表法测量径向全跳动误差时，将被测零件放在 V 形架上，基准轴线由 V 形架模拟，轴向通过圆球支承定位，使指示表测头________基准轴线。使被测零件缓慢回转，同时指示表沿________移动，使指示表测头在外圆表面的整个表面划过，取指示表最大读数和最小读数的________ 作为被测要素的径向全跳动误差。

二、简答题

1. 用水平仪测量导轨铅垂平面内直线度误差的方法。

2. 试述图 3-35 所示垂直度误差的测量方法。

三、综合题

1. 长为 1600mm 的导轨，用精度为 0.02/1000 的框式水平仪测量导轨在铅垂平面内的直线度误差。水平仪垫铁长为 200mm，分为 8 段测量。用绝对读数法，每段读数（单位：mm）依次为：+1、+1、+2、0、-1、-1、0、-0.5。试评定导轨的直线度误差。

2. 试设计如图 3-36 所示，ϕ30H6 孔中心线对基面 B 的平行度误差的检测方案。

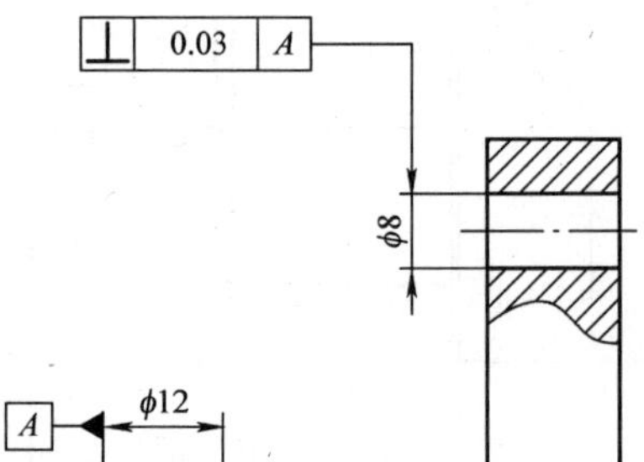

图 3-35　垂直度误差的测量

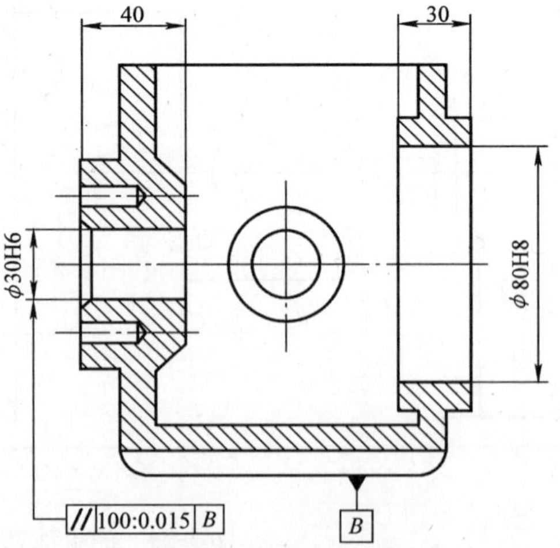

图 3-36　箱体零件

【参考答案】

一、填空题

1. 1/2

2. 最小条件

3. 三角形准则　交叉准则　直线准则

4. 垂直于　　轴线方向做直线　差值

二、简答题

1. **答**：用水平仪测量导轨铅垂平面内直线度误差的方法如下：

1）用一定长度的垫铁安放水平仪，不能直接将水平仪安放在导轨被测表面上。

2）将水平仪置于导轨中间，调平导轨。

3）将导轨分为若干段，其长度应与垫铁长度相适应。然后从左向右依次首尾相连逐段测量导轨，逐一读出水平仪的读数，进行记录。

4）将记录的数据逐点累积，绘制出导轨在铅垂平面内的直线度误差曲线图，然后用最小包容法或两端点连线评定导轨的直线度误差。

2. **答**：垂直度误差的测量方法：

用指示表法来测量被测轴线相对于基准轴线的垂直度误差。计量器具包括平板、百分表、表座、心轴、支承和90°角尺。

测量时用心轴1（图3-37）模拟基准直线A，它体现了基准的理想形状的位置。用心轴2模拟被测孔的轴线，体现实际被测要素的位置。

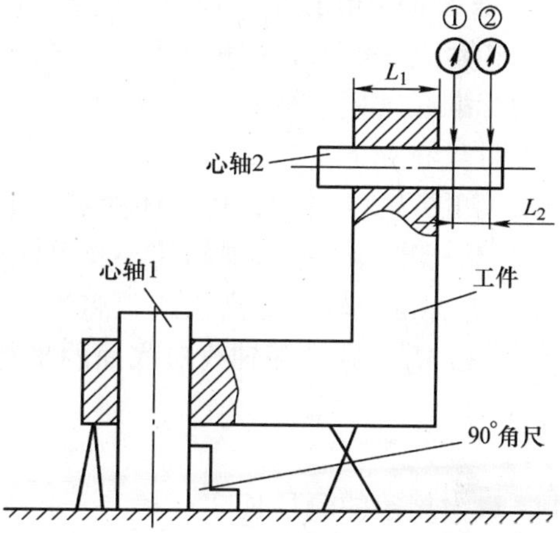

图3-37　简答题参考答案

测量步骤如下：

1）如图3-37所示，将被测零件夹紧在V形架上，将V形架安置在平板上，将百分表装在表架上。

2）利用90°角尺调整心轴，使它与平板垂直。

3）指示表在相距为L_2的①、②两处读数为M_1和M_2，则在L_1长度上，被测轴线相对于基准轴线的垂直度误差为：$f=\frac{L_1}{L_2}|M_1-M_2|$。

4）根据测量结果判断零件是否合格。

三、综合题

1. **答**：首先将读数值进行累加，累加值见表3-33。其次按读数作出导轨直线度误差曲线图（图3-38）。以X轴为点序，横坐标按适当比例缩小；Y轴为累加值，累加值按适当比例放大。用两端点连线评定直线度误差值。

表3-33　直线度测量数据及数据处理

测点序号	0	1	2	3	4	5	6	7	8
水平仪读数值	0	+1	+1	+2	0	−1	−1	0	−0.5
相对高度/μm	0	+4	+4	+8	0	−4	−4	0	−2
累加值/μm	0	+4	+8	+16	+16	+12	+8	+8	+6

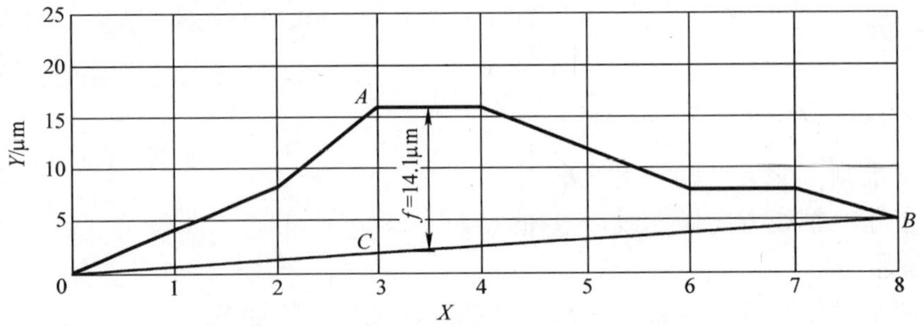

图 3-38　直线度误差值的评定

所以导轨在垂直面内的直线度误差为 0.0141mm。

2. **答**：ϕ30H6 孔中心线对基面 B 的平行度误差的检测方案如下：

用指示表法测量，测量器具有平板、心轴、杠杆百分表和表座。

用标准心轴模拟被测孔的中心线。

测量步骤如下：

1）如图 3-39 所示，将箱体放置在平板上，使箱体底面与平板面稳定接触。

2）将标准心轴插入被测孔，并以此模拟被测孔中心线。

3）在标准心轴的最高素线距离为 L_2 的 a、b 两点上进行测量。设两点上提取的示值分别为 M_a 和 M_b，则被测轴线对底面的平行度误差为

$$f=\frac{L_1}{L_2}|M_a-M_b|$$

式中，L_1 为规定的测量长度。

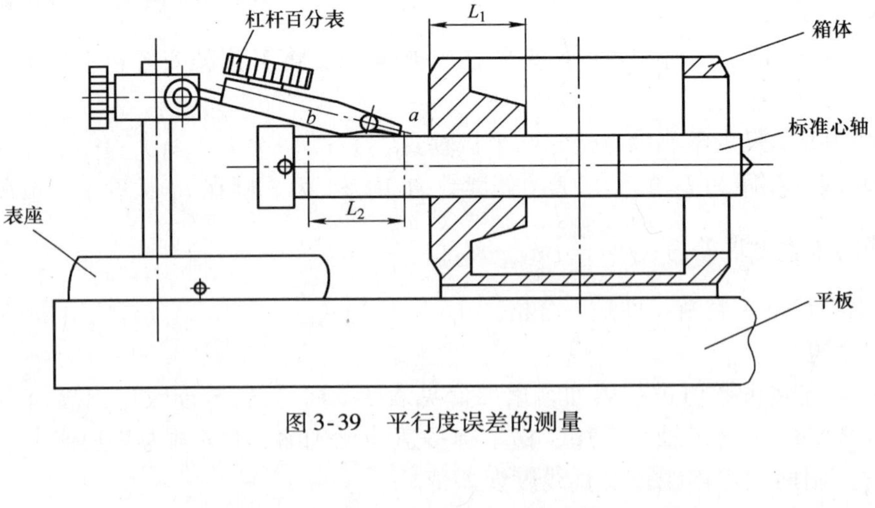

图 3-39　平行度误差的测量

第四单元　表面粗糙度及检测

【知识框架】

- 表面粗糙度及检测
  - 表面粗糙度的评定
    - 表面粗糙度概述
    - 表面粗糙度的评定参数
  - 表面粗糙度的代号及标注
    - 表面粗糙度的图形符号
    - 表面粗糙度代号
    - 表面粗糙度在图样上的标注方法
  - 表面粗糙度的选用及检测
    - 表面粗糙度的选用
    - 表面粗糙度的检测

第一节　表面粗糙度的评定

【学习要求】

1. 了解表面粗糙度的基本术语。
2. 了解表面粗糙度对机械零件使用性能和寿命的影响。
3. 掌握表面粗糙度的评定参数。

【学习内容】

一、表面粗糙度概述

1. *表面粗糙度的概念*

为了保证零件装配后的使用要求，要根据功能需要对零件的表面结构给出质量要求。表面结构是表面粗糙度、表面波纹度、表面缺陷、表面纹理和表面几何形状的总称。

在机械制造工业中，无论是采取机械加工的方法，还是其他方法得到的机械零件的表面，除存在尺寸误差外，还会存在各种几何形状误差。零件加工表面的几何形状误差通常分为以下三类。

1）宏观几何形状误差——形状误差，如直线度误差，主要是由机床几何精度方面的误差引起的加工误差。

2）微观几何形状误差——表面粗糙度，主要由刀具的运动轨迹、刀具与零件表面间的摩擦以及切屑分离时表面金属层的塑性变形引起的。

3）介于两者之间的几何形状误差——表面波纹度，主要是由加工过程中工艺系统的振动、发热和回转体不平衡等因素引起的。

图4-1所示为一加工平面实际轮廓的放大图。这三种误差通常以波形起伏的波距 λ 和幅

度 h 之比来划分，一般比值大于1000 的为形状误差；小于 40 的为表面粗糙度；介于两者之间的为表面波纹度。

表面粗糙度是指在机械加工中，由于切削刀痕、摩擦和塑性变形等原因在加工表面上所具有的较小间距和微小峰谷的高低不平的几何形状特征，如图 4-2 所示。表面粗糙度值越小，则表面越光滑。

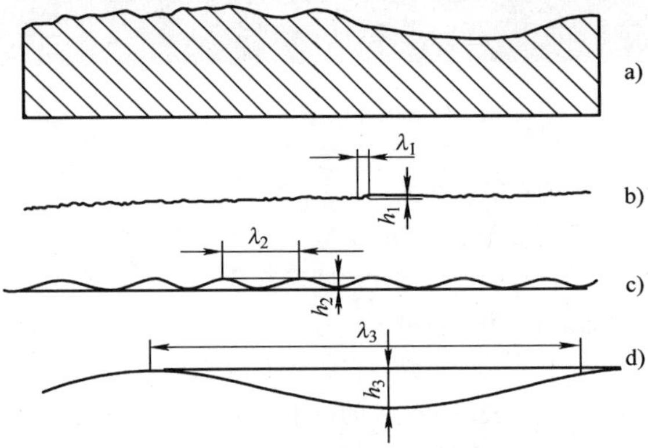

图 4-1　零件实际表面的几何误差

a）表面轮廓　b）表面粗糙度　c）表面波纹度　d）形状误差

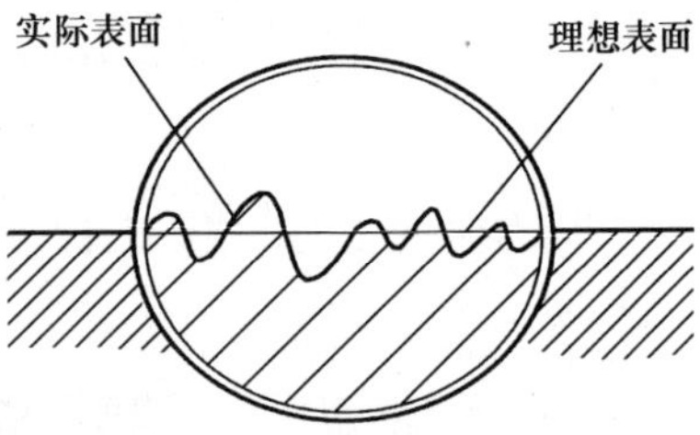

图 4-2　表面粗糙度的示意图

2. 表面粗糙度对零件使用性能的影响

表面粗糙度对机械零件的配合性质、工作精度、耐磨性、耐蚀性等有着十分密切的关系，它直接影响机器或仪器的可靠性和使用寿命。

（1）对耐磨性的影响　零件的实际表面越粗糙，其摩擦系数就越大，摩擦阻力也越大，使零件配合面的磨损加剧。

（2）对配合性质的影响　表面粗糙度会影响配合性质的可靠性和稳定性。对于间隙配合，粗糙表面的峰尖在工作过程中很快磨损，从而使间隙逐渐加大；对过盈配合，粗糙表面轮廓的波峰在装配时被挤平，使有效实际过盈减少，影响连接强度。

（3）对疲劳强度的影响　表面越粗糙，一般表面微观不平的凹痕就越深，交变应力作用下的应力集中就会越严重，越易造成零件抗疲劳强度的降低，从而导致失效。

（4）对耐蚀性的影响　粗糙的表面易使腐蚀性物质附于零件表面的微观凹谷处，且向零件表层渗透，加剧零件表面的锈蚀。

（5）对接触刚度的影响　表面越粗糙，表面间接触面积就越小，致使单位面积受力就增大，造成峰顶处的局部塑性变形加剧，接触刚度下降，影响机器工作精度和平稳性。

此外，表面粗糙度还影响接合面的密封性，影响产品的外观和表面涂层的质量等。

二、表面粗糙度的评定参数

为了提高产品的表面质量，促进互换性生产，并与国际标准接轨，我国制定了如下的表面粗糙度评定标准。

GB/T 3505—2009《产品几何技术规范（GPS）　表面结构　轮廓法　术语、定义及表面结构参数》。

GB/T 1031—2009《产品几何技术规范（GPS）表面结构　轮廓法　表面粗糙度参数及

其数值》。

GB/T 131—2006《产品几何技术规范（GPS）技术产品文件中表面结构的表示法》。

1. 基本术语和定义

（1）实际轮廓　实际轮廓是指平面与实际表面相交所得的轮廓，如图 4-3 所示。

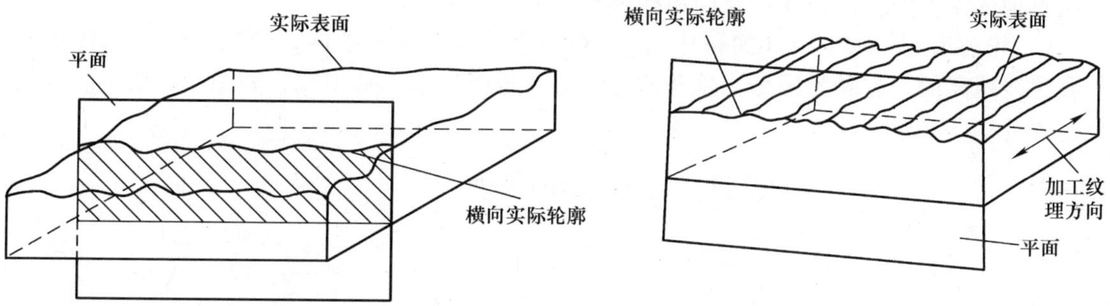

图 4-3　实际轮廓

按照所截方向的不同，它又可分为横向实际轮廓和纵向实际轮廓。在测量和评定表面粗糙度时，除非特别指明，通常均指横向实际轮廓，即与加工纹理方向垂直的轮廓。

（2）取样长度 *lr*　取样长度是指用于判别被评定轮廓在 *X* 轴方向的表面粗糙度特征的一段基准线长度，符号为 *lr*，如图 4-4 中 $l_1 \sim l_5$ 所示。规定取样长度的目的在于限制和减弱表面波纹度对表面粗糙度测量结果的影响。表面越粗糙，取样长度应越长。取样长度范围内至少应包含五个以上的波峰和波谷。取样长度的标准化值见表 4-1。

表 4-1　取样长度 *lr* 与评定长度 *ln* 的选用值

Ra/μm	*Rz*/μm	*lr*/mm	*ln* = 5*lr*/mm
0.008 ~ 0.02	0.025 ~ 0.1	0.08	0.4
0.02 ~ 0.1	0.1 ~ 0.5	0.25	1.25
0.1 ~ 2.0	0.5 ~ 10.0	0.8	4.0
2.0 ~ 10.0	10.0 ~ 50.0	2.5	12.5
10.0 ~ 80.0	50.0 ~ 320	8.0	40.0

（3）评定长度 *ln*　评定长度是指用于判别被评定轮廓的 *X* 轴方向上所必需的长度，它包括一个或几个取样长度，符号为 *ln*，如图 4-4 所示。

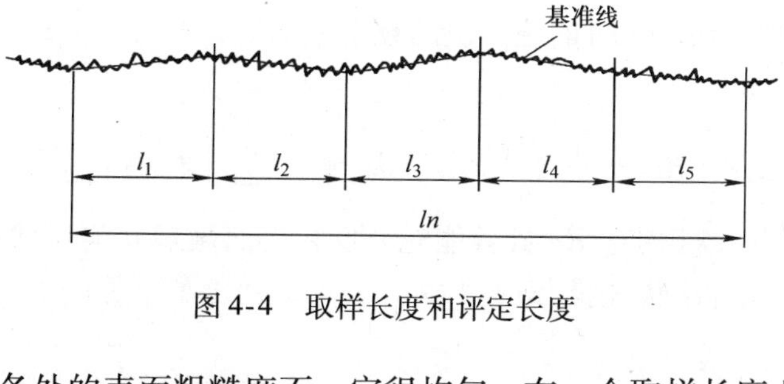

图 4-4　取样长度和评定长度

由于被测表面上各处的表面粗糙度不一定很均匀，在一个取样长度上往往不能合理地反映被测表面的粗糙度，所以需要在几个取样长度上分别测量，取其平均值作为测量结果。一般情况下 $ln=5lr$；对均匀性好的被测表面，可选 $ln<5lr$；对均匀性较差的被测表面，可选 $ln \geqslant 5lr$。

（4）基准线　基准线是用以评定表面粗糙度数值大小的一条参考线。国家标准规定以表面粗糙度轮廓中线作为评定表面粗糙度数值大小的基准线。

1）轮廓最小二乘中线（简称中线）。在一个取样长度范围内，使轮廓线上的各点至一条假想线距离的平方和为最小，这条假想线就是轮廓最小二乘中线，如图 4-5 所示。其数学表达式为

$$\int_0^{lr} Z^2(x)\,\mathrm{d}x = \min$$

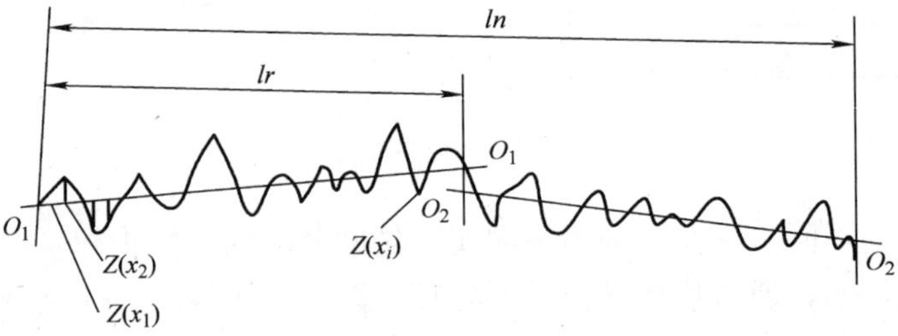

图 4-5　轮廓最小二乘中线

2）轮廓算术平均中线。在取样长度内，由一条假想线将实际轮廓分成上、下两部分，而且使上部分面积之和等于下部分面积之和，这条假想线就是轮廓算术平均中线，如图 4-6 所示。其数学表达式为

$$\sum_{i=1}^{n} A_i = \sum_{i=1}^{n} A'_i$$

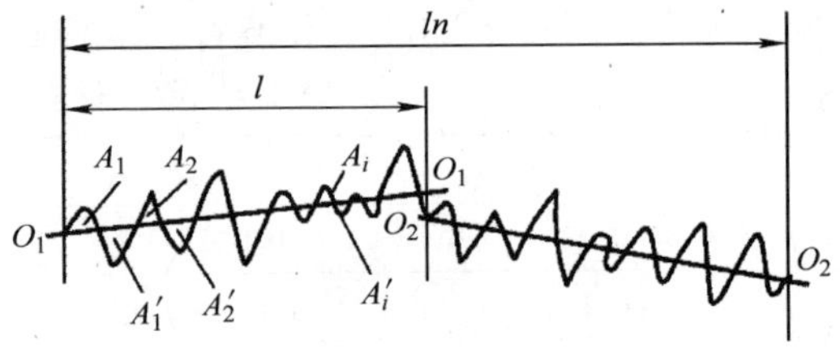

图 4-6　轮廓算术平均中线

2. 表面粗糙度的评定参数

为了全面反映表面粗糙度对零件使用性能的影响，国家标准中规定的评定表面粗糙度的参数有幅度参数、间距参数、混合参数以及曲线和相关参数等。

（1）幅度参数

1）轮廓算术平均偏差 Ra。轮廓算术平均偏差是指在一个取样长度 lr 范围内，被评定轮廓上各点至中线的纵坐标值 $Z(x)$ 的绝对值的算术平均值，符号为 Ra，如图 4-7 所示。其数学表达式为

$$Ra = \frac{1}{lr}\int_0^{lr} |Z(x)|\,\mathrm{d}x \approx \frac{1}{n}\sum_{i=1}^{n} |Z(x)|$$

Ra 值越大，则表面越粗糙。Ra 参数能充分反映表面微观几何形状高度方面的特征，并且测量方便，所以国家标准优先推荐选用 Ra。表 4-2 列出了常见的 Ra 值。

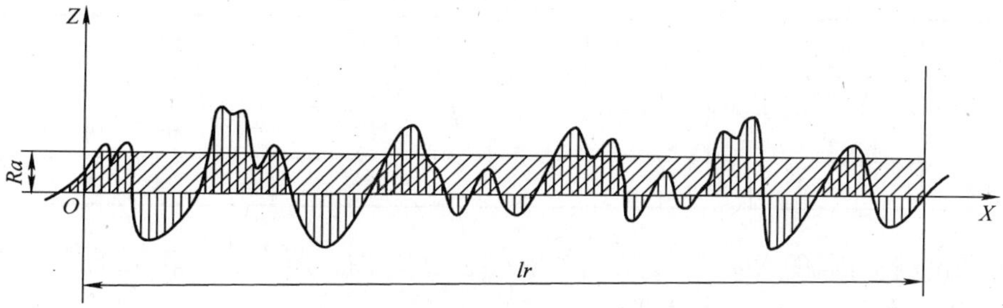

图 4-7　轮廓算术平均偏差 Ra

表 4-2　轮廓算术平均偏差 Ra 的数值　　（单位：μm）

Ra	0.012	0.2	3.2	50
	0.025	0.4	6.3	100
	0.05	0.8	12.5	—
	0.1	1.6	25	—

2）轮廓的最大高度 Rz。在一个取样长度范围内，被评定轮廓上各个高极点至中线的距离称为轮廓峰高，用符号 Zp_i 表示，其中最大的距离称为最大轮廓峰高 Zp；被评定轮廓上各个低极点至中线的距离称为轮廓谷深，用符号 Zv_i 表示，其中最大的距离称为最大轮廓谷深 Zv，如图 4-8 所示。

轮廓的最大高度是指在取样长度内，最大轮廓峰高 Zp 与最大轮廓谷深 Zv 之和，符号为 Rz。其数学表达式为

$$Rz = |Zp| + |Zv|$$

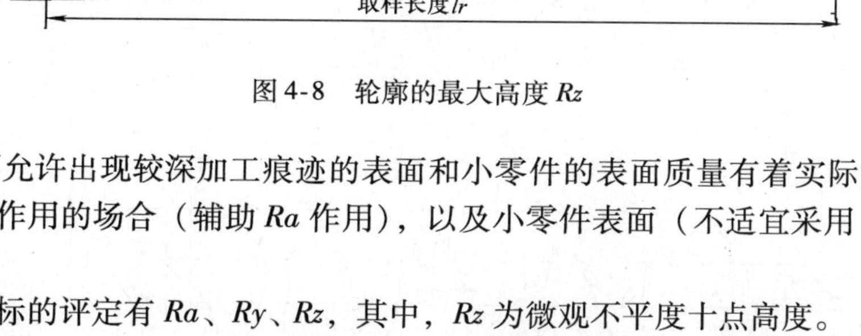

图 4-8　轮廓的最大高度 Rz

Rz 参数对不允许出现较深加工痕迹的表面和小零件的表面质量有着实际意义，主要应用于有交变载荷作用的场合（辅助 Ra 作用），以及小零件表面（不适宜采用 Ra）。Rz 数值见表 4-3。

注意：旧国标的评定有 Ra、Ry、Rz，其中，Rz 为微观不平度十点高度。

（2）间距参数　对于表面轮廓上的微小峰、谷的间距特征，通常采用轮廓单元的平均宽度来评定。如图 4-9 所示，一个轮廓峰与相邻的轮廓谷的组合称为轮廓单元，在一个取样长度范围内，中线与各个轮廓单元相交线段的长度称为轮廓单元的宽度，用符号 Xs_i 表示。

表 4-3 轮廓的最大高度 *Rz* 的数值 （单位：μm）

Rz	0.025	0.4	6.3	100	1600
	0.05	0.8	12.5	200	
	0.1	1.6	25	400	
	0.2	3.2	50	800	

轮廓单元的平均宽度 *Rsm* 是指在一个取样长度 *lr* 内，所有轮廓单元的宽度 Xs_i 的平均值，用符号 *Rsm* 表示。其数学表达式为

$$Rsm = \frac{1}{m}\sum_{i=1}^{m} Xs_i$$

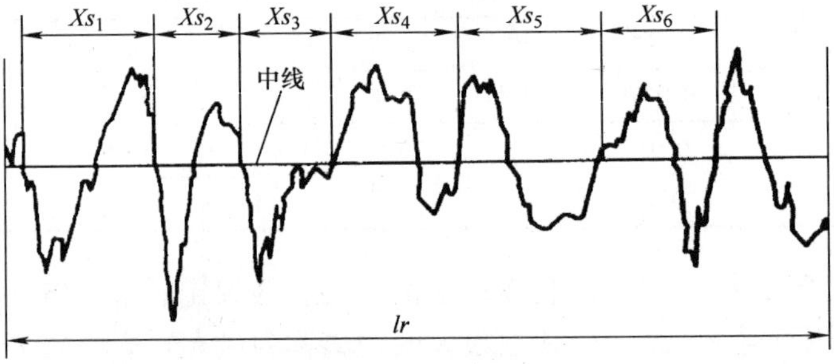

图 4-9 轮廓单元的平均宽度 *Rsm*

Rsm 是评定轮廓的间距参数，其值越小，轮廓表面越细密，密封性越好。*Rsm* 的数值见表 4-4。

表 4-4 轮廓单元的平均宽度 *Rsm* 的数值 （单位：mm）

Rsm	0.006	0.1	1.6
	0.0125	0.2	3.2
	0.025	0.4	6.3
	0.05	0.8	12.5

（3）曲线和相关参数 轮廓的支承长度率 *Rmr*（*c*）是指在给定水平截面高度 *c* 上的轮廓实体材料长度 *Ml*(*c*) 与评定长度 *ln* 的比率，如图 4-10 所示。其数学表达式为

$$Rmr(c) = \frac{Ml(c)}{ln}$$

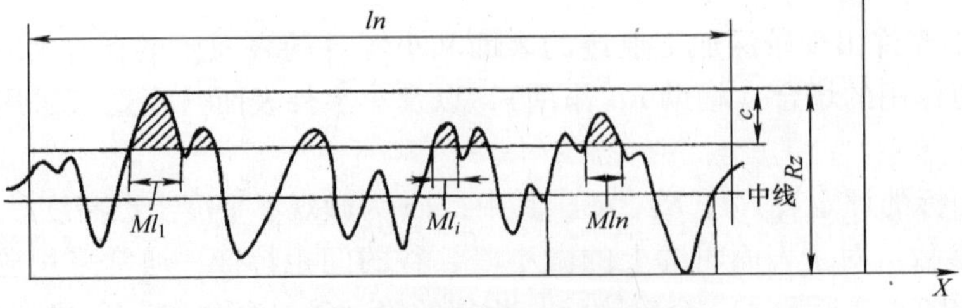

图 4-10 轮廓的支承长度率 *Rmr*（*c*）

当 c 一定时，$Rmr(c)$ 值越大，则支承能力和耐磨性越好。$Rmr(c)$ 的数值规定见表 4-5。

表 4-5　轮廓的支承长度率 Rmr（c）的数值（%）

$Rmr(c)$	10	15	20	25	30	40	50	60	70	80	90

【考点分析】

［**例 1**］　单选题

评定参数（　　）更能充分反映被测表面的实际情况。

A. 轮廓的最大高度　　　　B. 微观不平度十点高度

C. 轮廓算术平均偏差　　　D. 轮廓的支承长度率

【解题指导】此题主要考查学生对表面粗糙度主要评定参数的掌握情况。

轮廓算术平均偏差在生产中是评定零件表面结构质量的主要参数。Ra 参数能充分反映表面微观几何形状高度方面的特征，并且测量方便，所以国家标准优先推荐选用 Ra。

【参考答案】C

［**例 2**］　填空题

1. 零件加工表面的几何形状误差通常分为________、________和________三类。

【解题指导】此题主要考查学生对加工表面的几何形状误差的理解。

【参考答案】形状误差、表面粗糙度和表面波纹度

2. 轮廓算术平均偏差用________表示，轮廓的最大高度用________表示，轮廓单元的平均宽度用________表示（间距参数），轮廓的支承长度率用________表示。

【解题指导】此题主要考查对表面粗糙度评定参数符号的了解。

【参考答案】Ra Rz Rsm　$Rmr(c)$

［**例 3**］　简答题

表面粗糙度对零件的使用性能有什么影响?

【解题指导】此题主要考查学生对表面粗糙度对零件使用性能影响的掌握情况。

【参考答案】1）对耐磨性的影响。零件的实际表面越粗糙，其摩擦系数就越大，摩擦阻力也越大，使零件配合面的磨损加剧。

2）对配合性质的影响。表面粗糙度会影响配合性质的可靠性和稳定性。

3）对疲劳强度的影响。表面越粗糙，一般表面微观不平的凹痕就越深，交变应力作用下的应力集中就会越严重，越易造成零件抗疲劳强度的降低，从而导致失效。

4）对耐蚀性的影响。粗糙的表面易使腐蚀性物质附于零件表面的微观凹谷处，且向零件表层渗透，加剧零件表面的锈蚀。

5）对接触刚度的影响。表面越粗糙，表面间接触面积就越小，致使单位面积受力增大，造成峰顶处的局部塑性变形加剧，接触刚度下降，影响机器的工作精度和平稳性。此外，表面粗糙度还影响接合面的密封性，影响产品的外观和表面涂层的质量等。

【习题练习】

一、判断题

（　　）1. 表面粗糙度影响零件的配合性质。

（　　）2. 零件表面越粗糙，耐磨性越好。

（　　）3. 实际轮廓是指平面与实际表面相交所得的轮廓线。

（　　）4. *Ra* 值越大，则表面越粗糙。*Ra* 参数能充分反映表面微观几何形状高度方面的特征。

（　　）5. *Rsm* 是评定轮廓的幅度参数，其值越小，轮廓表面越细密。

二、单选题

1. 主要由刀具的运动轨迹、刀具与零件表面间的摩擦以及切屑分离时表面金属层的塑性变形引起的几何形状误差为（　　）。

A. 形状误差　　B. 表面粗糙度　　C. 表面波纹度　　D. 表面缺陷

2. 规定取样长度是为了（　　）。

A. 减少波纹度的影响　　B. 考虑加工表面的不均匀性

C. 测量方便　　D. 排除表面缺陷对测量的影响

3. 基本评定参数是依照（　　）来测定零件表面粗糙度轮廓的。

A. 波度　　B. 波距　　C. 波高　　D. 中线

4.（　　）是指在一个取样长度 lr 范围内，被评定轮廓上各点至中线的纵坐标值 $Z(x)$ 的绝对值的算术平均值。

A. *Ra*　　B. *Rz*　　C. *Rsm*　　D. $Rmr(c)$

三、填空题

1. 表面粗糙度对零件的使用性能的影响主要表现在________、________、________、________和________这五方面。

2. 取样长度是指用于判别具有________特征的一段________长度，符号为________。为限制和减弱________对表面粗糙度测量结果的影响，它一般至少包含________个轮廓峰和轮廓谷。

3. 评定长度是只用于判别________的 X 轴上方向的长度，符号为________。为了充分合理地反映表面的特性，通常 $ln =$ ________。

【参考答案】

一、判断题

1. √　2. ×　3. √　4. √　5. ×

二、单选题

1. B　2. A　3. D　4. A

三、填空题

1. 耐磨性　配合性质　疲劳强度　耐蚀性　接触刚度

2. 表面粗糙度　基准线　lr　表面波纹度　五

3. 被评定轮廓　ln　$5lr$

第二节　表面粗糙度的代号及标注

【学习要求】

1. 掌握表面粗糙度的符号、代号及含义。

2. 熟悉表面粗糙度的标注方法。

【学习内容】

一、表面粗糙度的图形符号

1. 图形符号及其含义

在图样中，可以用不同的图形符号来表示对零件表面粗糙度的不同要求。标注表面粗糙度的图形符号及其含义见表 4-6。

表 4-6　表面粗糙度的图形符号及其含义

符号名称	符号样式	含义及说明
基本图形符号		未指定工艺方法的表面；基本图形符号仅用于简化代号标注，当通过一个注释解释时可单独使用，没有补充说明时不能单独使用
扩展图形符号		用去除材料的方法获得表面，如通过车、铣、刨、磨等机械加工的表面；仅当其含义是“被加工表面”时可单独使用
		用不去除材料的方法获得表面，如铸、锻等；也可用于保持上道工序形成的表面，不管这种状况是通过去除材料还是不去除材料形成的
完整图形符号	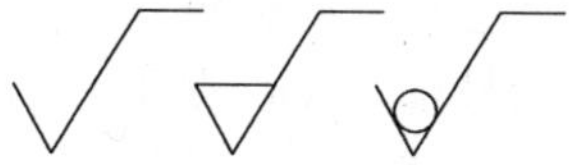	在基本图形符号或扩展图形符号的长边上加一横线，用于标注表面结构特征的补充信息
工件轮廓各表面图形符号	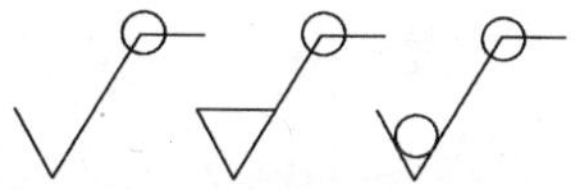	当在某个视图上组成封闭轮廓的各表面有相同的表面结构要求时，应在完整图形符号上加一圆圈，标注在图样中工件的封闭轮廓线上

2. 图形符号的画法及尺寸

图形符号的画法如图 4-11 所示，表 4-7 列出了图形符号的尺寸。

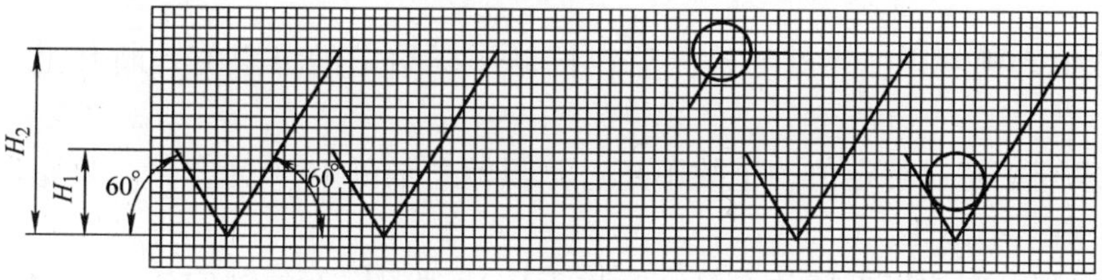

图 4-11　图形符号的画法

表 4-7　图形符号的尺寸　（单位：mm）

数字与字母的高度 h	2.5	3.5	5	7	10	14	20
高度 H_1	3.5	5	7	10	14	20	28
高度 H_2（最小值）	7.5	10.5	15	21	30	42	60

注：H_2取决于标注内容。

二、表面粗糙度代号

1. 表面粗糙度的字母代号

标注表面粗糙度参数时应使用完整的图形符号；在表面粗糙度符号上注写所要求的表面

特征参数后，即构成表面粗糙度代号。表面粗糙度完整图形符号的组成如图4-12所示。

（1）位置a　注写表面粗糙度的单一要求。标注表面粗糙度参数代号、极限值和取样长度。

（2）位置a和b　注写两个或多个表面粗糙度参数要求。

（3）位置c　注写加工方法、表面处理、涂层或其他加工工艺要求等，如车、磨和镀等加工方法。

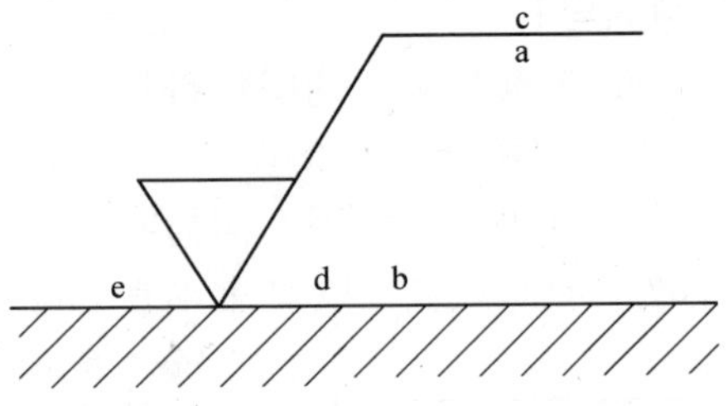

图4-12　表面粗糙度完整图形符号的组成

（4）位置d　注写表面纹理和方向。

（5）位置e　注写加工余量。

2. *表面粗糙度代号的标注要求*

（1）评定长度 ln 与取样长度 lr　默认评定长度由5个取样长度构成：$ln=5lr$。评定长度为默认时不标注。

（2）单向极限与双向极限　单向上限值为默认，不标注U；表示单向下限值，应在参数代号前加注L；表示双向极限，上限代号前加U，下限代号前加L；在不致引起歧义的情况下，可以不加U和L，如图4-13所示。

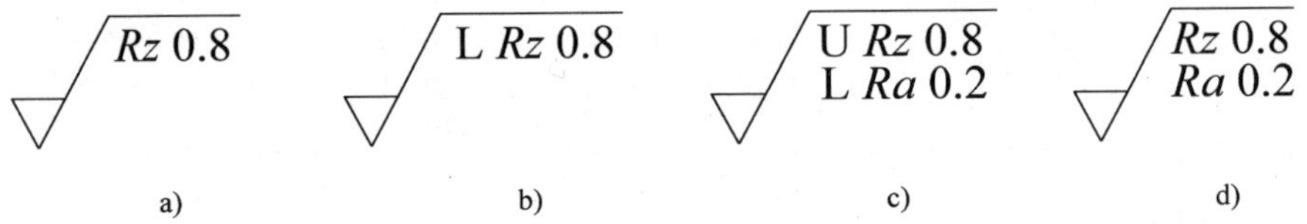

图4-13　单向极限与双向极限

a）单向上限　b）单向下限　c）双向极限　d）无歧义时

（3）极限值判断规则　零件经检测后，根据图样给定的极限值判断其是否合格，有两种规则。

1）16%规则。超过给定值的个数不超过测得值总数的16%为合格。这是所有表面结构要求的默认规则，不标注。

2）最大规则。在测得参数值中，一个也不应超过图样上的规定值。运用此规则，应在参数代号后面加注max。

即当参数代号后未注写“max”字样时，均默认为应用16%规则（如“*Ra*0.8”）。反之，则应用最大规则（如“*Ra*max0.8”）。

（4）传输带和取样长度　传输带是指长滤波器和短滤波器之间的波长范围。长波 λc 是取样长度，如图4-14所示。

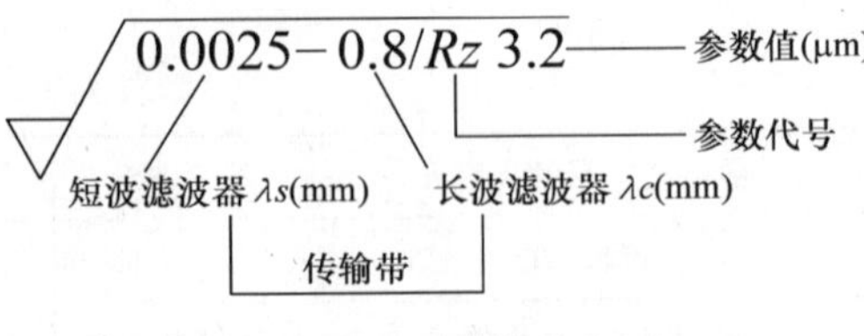

图4-14　传输带和取样长度

（5）加工方法或相关信息的标注　加工工艺等相关信息用文字标注在完整符号的横线上方，如图4-15所示。

（6）表面纹理及其方向　表面纹理及其方向通常由加工工艺决定，用规定的符号标注。注写所要求的表面纹理和纹理的方向，如“＝”“⊥”“M”“C”等，见表4-8。

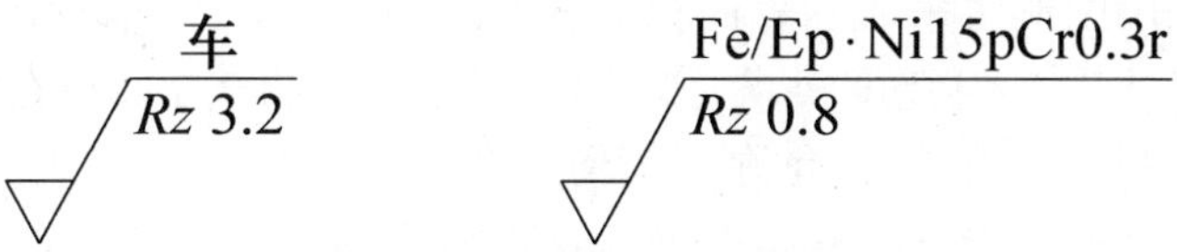

图 4-15　加工方法或相关信息的标注

表 4-8　表面纹理及其方向符号及示例图

符号	标注方法及示例	解释	符号	标注方法及示例	解释
=	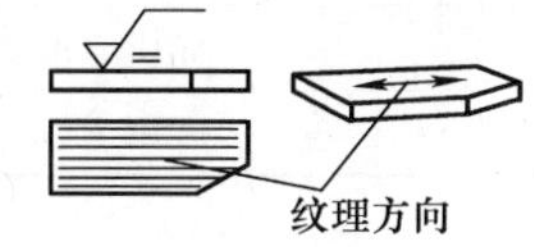	纹理平行于视图所在的投影面	M	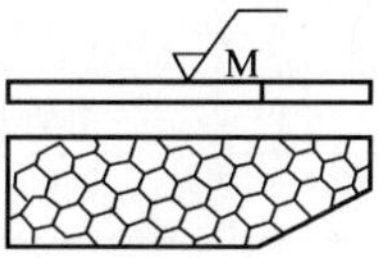	纹理呈多方向
			C	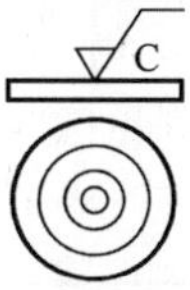	纹理呈近似同心圆且圆心与表面中心相关
⊥	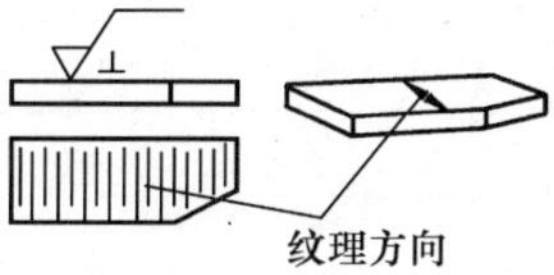	纹理垂直于视图所在的投影面	R		纹理呈近似放射状且与表面圆心相关
×	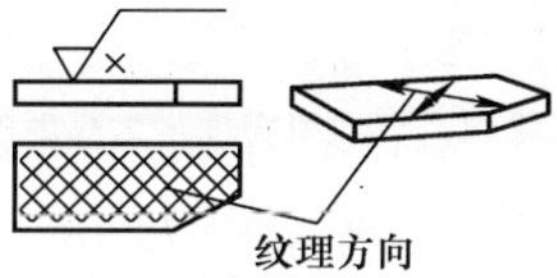	纹理呈两斜向交叉且与视图所在的投影面相交	P	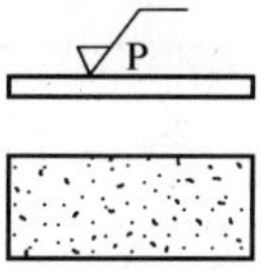	纹理呈微粒、凸起，无方向

（7）加工余量的注法　加工余量数值标注在完整符号的左边位置，可以和表面粗糙度要求一起标注，也可以是唯一的要求。如图 4-16 所示，加工余量为 3mm。

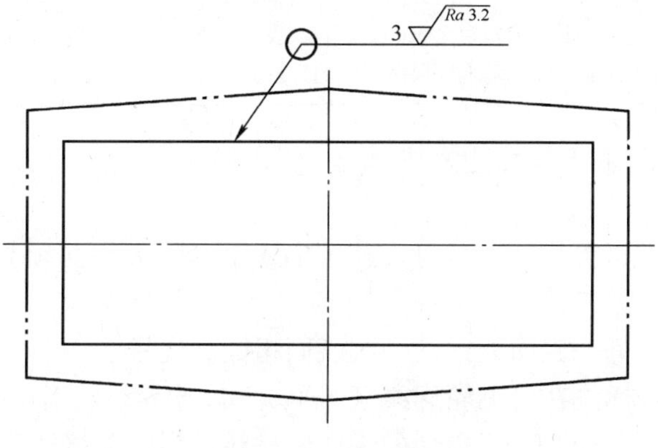

图 4-16　加工余量的标注

（8）表面粗糙度在文本中的表示方法　在图样中一般采用上述的图形法标注表面粗糙

度要求。在文本中采用图形法来表示表面粗糙度要求较麻烦。因此，为了书写方便，新标准允许用文字的方式表达表面粗糙度要求。新标准规定，在报告和合同的文本中可以用文字“APA”“MRR”“NMR”分别表示允许用任何工艺获得表面、允许用去除材料的方法获得表面以及允许用不去除材料的方法获得表面。这项规定是旧标准所没有的。例如，对允许用去除材料的方法获得表面、其评定轮廓的算术平均偏差为 0.8μm 这一要求，在文本中可以表示为“MRR *Ra*0.8”。文本中的代号及其含义、标注示例见表 4-9。

表 4-9　文本标注示例

序号	代号	含义	标注示例
1	APA	允许用任何工艺获得表面	APA *Ra*0.8
2	MRR	允许用去除材料的方法获得表面	MRR *Ra*0.8
3	NMR	允许用不去除材料的方法获得表面	NMR *Ra*0.8

3. *表面粗糙度代号示例*

表面粗糙度代号示例见表 4-10 。

表 4-10　表面粗糙度代号示例

代号	含义/说明
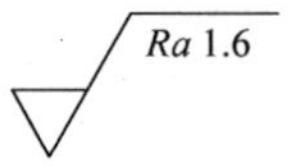	表示去除材料，单向上限值，默认传输带，*R* 轮廓，表面粗糙度算术平均偏差为 1.6μm，评定长度为 5 个取样长度（默认），“16% 规则”（默认）
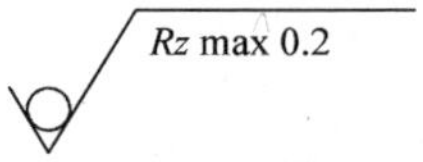	表示不允许去除材料，单向上限值，默认传输带，*R* 轮廓，表面粗糙度最大高度的最大值为 0.2μm，评定长度为 5 个取样长度（默认），“最大规则”
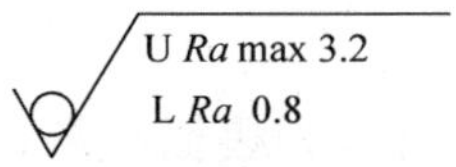	表示不允许去除材料，双向极限值，两极限值均使用默认传输带，*R* 轮廓，上限值：算术平均偏差为 3.2μm，评定长度为 5 个取样长度（默认），“最大规则”；下限值：算术平均偏差为 0.8μm，评定长度为 5 个取样长度（默认），“16% 规则”（默认）
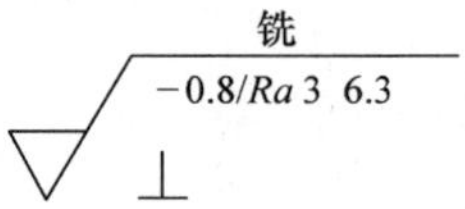	表示去除材料，单向上限值，传输带：根据 GB/T 6062—2009，取样长度为 0.8mm，*R* 轮廓，算术平均偏差为 6.3μm，评定长度包含 3 个取样长度，“16% 规则”（默认）；加工方法：铣削，纹理垂直于视图所在的投影面

三、表面粗糙度在图样上的标注方法

1. *表面粗糙度代号的标注规则*

1）在图样上标注表面粗糙度代号时，其数字或字母的大小必须与图中尺寸数值的大小和方向一致。

2）在同一图样上，每一表面只标注一次表面粗糙度代号。

3）表面粗糙度代号标注在可见轮廓线（或面）、尺寸界线、引出线或它们的延长线上。

4）标注表面粗糙度代号时，三角形的尖底由材料外指向并接触表面。

2. *表面粗糙度代号标注示例*

表面粗糙度要求在图样中的标注实例见表 4-11。

表 4-11　表面粗糙度要求在图样中的标注实例

说明	实例
表面粗糙度要求对每一表面一般只标注一次，并尽可能注在相应的尺寸及其公差的同一视图上 表面粗糙度的注写和读取方向与尺寸的注写和读取方向一致	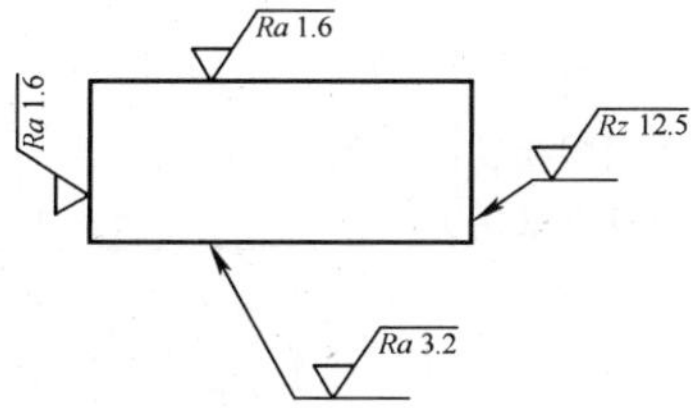
表面粗糙度要求可标注在轮廓线或其延长线上，其符号应从材料外指向并接触表面。必要时表面粗糙度符号也可用带箭头和黑点的指引线引出标注	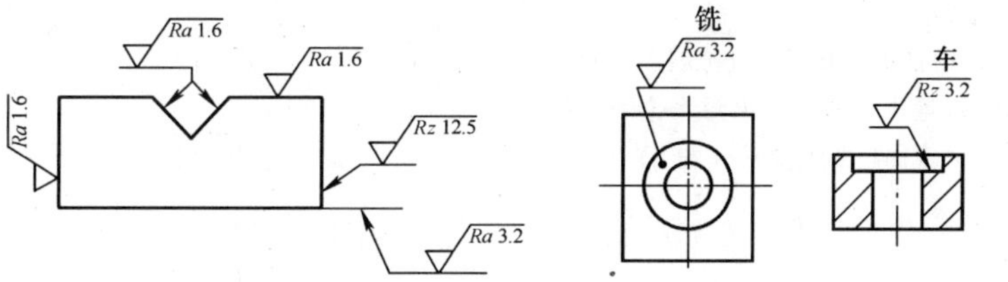
在不致引起误解时，表面粗糙度要求可以标注在给定的尺寸线上	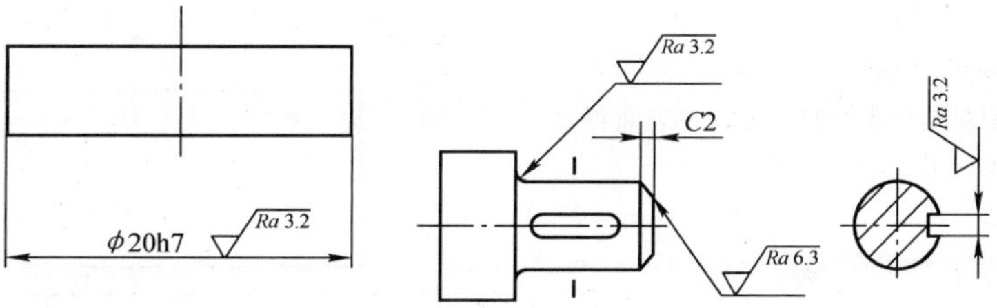
表面粗糙度要求可以标注在几何公差框格的上方	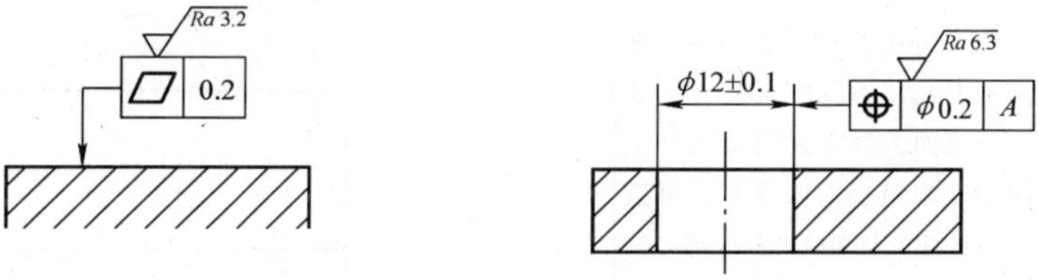
如果在工件的多数表面有相同的表面粗糙度要求，则其表面粗糙度要求可统一标注在图样的标题栏附近。此时，表面粗糙度要求的代号后面应有以下两种情况：①在圆括号内给出无任何其他标注的基本符号（图 a）；②在圆括号内给出不同的表面粗糙度要求（图 b）	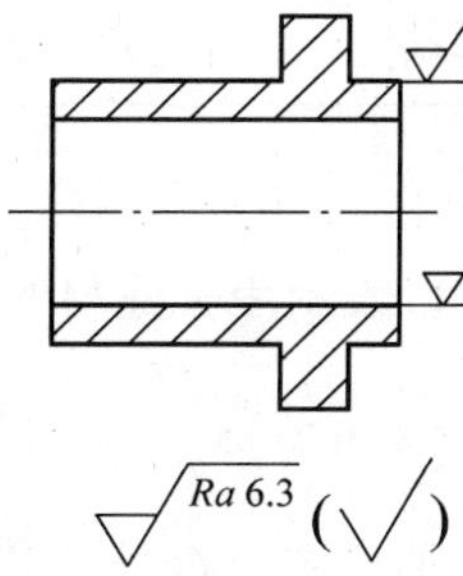 a) 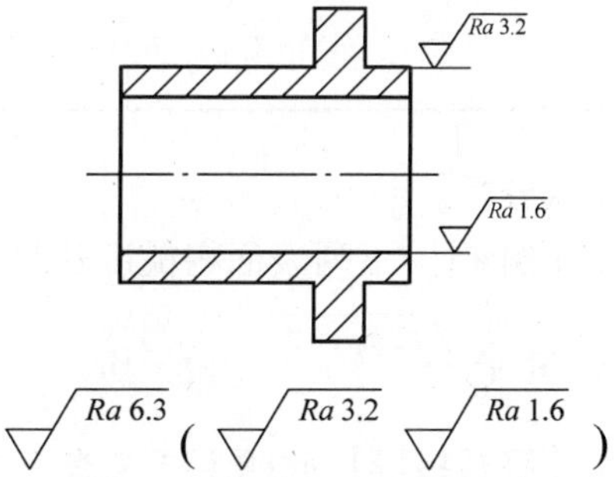 b)

（续）

说明	实例
当多个表面有相同的表面粗糙度要求或图样空间有限时，可以采用简化注法 ① 用带字母的完整图形符号，以等式的形式，在图形或标题栏附近，对有相同表面结构要求的表面进行简化标注（图 a） ② 用基本图形符号或扩展图形符号，以等式的形式给出对多个表面共同的表面粗糙度要求（图 b）	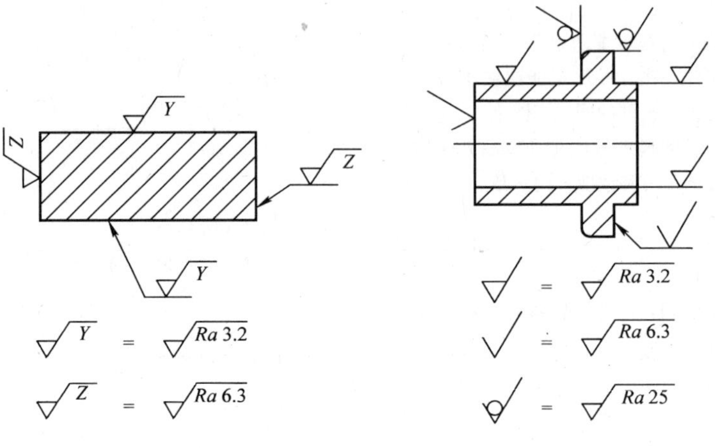 a)　b)
视图上封闭轮廓的各表面有相同表面粗糙度要求时，可以在表面粗糙度代号上加注小圆	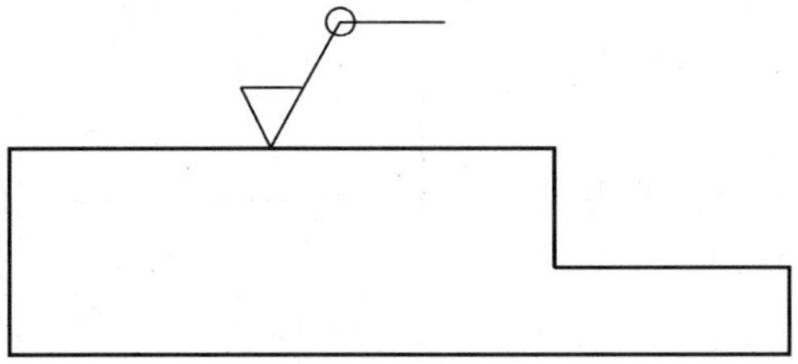
两种或多种工艺获得的同一表面的注法：由几种不同的工艺方法获得的同一表面，当需要明确每种工艺方法的表面粗糙度要求时，可按右图进行标注（图中 Fe 表示基体材料为钢，Ep 表示加工工艺为电镀）	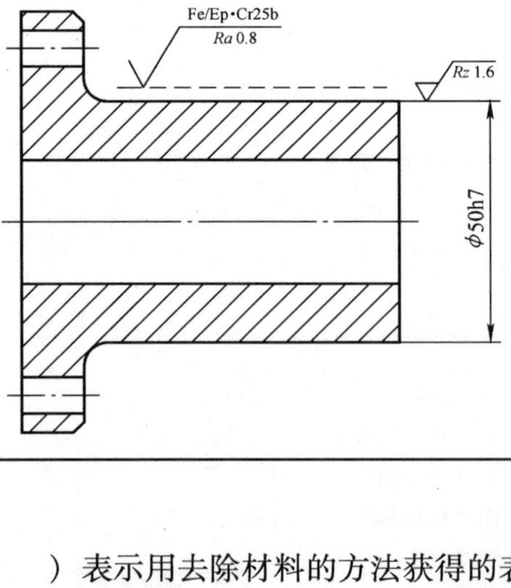

【考点分析】

［**例 4**］ 下列表面粗糙度代号中，（　　）表示用去除材料的方法获得的表面。

A. 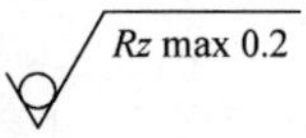

B. 
C. 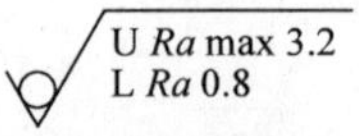

D. 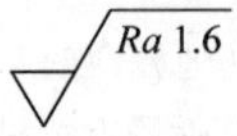

【解题指导】 此题主要考查学生对表面粗糙度图形符号及其含义的掌握程度。

【参考答案】 D

［**例 5**］ 识读下列表面粗糙度代号的含义。

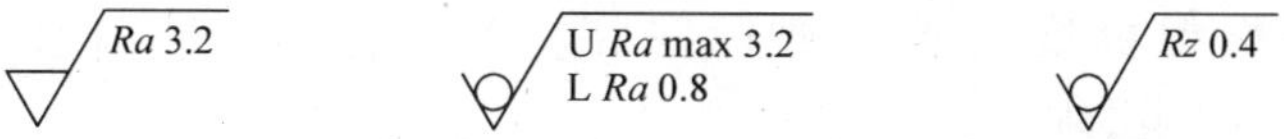

【解题指导】此题主要考查学生对表面粗糙度代号含义的理解。

【参考答案】 Ra 3.2 表示用去除材料的方法获得的表面粗糙度，单向上限值，算术平均偏差为3.2μm。

U Ra max 3.2 L Ra 0.8 表示用不允许去除材料的方法获得的表面粗糙度，算术平均偏差的上限值为3.2μm，下限值为0.8μm。

Rz 0.4 表示用不允许去除材料的方法获得的表面粗糙度，单向上限值，轮廓的最大高度为0.4μm。

【习题练习】

一、判断题

（　　）1. 表面粗糙度的要求可标注在几何公差框格的下方。

（　　）2. 需要控制表面纹理方向时，可在表面粗糙度符号的左下角加注表面纹理方向符号。

（　　）3. 表面粗糙度要求对每一表面一般只标注一次，并尽可能注在相应的尺寸及其公差的同一视图上。

（　　）4. 零件的加工余量可标注在表面粗糙度符号的左下角。

二、单选题

1. 表面粗糙度的符号√用于（　　）。

A. 需要去除材料的表面　　B. 不需要去除材料的表面

C. 用任何方法获得的表面　　D. 特殊加工的表面

2. 标注表面粗糙度代号时，（　　）。

A. 三角形的尖底由材料外指向并接触表面

B. 三角形的尖底由材料内指向并接触表面

C. 表面粗糙度代号不可倾斜绘制

D. 不可标注在轮廓线的延长线上

3. 表面粗糙度代号用箭头的指引线引出标注时，（　　）。

A. 符号和文字应沿竖直方向　　B. 符号和文字应沿水平方向

C. 符号和文字可以沿倾斜方向　　D. 符号和文字可以沿任意方向

4. 表面粗糙度代号中的表面纹理符号 M 表示（　　）。

A. 表面纹理方向垂直于视图的正投影面

B. 表面纹理呈斜向交叉且与视图的正投影面相交

C. 表面纹理呈多方向

D. 表面纹理呈近似同心圆且与表面中心相关

三、填空题

1. 在________符号的规定位置上，注出________数值及相关的规定项目后就形成了表面粗糙度代号。

2. 在图样上表面粗糙度要求一般标注在________、________、________或它们的________上，符号的尖端必须________。

3. 当多个表面具有相同的表面粗糙度要求时，可用带________的完整符号，以等式的形式，在________或________附近，对有相同表面粗糙度要求的表面进行简化标注。

四、简答题

1. 叙述下列表面粗糙度代号的含义。

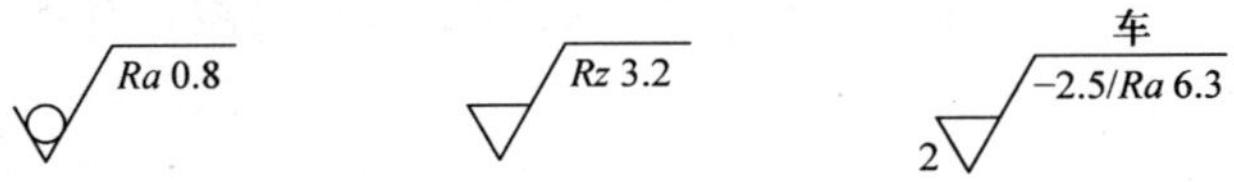

2. 识读图4-17 中的表面粗糙度代号。

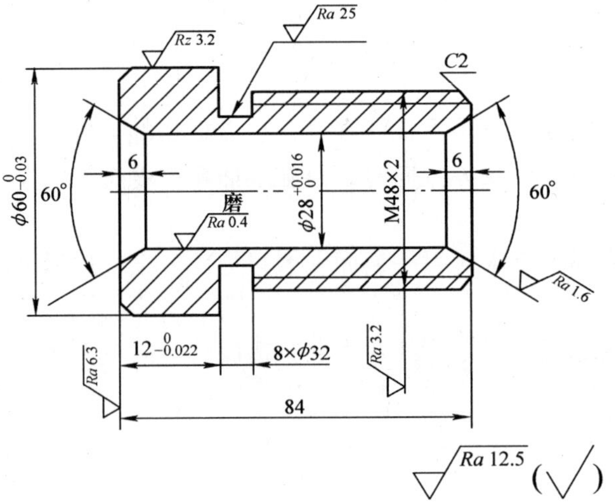

图4-17　螺纹轴套

【参考答案】

一、判断题

1. ×　　2. ×　　3. √　　4. √

二、单选题

1. A　　2. A　　3. B　　4. C

三、填空题

1. 表面粗糙度　表面特征参数

2. 可见轮廓线　尺寸界线　引出线　延长线　从材料外指向并接触被标注表面

3. 字母　图形　标题栏

四、1. 答：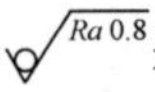

表示用不允许去除材料获得的表面粗糙度，单向上限值，轮廓算术平均偏差为0. 8μm。

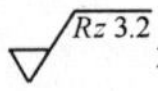

表示用去除材料方法获得的表面粗糙度，单向上限值，轮廓的最大高度为3. 2μm。

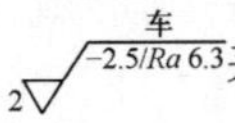

表示用去除材料的方法获得的表面粗糙度，单向上限值，轮廓算术平均偏差为

6.3μm，加工方法为车削，传输带上限值为2.5mm，下限值为默认，取样长度为2.5mm，评定长度为12.5mm，加工余量为2mm。

2. **答**：表面粗糙度代号$\sqrt{Rz\ 3.2}$的尖底标注在$\phi 60_{-0.03}^{\ 0}$mm圆柱面的轮廓线上，表明$\phi 60_{-0.03}^{\ 0}$mm圆柱面用去除材料的方法获得，要求轮廓最大高度*Rz*的单向上限值为3.2μm。

表面粗糙度代号$\sqrt{Ra\ 25}$标注在指引线上，指引线的箭头指向8mm×ϕ32mm圆柱面的轮廓线，表明ϕ32mm圆柱面用去除材料的方法获得，要求轮廓算术平均偏差的单向上限值为25μm。

表面粗糙度代号$\sqrt{Ra\ 6.3}$的尖底标注在零件左端面轮廓线的延长线上，表明零件左端面用去除材料的方法获得，要求轮廓算术平均偏差的单向上限值为6.3μm。

表面粗糙度代号$\overset{磨}{\sqrt{Ra\ 0.4}}$的尖底标注在$\phi 28_{\ 0}^{+0.016}$mm内孔的轮廓线上，且在符号的上面有"磨"，说明$\phi 28_{\ 0}^{+0.016}$mm内孔用磨削的方法获得，要求轮廓算术平均偏差的单向上限值为0.4μm。

表面粗糙度代号$\sqrt{Ra\ 3.2}$的尖底标注在M48×2尺寸线的延长线上，表明螺纹用去除材料的方法获得，要求轮廓算术平均偏差的单向上限值为3.2μm。

表面粗糙度代号$\sqrt{Ra\ 1.6}$的尖底标注在内锥面轮廓线的延长线上，表明该圆锥面用去除材料的方法获得，要求轮廓算术平均偏差的单向上限值为1.6μm。

在图形的右下角标有表面粗糙度代号$\sqrt{Ra\ 12.5}$（$\surd$），表明图中未标注表面结构要求的所有表面，均用去除材料的方法获得，要求轮廓算术平均偏差的单向上限值均为12.5μm。

第三节　表面粗糙度的选用及检测

【学习要求】

1. 了解表面粗糙度的选用原则。
2. 知道表面粗糙度常用的检测方法。

【学习内容】

表面结构的轮廓参数主要有*R*轮廓（粗糙度参数）、*W*轮廓（波纹度参数）、*P*轮廓（原始轮廓参数）等。而我国目前应用最广泛的是*R*轮廓参数的评定，因此表面结构的选用及检测主要就是表面粗糙度的选用及检测。

一、表面粗糙度的选用

1. 表面粗糙度的选择原则

1）在满足功用的前提下，尽量选用较大的表面粗糙度数值，以降低生产成本。

2）一般情况下，零件的接触表面比非接触表面的表面粗糙度参数值要小。

3）受循环载荷等极易引起应力集中的表面，表面粗糙度参数值要小。

4）配合性质相同，零件尺寸小的比尺寸大的表面粗糙度参数值要小；同一公差等级，小尺寸比大尺寸、轴比孔的表面粗糙度参数值要小。

5）运动速度高、单位压力大的摩擦表面比运动速度低、单位压力小的摩擦表面的表面粗糙度参数值小。

6）要求密封性、耐腐蚀的表面其表面粗糙度参数值要小。

2. 表面粗糙度的选择

表面粗糙度的选择主要是评定参数与参数值的选择。

对大多数表面来说，一般只给出高度特征评定参数即可反映被测表面粗糙度的特征，推荐优先选用 Ra 值。因为 Ra 能充分反映零件表面轮廓的特征。当表面过于粗糙（$Ra>6.3\mu m$）或过于光滑（$Ra<0.025\mu m$）时，可选用 Rz。表面粗糙度参数值已经标准化，见表 4-12。

表 4-12　表面粗糙度参数值　（单位：μm）

Ra	0.012	0.025	0.05	0.1	0.2	0.4	0.8	1.6	3.2	6.3	12.5	25	50	
Rz	0.025	0.05	0.1	0.2	0.4	0.8	1.6	3.2	6.3	12.5	25	50	100	200

二、表面粗糙度的检测

在检测表面粗糙度参数值时，若图样上没有特别注明测量方向，则应在数值最大的方向上进行测量，一般是在垂直于表面加工纹理方向的横截面上测量。对于无固定表面纹理方向的表面（如电火花加工面、研磨加工面等），应在几个不同方向上进行测量，并取最大值作为测量结果。

常用的表面粗糙度检测方法有比较法、光切法、干涉法、针描法和印模法等。

1. 比较法

比较法就是将被测零件表面与表面粗糙度样板（图 4-18），通过视觉、触感或其他方法进行比较后，对被检表面的表面粗糙度做出评定的方法。图 4-19 所示为用比较法检测圆柱面的表面粗糙度。

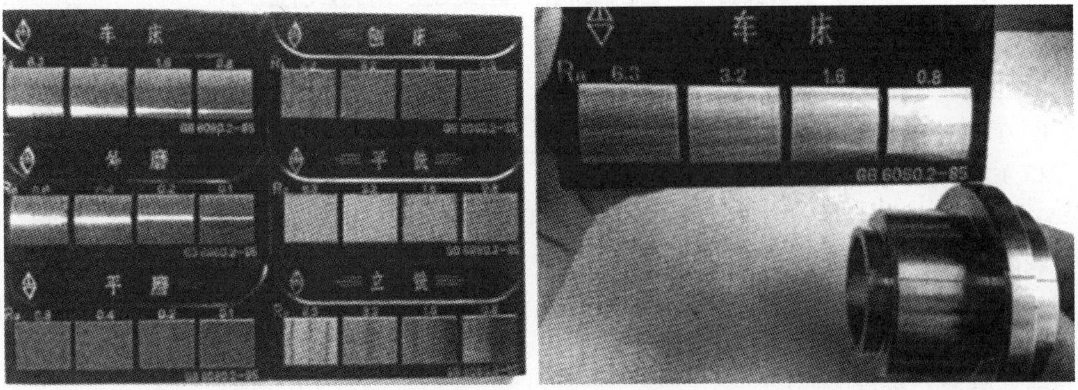

图 4-18　表面粗糙度样板

用比较法评定表面粗糙度虽然不能精确地得出被检表面的粗糙度数值，但由于器具简单，使用方便，且能满足一般的生产要求，故常用于生产现场。比较法测量误差较大，仅用于表面质量要求不高的情况。

2. 光切法

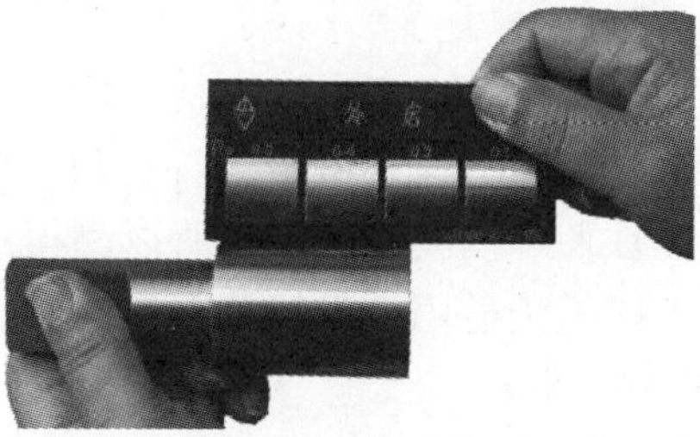

图 4-19　用比较法检测圆柱面的表面粗糙度

光切法是指利用光切原理来测量表面粗糙度的一种方法。常用的测量仪器是光切显微镜，又称双管显微镜，如图 4-20 所示。光切显微镜的测量准确度较高，但它是对 Rz 以及较为规则的表面进行测量，例如适宜于车、铣、刨或其他类似加工方法所加工的零件表面和外圆表面，不适用于对表面粗糙度值较高及不规则表面的测量。常测量 Rz 值一般为 0.5～0.8μm 的表面。

3. 干涉法

干涉法是指利用光波干涉原理来测量表面粗糙度的一种方法。常用仪器是干涉显微镜，如图 4-21 所示。

干涉法主要用于测量表面粗糙度的 Rz 值，其测量范围通常为 0.05～0.8μm。干涉法不适于测量非规则表面（如磨、研磨等表面）的 Rsm。

图 4-20　光切显微镜

图 4-21　干涉显微镜

4. 针描法

针描法是利用仪器的测针与被测表面相接触，并使测针沿被测表面轻轻滑动来测量表面粗糙度的一种方法，又称轮廓法。其常用仪器为便携式轮廓仪和台式电动轮廓仪，如图4-22 和图 4-23 所示，可测 Ra、Rz、Rsm 及 $Rmr(c)$ 等多个参数。其测量范围较大，Ra 值的测量范围一般为 0.02～50μm。

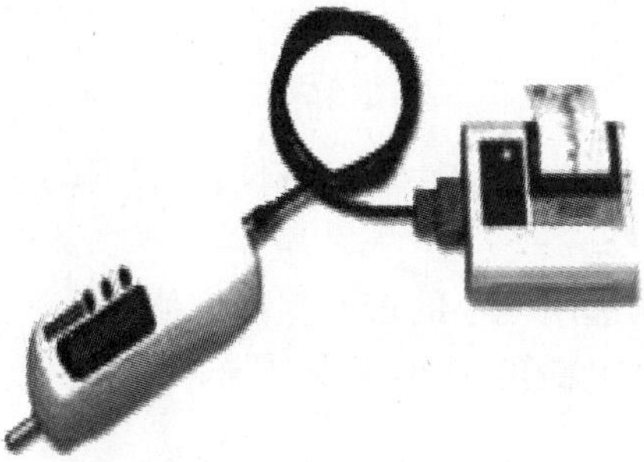

图 4-22　便携式轮廓仪

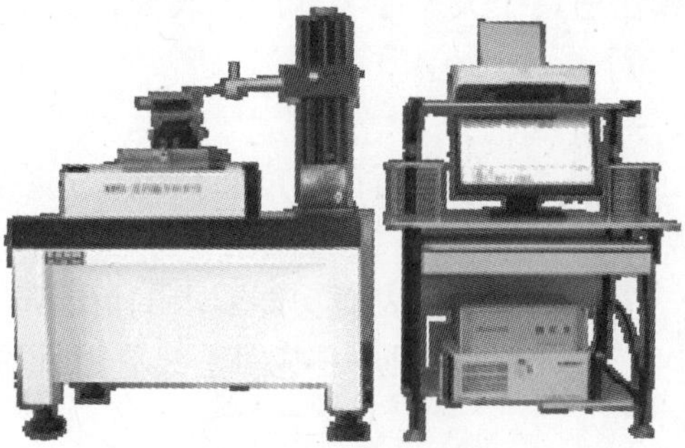

图 4-23　台式电动轮廓仪

5. 印模法

印模法是指用弹塑性材料将被测表面印模下来，然后对印模表面进行测量的方法。

常用的材料有川蜡、石蜡和低熔点合金等。由于印模材料不可能填满谷底，且取下印模时往往使印模波峰削平，所以测得的 Rz 值往往比实际略有缩小，一般须根据实验修正。

印模法适用于大尺寸零件的内表面，测量范围为 $Rz=0.8\sim330\mu m$。

【考点分析】

［**例6**］ 简答题

1. 表面粗糙度的选择原则是什么?

【解题指导】此题主要考查学生对表面粗糙度选择原则的理解。

【参考答案】表面粗糙度的选择原则如下：

1）在满足功用的前提下，尽量选用较大的表面粗糙度数值，以降低生产成本。

2）一般情况下，零件的接触表面比非接触表面的表面粗糙度参数值要小。

3）受循环载荷等极易引起应力集中的表面，表面粗糙度参数值要小。

4）配合性质相同，零件尺寸小的比尺寸大的表面粗糙度参数值要小；同一公差等级，小尺寸比大尺寸、轴比孔的表面粗糙度参数值要小。

5）运动速度高、单位压力大的摩擦表面比运动速度低、单位压力小的摩擦表面的表面粗糙度参数值小。

6）要求密封性、耐腐蚀的表面其表面粗糙度参数值要小。

2. 常用的表面粗糙度检测方法有哪几种？各适合检测哪些场合的参数?

【解题指导】此题主要考查学生对表面粗糙度检测方法的理解。

【参考答案】常用的表面粗糙度检测方法有比较法、光切法、干涉法、针描法和印模法。

比较法测量误差较大，仅用于表面质量要求不高的情况，不适用于对表面粗糙度值较高及不规则表面的测量。

光切法测量 Rz 值一般为 $0.05\sim0.8\mu m$ 的表面。

干涉法主要用于测量表面粗糙度的 Rz 值，其测量范围通常为 $0.05\sim0.8\mu m$。干涉法不适于测量非规则表面（如磨、研磨等表面）的 Rsm。

针描法可测 Ra、Rz、Rsm 及 $Rmr(c)$ 等多个参数。其测量范围较大，Ra 值的测量范围一般为 $0.02\sim50\mu m$。

印模法适用于大尺寸零件的内表面，测量范围为 $Rz=0.8\sim330\mu m$。

【习题练习】

一、判断题

（　　）1. 选择表面粗糙度参数值首先应考虑加工的可能性和经济性，进而满足零件表面功能要求。

（　　）2. 在满足表面功能要求的情况下，尽量选用较小的表面粗糙度值。

（　　）3. 一般在同一零件上工作表面的表面粗糙度值小于非工作表面的表面粗糙度值。

（　　）4. 同一公差等级，一般小尺寸的表面粗糙度值要小。

二、填空题

1. 选择表面粗糙度参数值首先应满足________，进而考虑加工的________和________。

2. 常用的表面粗糙度检测方法有__________、__________、__________、__________和________五种。

3. 利用________测量表面粗糙度的方法，称为干涉法，常用的仪器为________，测量范围为________，适用于________参数。

【参考答案】

一、判断题

1. ×　2. ×　3. √　4. √

二、填空题

1. 零件功能要求　可行性　经济性
2. 比较法　光切法　干涉法　针描法　印模法
3. 光波干涉原理　干涉显微镜　0.05～0.8μm　Rz

第五单元　螺纹的公差与检测

【知识框架】

- 螺纹的公差与检测
  - 螺纹及几何参数特性
    - 螺纹种类及使用要求
    - 普通螺纹基本几何参数
    - 普通螺纹几何参数的计算
    - 螺纹几何参数对互换性的影响
  - 普通螺纹公差与配合
    - 普通螺纹的公差带
    - 螺纹公差带与配合的选用
    - 普通螺纹的标记
  - 梯形螺纹的公差与配合
    - 梯形螺纹的牙型和基本尺寸
    - 梯形螺纹的公差
    - 梯形螺纹的标记
  - 螺纹的检测
    - 综合检验
    - 单项检验

第一节　螺纹及几何参数特性

【学习要求】

1. 了解螺纹的分类，熟悉普通螺纹基本几何参数。
2. 了解普通螺纹的几何参数误差对螺纹互换性的影响，掌握保证螺纹互换性的条件。

【学习内容】

一、螺纹种类及使用要求

螺纹联接在机械制造中广泛使用，按照其用途不同可分为联接螺纹和传动螺纹。

1. 联接螺纹

联接螺纹也叫紧固螺纹，其基本牙型是三角形，用于联接或紧固零件，如普通螺纹和管螺纹等。对普通螺纹联接的要求是可旋入性和联接的可靠性等；对管螺纹联接的要求是密封性和联接的可靠性等。

2. 传动螺纹

传动螺纹用于传递动力或运动，其基本牙型主要有梯形、矩形，如丝杠、螺杆等。对传动螺纹的要求是传动准确、可靠，螺牙接触性能好，耐磨性好等。

二、普通螺纹基本几何参数

普通螺纹基本牙型是截取高度为 H 的原始正三角形的顶部和底部所形成的螺纹牙型，如图 5-1 所示。

下面从普通螺纹互换性的角度介绍几个主要几何参数。

1. 大径（D 或 d）

大径指与内螺纹牙底或外螺纹牙顶相重合的假想圆柱体的直径。普通螺纹大径的基本尺寸即螺纹公称直径。内螺纹大径用 D 表示，外螺纹大径用 d 表示。

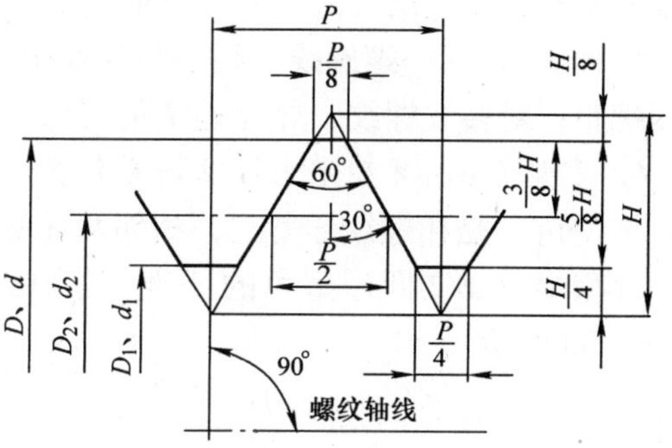

图 5-1　普通螺纹基本牙型

2. 小径（D_1 或 d_1）

小径指与内螺纹牙顶或外螺纹牙底相重合的假想圆柱体的直径。内螺纹小径用 D_1 表示，外螺纹小径用 d_1 表示。

工程实际中人们习惯于将外螺纹牙顶 d 和内螺纹牙顶 D_1 称为顶径，将内螺纹牙底 D 和外螺纹牙底 d_1 称为底径。

3. 中径（D_2 和 d_2）

中径是指一个假想圆柱体的直径，该圆柱体的母线通过牙型上沟槽和凸起宽度相等的地方。内螺纹中径用 D_2 表示，外螺纹中径用 d_2 表示。中径圆柱的轴线称为螺纹轴线。中径圆柱的素线称为螺纹中径线，如图 5-2 所示。

对于普通螺纹，中径并不等于大径与小径的平均值。对单线和奇数多线螺纹，在螺纹的轴向剖面内，螺纹的沟槽和凸起是相对的，沿垂直于直线方向上量得的任意两对牙侧间的距离即等于螺纹中径。

4. 单一中径

单一中径指一个假想圆柱体的直径，该圆柱体的母线在牙槽宽度等于基本螺距一半（即 $P/2$）的地方，而不考虑牙体宽度，如图 5-2 所示。当螺距无误差时，中径就是单一中径；当螺距有误差时，则两者不相等。单一中径测量简便，可用三针法测得，通常把单一中径近似看作实际中径。

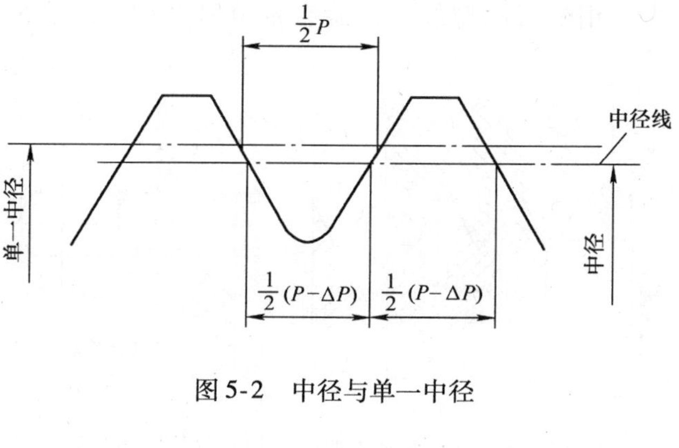

图 5-2　中径与单一中径

5. 螺距 P 与导程 P_h

螺距 P 是指相邻两牙在中径线上对应两点间的轴向距离。螺距的大小决定了螺纹牙侧的轴向距离，相互结合的内外螺纹的基本螺距是相等的。

导程 P_h 指同一螺旋线上相邻两牙在中径线上对应两点间的轴向距离。对单线螺纹，导程即螺距；对多线螺纹，导程是螺距与螺纹线数的乘积。

6. 牙型角 α、牙型半角 $\alpha/2$ 与牙侧角（α_1、α_2）

牙型角 α 是在螺纹牙型上，相邻两牙侧间的夹角，如图 5-3a 所示。

牙型半角 $\alpha/2$ 即牙型角的一半，指在螺纹牙型上，牙侧与螺纹轴线的垂线间的夹角，如图 5-3a 所示。

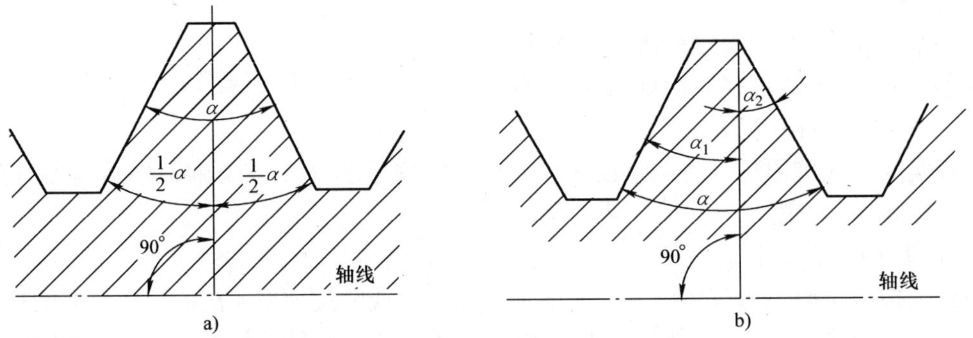

图 5-3 牙型角、牙型半角和牙侧角

牙侧角 α_1、α_2 是指在螺纹牙型上，牙侧与螺纹轴线的垂线间的夹角，如图 5-3b 所示。

对于普通螺纹，在理论上，$\alpha=60°$，$\frac{\alpha}{2}=30°$，$\alpha_1=\alpha_2=30°$。

7. 螺纹接触高度

螺纹接触高度指两个相配合的螺纹牙型上，牙侧重合部分在垂直于螺纹轴线方向上的距离，如图 5-4 所示。

8. 螺纹旋合长度 L

螺纹旋合长度指两个相配合的螺纹相互旋合部分沿螺纹轴线方向上的长度，如图 5-4 所示。

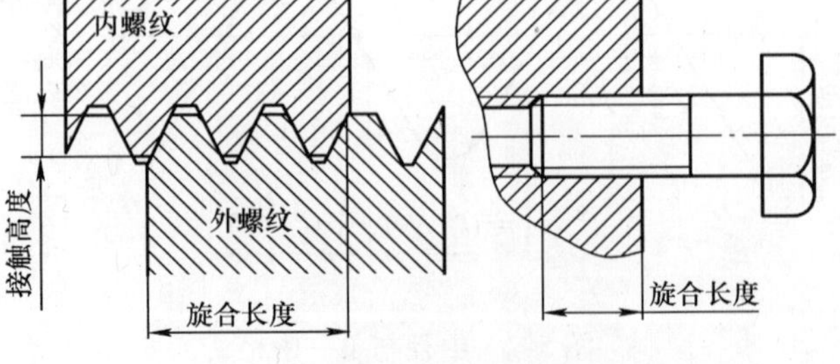

图 5-4 螺纹接触高度和旋合长度

三、普通螺纹几何参数的计算

牙型角 α：　　$\alpha = 60°$

原始三角形高度：$H = 0.866P$

牙型高度：　　$h = \frac{5}{8}H = 0.5413P$

实际高度：　　$K = 0.65P$

内、外螺纹的中径：$D_2(d_2) = D(d) - 2 \times \frac{3}{8}H = D(d) - 0.6495P$

内、外螺纹的小径：$D_1(d_1) = D(d) - 2 \times \frac{5}{8}H = D(d) - 1.0825P$

如果有资料手册，则不必计算，可以直接查找资料手册中的螺纹表格。

四、螺纹几何参数对互换性的影响

螺纹配合的互换性是指内螺纹（或外螺纹）可以不经过任何选择或修配，就能旋入任何一个相同规格、相同尺寸的外螺纹（或内螺纹）全长上，并保证联接可靠。从互换性的角度来看，螺纹的五个基本几何参数（即大径、中径、小径、螺距和牙型半角）都对互换性有影响。这五个基本几何参数在加工过程中不可避免地都有一定的误差，不仅会影响螺纹的旋合性、接触高度、配合松紧，还会影响联接的可靠性，从而影响螺纹的互换性。为了保证螺纹的互换性，必须对内、外螺纹的五个基本几何参数误差加以限制。

1. 螺纹大、小径误差对互换性的影响

从加工工艺和使用强度方面考虑，实际加工出来的内螺纹大径和外螺纹小径的牙底形状都是略呈圆弧状的，为了防止旋合时在该处发生干涉，螺纹配合在大径和小径处规定不接触。为了保证内、外螺纹的旋合性，应使内螺纹大、小径的实际尺寸分别大于外螺纹大、小径的实际尺寸。但内螺纹的小径过大、外螺纹的大径过小，虽不影响螺纹配合性，但会减小螺纹的接触高度，从而影响螺纹联接的可靠性，所以必须规定内螺纹小径和外螺纹大径的上、下极限偏差，也就是说对内、外螺纹顶径规定上、下极限偏差。而增大内螺纹大径、减小外螺纹小径既有利于螺纹的可旋入性，又不减小螺纹的接触高度。所以，只对内螺纹大径规定下极限偏差，对外螺纹小径规定上极限偏差，也就是说对内、外螺纹底径只规定一个极限偏差。对外螺纹的牙底提出形状要求，以使牙顶与牙底留有间隙，满足力学性能要求。

2. 螺距误差对互换性的影响

对于紧固螺纹来说，螺距误差主要影响螺纹的可旋合性和联接的可靠性；对于传动螺纹来说，螺距误差直接影响传动精度，影响螺牙上负荷分布的均匀性。

螺距误差包括局部误差和累积误差，前者与旋合长度无关，后者与旋合长度有关。

为了讨论问题方便，假设内螺纹具有理想牙型，外螺纹的中径及牙型半角与内螺纹相同，仅存在螺距误差，并假设外螺纹的螺距比内螺纹的螺距大，假设在 n 个螺牙长度上，外螺纹有螺距累积误差 ΔP_Σ。显然，这一对螺纹因产生干涉是无法旋合的，如图 5-5 所示。

在实际生产中，为了使有累积误差的外螺纹可旋入标准的内螺纹，在制造时，把外螺纹中径减小一个数值 f_p；同理，为了使有累积误差的内螺纹可旋入标准的外螺纹，在制造时，把内螺纹中径加大一个数值 f_p。这个 f_p 的数值就叫螺距误差的中径补偿值。

从△ABC 中得出　　$f_p = \Delta P_\Sigma \cot\frac{\alpha}{2}$

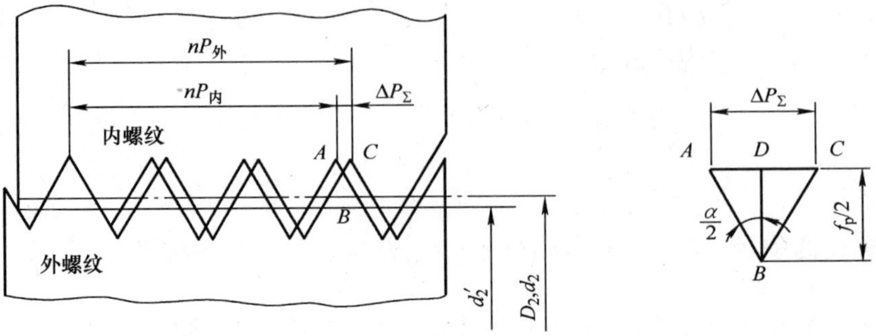

图 5-5 螺距误差

对于普通螺纹，其牙型角 $\alpha=60°$，则 $f_p=1.732|\Delta P_\Sigma|$。

3. 牙型半角误差对互换性的影响

牙型半角误差的情况可能是实际牙型半角≠公称牙型半角，即$\frac{\alpha_{实际}}{2}\neq\frac{\alpha_{公称}}{2}$，但是实际牙型半角的两个半角是相等的，或者是牙型半角的平分线不垂直于螺纹轴线，也可能是以上两个因素共同造成的，如图 5-6 所示。

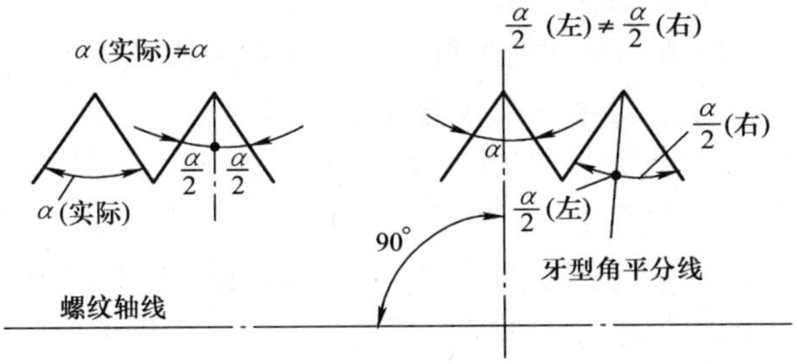

图 5-6 牙型半角误差

当牙型半角存在误差时，内、外螺纹的牙侧会发生干涉导致不能旋合。为了使有半角误差的外螺纹能够旋入内螺纹，必须把外螺纹的中径减小一个数值 $f_{\alpha/2}$。同样，当内螺纹的牙型半角有误差时，为了保证可旋合性，必须把内螺纹的中径加大一个数值 $f_{\alpha/2}$。这个 $f_{\alpha/2}$ 的数值就叫半角误差的中径补偿值。

4. 螺纹中径误差对互换性的影响

在制造内外螺纹时，中径本身不可能制造得绝对准确，不可避免地会出现一定的误差。当外螺纹的中径大于内螺纹的中径时，会影响旋合性；反之，若外螺纹中径过小，内螺纹中径过大，则配合太松，难以使牙侧良好接触，影响联接的可靠性。由此可见，为了保证螺纹的旋合性，应该限制外螺纹的最大中径和内螺纹的最小中径，因此要对中径规定合适的公差。

5. 作用中径及保证螺纹互换性的条件

(1) 作用中径　根据前面的分析，当外螺纹有螺距误差及牙型半角误差时，只能与一个中径较大的内螺纹旋合，其效果就相当于外螺纹的中径增大了。这个增大了的假想中径称为外螺纹的作用中径（d_{2m}），它等于外螺纹的实际中径与螺距误差及牙型半角误差的中径补偿值之和，即 $d_{2m}=d_{2a}+(f_p+f_{\alpha/2})$。

同样，当内螺纹有了螺距误差及牙型半角误差时，只能与一个中径较小的外螺纹旋合，其效果就相当于内螺纹的中径减小了。这个减小了的假想中径称为内螺纹的作用中径（D_{2m}），它等于内螺纹的实际中径与螺距误差及牙型半角误差的中径补偿值之差，即 $D_{2m}=D_{2a}-(f_p+f_{\alpha/2})$。

对于普通螺纹，没有单独规定螺距及牙型半角的公差，只规定了一个中径公差（T_{D2}、T_{d2}），如图 5-7 所示。

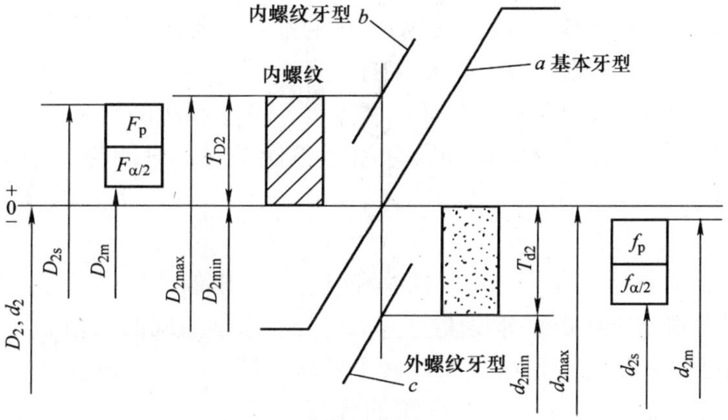

图 5-7　螺纹公差带

（2）保证螺纹互换性的条件　要实现螺纹配合的互换性，必须同时满足两个基本要求：可旋合性和联接可靠性。

中径公差是衡量螺纹互换性的主要指标。判断螺纹中径合格性遵循泰勒原则，即实际螺纹的作用中径不能超出最大实体牙型的中径，而实际螺纹上任何部位的单一中径不能超出最小实体牙型的中径。

对外螺纹：作用中径不大于中径上极限尺寸，单一中径不小于中径下极限尺寸，即

$$d_{2m}\leqslant d_{2max}，d_{2单一}\geqslant d_{2min} \tag{5-1}$$

对内螺纹：作用中径不小于中径下极限尺寸，单一中径不大于中径上极限尺寸，即

$$D_{2m}\geqslant D_{2min}，D_{2单一}\leqslant D_{2max} \tag{5-2}$$

有些测量方法如工具显微镜，测得的是螺纹的实际中径。在此情况下，可用实际中径近似代替单一中径。

【考点分析】

［**例 1**］　单选题

（　　）是指一个假想圆柱体的直径，该圆柱体的母线通过牙型上沟槽和凸起宽度相等的地方。

A. 小径　　B. 大径　　C. 中径　　D. 单一中径

【解题指导】 此题主要考查学生对普通螺纹主要几何参数中小径、大径、中径、单一中

径定义的理解，注意中径和单一中径的区别。

【参考答案】C

［例 2］ 填空题

影响螺纹互换性的三个主要参数，即________、________和________。

【解题指导】此题主要考查学生对螺纹互换性影响的主要几何参数的认识。

【参考答案】螺距　牙型半角　中径

【习题练习】

一、判断题

(　　) 1. 螺距 P 是指相邻两牙在中径线上对应两点间的轴向距离。

(　　) 2. 普通螺纹的传动精度好，效率高，加工方便。

(　　) 3. 螺纹的五个基本参数都影响螺纹的配合性质。

(　　) 4. 螺距的累积误差与旋合长度有关。

(　　) 5. 单一中径是指母线通过牙体宽度等于基本螺距的地方。

(　　) 6. 当外螺纹有了螺距误差及牙型半角误差时，只能与一个中径较大的内螺纹旋合。

二、填空题

1. 螺纹按用途不同可分为________螺纹和________螺纹。

2. 螺纹牙型半角是指在螺纹牙型上________与________间的夹角。

3. 要保证普通螺纹的互换性必须实现两个要求，即________和________。

4. 内螺纹的小径过________，外螺纹的大径过________，虽不影响螺纹的________，但会减小螺纹的________，从而影响螺纹的联接________。

三、简答题

1. 为什么说螺纹中径是影响螺纹互换性的主要参数?

2. 判断螺纹中径合格性遵循的泰勒原则是指什么?

【参考答案】

一、判断题

1. √　2. ×　3. ×　4. √　5. ×　6. √

二、填空题

1. 联接　传动

2. 牙侧　牙型角平分线

3. 可旋合性　联接可靠性

4. 大　小　配合性　接触高度　可靠性

三、简答题

1. **答**：螺纹在配合时，其接触面主要在螺纹中径的尺寸上。对于加工好的螺纹，把通过牙型上沟槽宽度等于 1/2 基本螺距地方的假想圆柱直径称为螺纹的单一中径。单一中径代表螺纹中径的实际尺寸，螺纹单项测量中所得的中径尺寸，一般为单一中径尺寸。由于螺纹配合时，大、小径处不接触，牙侧角误差和螺纹误差又可用中径来补偿，所以螺纹中径是影响螺纹互换性的主要参数。

2. **答**：泰勒原则指实际螺纹的作用中径不能超出最大实体牙型的中径，而实际螺纹上任何部位的单一中径不能超出最小实体牙型的中径。

对于外螺纹：作用中径不大于中径上极限尺寸，单一中径不小于中径下极限尺寸。对于内螺纹：作用中径不小于中径下极限尺寸，单一中径不大于中径上极限尺寸。

第二节　普通螺纹公差与配合

【学习要求】

1. 熟悉普通螺纹的公差与配合知识。
2. 会识读普通螺纹的标记。

【学习内容】

螺纹配合由内、外螺纹公差带组合而成，国家标准 GB/T 197—2003《普通螺纹　公差》将普通螺纹公差带的两个要素——公差带大小（即公差等级）和公差带位置（即基本偏差）进行标准化，组成各种螺纹公差带。考虑到旋合长度对螺纹精度的影响，由螺纹公差带与旋合长度构成螺纹的公差精度，如图 5-8 所示。

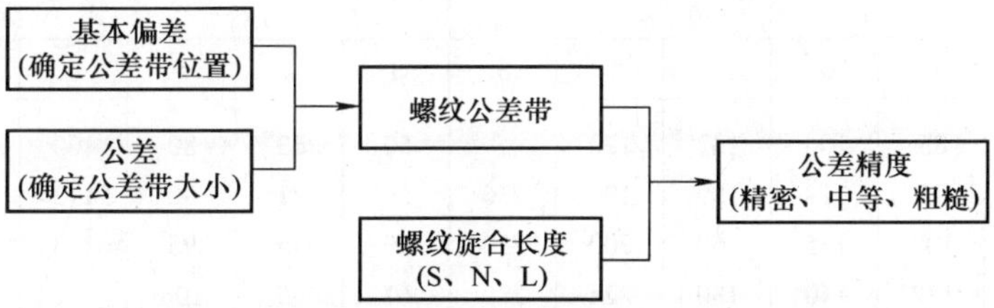

图 5-8　普通螺纹公差带与公差精度的构成

一、普通螺纹的公差带

1. 公差等级

螺纹公差带的大小由其公差值决定，并按公差值的大小分为若干等级，见表 5-1。

表 5-1　螺纹公差等级（摘自 GB/T 197—2003）

螺纹直径	公差等级
内螺纹小径 D_1	4、5、6、7、8
内螺纹中径 D_2	4、5、6、7、8
外螺纹中径 d_2	3、4、5、6、7、8、9
外螺纹大径 d	4、6、8

其中，3 级的公差值最小，精度最高；9 级的公差值最大，精度最低。

对外螺纹的小径和内螺纹的大径，没有规定公差值，而只规定内、外螺纹牙底的提取（实际）轮廓不得超越按基本偏差所确定的最大实体牙型，即应保证旋合时不发生干涉。由于加工螺纹时，外螺纹的中径 d_2 和小径 d_1、内螺纹的中径 D_2 与大径 D 是同时由刀具切削出的，故外螺纹小径 d_1 不会过小，内螺纹大径 D 不会过大。

内螺纹的小径、中径，外螺纹的大径、中径可以分别选不同的公差等级。表 5-2 给出了普通螺纹的基本尺寸，内、外螺纹的公差值可根据螺距及公差等级分别查表 5-3 和表 5-4。

表 5-2 普通螺纹的基本尺寸（摘自 GB/T 196—2003）（单位：mm）

公称直径 D、d	螺距 P	中径 D_2 或 d_2	小径 D_1 或 d_1	公称直径 D、d	螺距 P	中径 D_2 或 d_2	小径 D_1 或 d_1
20	2.5	18.376	17.294	30	3.5	27.727	26.211
	2	18.701	17.835		2	28.701	27.835
	1.5	19.026	18.376		1.5	29.026	28.376
	1	19.350	18.917		1	29.350	28.917
24	3	22.051	20.752	36	4	33.402	31.670
	2	22.701	21.835		3	34.051	32.752
	1.5	23.026	22.376		2	34.701	33.835
	1	23.350	22.917		1.5	35.026	34.376

表 5-3 普通螺纹的中径公差（摘自 GB/T 197—2003）（单位：μm）

公称直径 D(d)/mm		螺距	内螺纹中径公差 T_{D2}					外螺纹中径公差 T_{d2}						
>	≤	P/mm	公差等级					公差等级						
			4	5	6	7	8	3	4	5	6	7	8	9
5.6	11.2	0.75	85	106	132	170	—	50	63	80	100	125	—	—
		1	95	118	150	190	236	56	71	90	112	140	180	224
		1.25	100	125	160	200	250	60	75	95	118	150	190	236
		1.5	112	140	180	224	280	67	85	106	132	170	212	265
11.2	22.4	1	100	125	160	200	250	60	75	95	118	150	190	236
		1.25	112	140	180	224	280	67	85	106	132	170	212	265
		1.5	118	150	190	236	300	71	90	112	140	180	224	280
		1.75	125	160	200	250	315	75	95	118	150	190	236	300
		2	132	170	212	265	335	80	100	125	160	200	250	315
		2.5	140	180	224	280	355	85	106	132	170	212	265	335
22.4	45	1	106	132	170	212	—	63	80	100	125	160	200	250
		1.5	125	160	200	250	315	75	95	118	150	190	236	300
		2	140	180	224	280	355	85	106	132	170	212	265	335
		3	170	212	265	335	425	100	125	160	200	250	315	400
		3.5	180	224	280	355	450	106	132	170	212	265	335	425
		4	190	236	300	375	475	112	140	180	224	280	355	450
		4.5	200	250	315	400	500	118	150	190	236	300	375	475
45	90	1.5	132	170	212	265	335	80	100	125	160	200	250	315
		2	150	190	236	300	375	90	112	140	180	224	280	355
		3	180	224	280	355	450	106	132	170	212	265	335	425
		4	200	250	315	400	500	118	150	190	236	300	375	475
		5	212	265	335	425	530	125	160	200	250	315	400	500
		5.5	224	280	355	450	560	132	170	212	265	335	425	530
		6	236	300	375	475	600	140	180	224	280	355	450	560

表 5-4 普通螺纹的基本偏差和顶径公差（摘自 GB/T 197—2003） （单位：μm）

螺距 P/mm	内螺纹的基本偏差 EI		外螺纹的基本偏差 es				内螺纹小径公差 T_{D1}					外螺纹大径公差 T_d		
							公差等级					公差等级		
	G	H	e	f	g	h	4	5	6	7	8	4	6	8
0.75	+22	0	-56	-38	-22	0	118	150	190	236	—	90	140	—
0.8	+24		-60	-38	-24		125	160	200	250	315	95	150	236
1	+26		-60	-40	-26		150	190	236	300	375	112	180	280
1.25	+28		-63	-42	-28		170	212	265	335	425	132	212	335
1.5	+32		-67	-45	-32		190	236	300	375	475	150	236	375
1.75	+34		-71	-48	-34		212	265	335	425	530	170	265	425
2	+38		-71	-52	-38		236	300	375	475	600	180	280	450
2.5	+42		-80	-58	-42		280	355	450	560	710	212	335	530
3	+48		-85	-63	-48		315	400	500	630	800	236	375	600
3.5	+53		-90	-70	-53		355	450	560	710	900	265	425	670
4	+60		-95	-75	-60		375	475	600	750	950	300	475	750
4.5	+63		-100	-80	-63		425	530	670	850	1060	315	500	800

2. 螺纹的公差带及基本偏差

螺纹的公差带以基本牙型轮廓为零线，沿着牙型的牙侧、牙顶和牙底分布，并在垂直于螺纹轴线的方向上计量大、中、小径的偏差和公差。公差带由螺纹公差等级和基本偏差决定。

GB/T 197—2003 规定：外螺纹的上极限偏差（es）和内螺纹的下极限偏差（EI）为基本偏差。内螺纹的中径、小径规定采用 G、H 两种基本偏差，如图 5-9 所示；外螺纹的中径、大径规定采用 e、f、g、h 四种基本偏差，如图 5-10 所示。

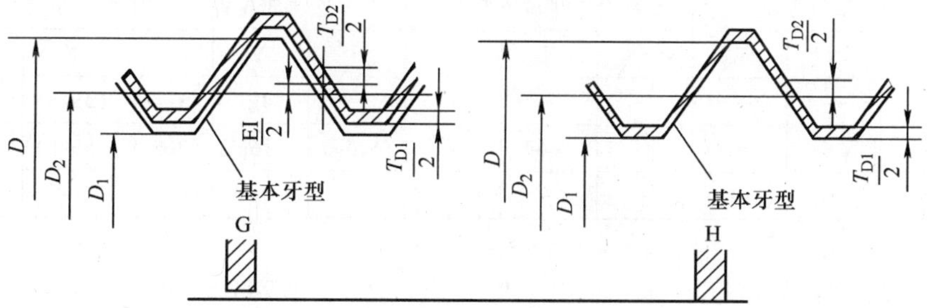

图 5-9 内螺纹公差带的位置

T_{D1}—内螺纹小径公差 T_{D2}—内螺纹中径公差 EI—内螺纹中径的基本偏差

螺纹的公差等级和基本偏差可以组成数目很多的公差带。公差带代号由螺纹中径和顶径的公差等级代号和基本偏差代号组成，如 6H5H 表示内螺纹中径的公差带代号为 6H，顶径的公差带代号为 5H。若中径公差带代号和顶径公差带代号相同，标注时只写一个，如 5f 表示外螺纹的中径与顶径公差带代号均为 5f。

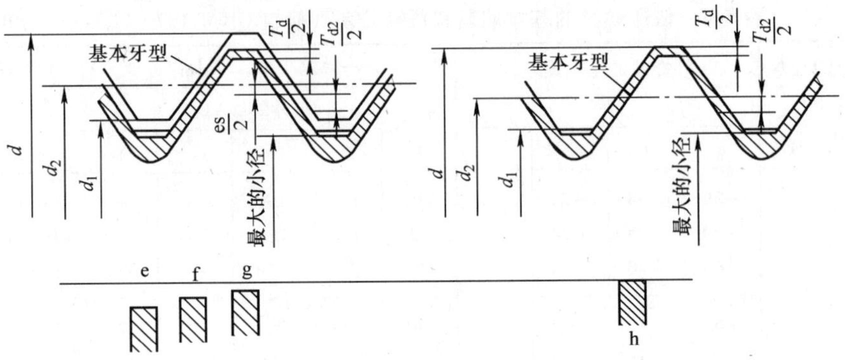

图 5-10 外螺纹公差带的位置

T_d—外螺纹大径公差 T_{d2}—外螺纹中径公差 es—外螺纹中径的基本偏差

二、螺纹公差带与配合的选用

在生产中，为了减少刀具、量具的规格和种类，国家标准中规定了既能满足需要、数量又有限的常用公差带，见表 5-5 和表 5-6。

表 5-5 内螺纹的推荐公差带（摘自 GB/T 197—2003）

公差精度	公差带位置 G			公差带位置 H		
	S	N	L	S	N	L
精密	—	—	—	4H	5H	6H
中等	(5G)	*6G	(7G)	*5H	[*6H]	*7H
粗糙	—	(7G)	(8G)	—	7H	8H

注：1. 大量生产的精制紧固件螺纹，推荐采用带方框的公差带。

2. 带 * 的公差带应优先选用，不带 * 的公差带次之，加括号的公差带尽可能不用。

表 5-6 外螺纹的推荐公差带（摘自 GB/T 197—2003）

公差精度	公差带位置 e			公差带位置 f			公差带位置 g			公差带位置 h		
	S	N	L	S	N	L	S	N	L	S	N	L
精密	—	—	—	—	—	—	—	(4g)	(5g4g)	(3h4h)	*4h	(5h4h)
中等	—	*6e	(7e6e)	—	*6f	—	(5g6g)	[*6g]	(7g6g)	(5h6h)	6h	(7h6h)
粗糙	—	(8e)	(9e8e)	—	—	—	—	8g	(9g8g)	—	—	—

注：1. 大量生产的精制紧固件螺纹，推荐采用带方框的公差带。

2. 带 * 的公差带应优先选用，不带 * 的公差带次之，加括号的公差带尽可能不用。

GB/T 197—2003 根据螺纹的公差带和旋合长度将螺纹的公差等级分为精密级、中等级和粗糙级。精密级用于要求配合性质变动较小的精密螺纹，中等级用于一般用途，粗糙级用于对精度要求不高或制造比较困难的场合。标准还对螺纹联接规定了短、中等和长旋合长度，分别用代号 S、N、L 表示。一般情况下采用中等旋合长度。在同一精度中，对于不同的旋合长度，其中径所采用的公差等级也不同，这是考虑到不同旋合长度对螺距累积误差有不同的影响。

内、外螺纹配合的公差带可任意组合，为了保证足够的接触高度，建议采用H/g、H/h、

G/h 配合。H/h 配合的最小间隙为零，应用最广，对于公称直径不大于 1.4mm 的螺纹，均采用5H/6h、4H/6h 或更精密的配合。H/g 和 G/h 配合具有保证间隙的功能，多用于要求拆卸容易、在高温下工作、需要涂镀保护层或需要改善螺纹疲劳强度等情况。

三、普通螺纹的标记

螺纹标记由螺纹代号、螺纹公差带代号和螺纹旋合长度代号组成。

（1）螺纹代号　粗牙普通螺纹用 M 及公称直径表示，细牙普通螺纹用 M 及公称直径 × 螺距表示。左旋螺纹在螺纹代号后加“LH”，不标注时为右旋螺纹。

（2）螺纹公差带代号　包括中径和顶径代号，如果两者代号相同，可只标一个代号；如果两者代号不同，前者为中径代号，后者为顶径代号（外螺纹指大径，内螺纹指小径）。

（3）螺纹旋合长度代号　采用中等旋合长度时，N 可以不标注。

（4）标记示例

M10 – 5H6H – L

其中　M10——大径为 10mm 的普通右旋粗牙螺纹；
5H——内螺纹中径公差带；
6H——内螺纹顶径（小径）公差带；
L——长旋合长度。

M10 × 1 – 6g – LH

其中　M10 × 1——大径为 10mm、螺距为 1mm 的细牙普通螺纹；
6g——外螺纹中径和顶径（大径）公差带；
LH——左旋螺纹（右旋螺纹不标注）。

（5）装配图配合标记示例

M20 × 2 – 6H/5g6g

其中　M20 × 2——公称直径为 20mm、螺距为 2mm；
6H——内螺纹中径和顶径公差带；
5g6g——外螺纹中径公差带为 5g，顶径公差带为 6g。

【考点分析】

［例 3］　单选题

下列螺纹中属于细牙、小径公差等级为 6 级的有（　　）。

A. M10 × 1 – 6H　　B. M20 – 5g6g　　C. M10 – 5H6H – LS　　D. M30 × 2 – 6h

【解题指导】此题主要考查学生对普通螺纹标记的识读。细牙普通螺纹用 M 及公称直径 × 螺距表示；螺纹公差带代号包括中径和顶径代号。如果两者代号相同，可只标一个代号；如果两者代号不同，前者为中径代号，后者为顶径代号（外螺纹指大径，内螺纹指小径）。

【参考答案】A

［例 4］　填空题

GB/T 197—2003 规定：外螺纹的基本偏差为________偏差，用代号________表示；内螺纹的基本偏差为________偏差，用代号________表示。内螺纹的中径、小径规定采用________、________两种基本偏差；外螺纹的中径、大径规定采用________、________、________、________四种基本偏差。

【解题指导】 此题主要考查学生对 GB/T 197—2003 规定的内、外螺纹基本偏差的掌握情况。

【参考答案】 上极限　es　下极限 EI　G、H　e　f　g　h

【习题练习】

一、判断题

(　　) 1. 普通螺纹的牙型特征代号为“G”。

(　　) 2. 公称直径相同的粗牙普通螺纹的强度高于细牙螺纹。

(　　) 3. M20 ×1.5 代表细牙普通螺纹。

(　　) 4. “M10 –5g6g –S”中的 S 表示公差带代号。

(　　) 5. 螺纹的公差精度由公差带和旋合长度决定。

二、填空题

1. 内、外螺纹的公差带相对于________的位置，由________确定。

2. 螺纹标记由________代号、________代号和________代号组成。

3. 国家标准规定，对内、外螺纹公差带有________、________、________三种精度。

4. 规定螺纹旋合长度有三种。短旋合长度用代号________表示，中等旋合长度用代号________表示，长旋合长度用代号________表示。

三、解释下列螺纹代号

1. M20 –5H；2. M36 ×2 –5g6g –S；3. M30 ×1 –6H/5g6g

【参考答案】

一、判断题

1. ×　　2. √　　3. √　　4. ×　　5. √

二、填空题

1. 基本牙型　基本偏差

2. 螺纹　螺纹公差带　螺纹旋合长度

3. 精密　中等　粗糙

4. S　N　L

三、解释下列螺纹代号

1. 普通内螺纹，公称直径为 20mm，单线粗牙螺纹，中径、顶径公差带代号为 5H，中旋合长度。

2. 普通外螺纹，公称直径为 36mm，单线细牙螺纹，螺距为 2mm，中径公差带代号为 5g，顶径公差带代号为 6g，短旋合长度。

3. 公称直径为 30mm，螺距为 1mm 的普通内、外螺纹配合。内螺纹的中径与顶径公差带代号为 6H；外螺纹的中径公差带代号为 5g，顶径公差带代号为 6g。

第三节　梯形螺纹的公差与配合

【学习要求】

1. 熟悉梯形螺纹的公差与配合知识。

2. 会识读梯形螺纹的标记。

【学习内容】

一、梯形螺纹的牙型和基本尺寸

1. 梯形螺纹的牙型

（1）梯形螺纹的基本牙型　梯形螺纹的基本牙型是由原始三角形截去顶部和底部所形成的顶角为30°的等腰梯形。顶部和底部削平后，牙顶和牙底的宽度均为0.366P。如图5-11所示，P为螺距；D、d为内、外螺纹大径；D_2、d_2为内、外螺纹中径；D_1、d_1为内、外螺纹小径；H为原始三角形高度；H_1为基本牙型高度。

（2）梯形螺纹的最大实体牙型　具有基本牙型的内、外螺纹配合后是没有间隙的。为了保证传动梯形螺纹的灵活性，必须使配合螺纹副在大径和小径间留有一定的间隙。为此，分别在内、外螺纹基本牙型的牙底处留出一个保证间隙a_c，这样就得到了梯形螺纹的设计牙型。如图5-12所示，D_4是设计牙型上内螺纹的大径；外螺纹的小径是d_3。其余各直径的尺寸没有变化，只是在内、外螺纹的牙底和外螺纹的牙顶制有圆弧，其半径分别是R_2、R_1。

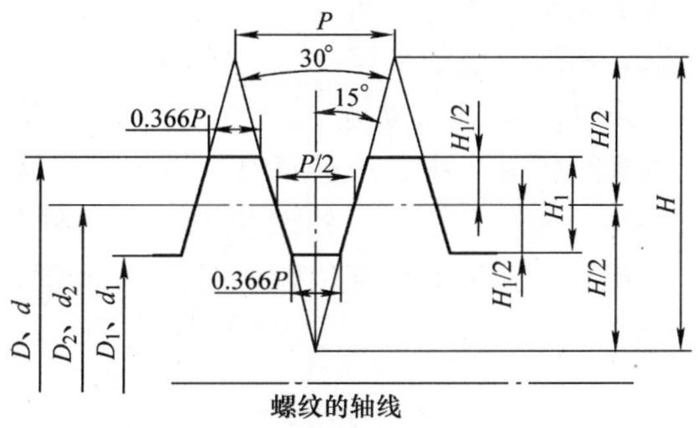

图5-11　梯形螺纹的基本牙型

外螺纹中径的基本偏差不为零，此时实体牙型如图5-13所示。

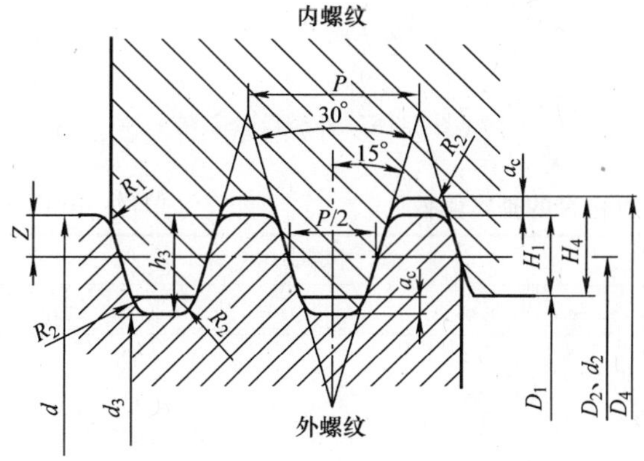

图5-12　梯形螺纹设计牙型

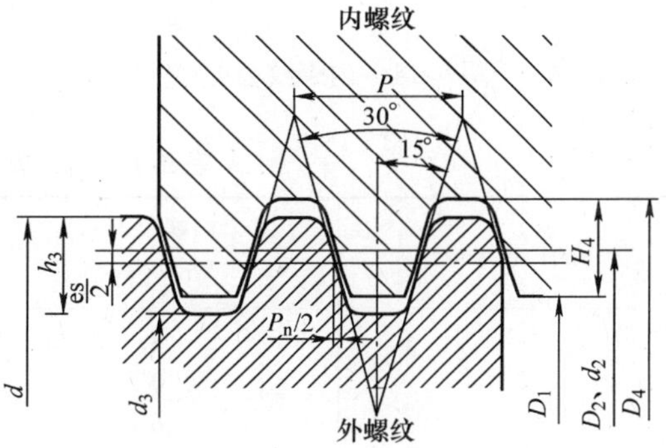

图5-13　外螺纹的基本偏差

2. 梯形螺纹的基本尺寸

螺纹大径：d

螺距：P

牙顶间隙：a_c

基本牙型高度：$H_1 = 0.5P$

外螺纹牙高：$h_3 = H_1 + a_c = 0.5P + a_c$

内螺纹牙高：$h_4 = H_1 + a_c = 0.5P + a_c$

牙顶高：$Z = 0.25P = H_1/2$

外螺纹中径：$d_2 = d - 2Z = d - 0.5P$

内螺纹中径：$D_2 = d - 2Z = d - 0.5P$

外螺纹小径：$d_3 = d - 2h_3$

内螺纹小径：$D_1 = d - 2H_1 = d - P$

内螺纹大径：$D_4 = d + 2a_c$

外螺纹牙顶圆角：$R_{1max} = 0.5a_c$

牙底圆角：$R_{2max} = a_c$

二、梯形螺纹的公差

1. 梯形螺纹的公差带

内螺纹的大、中、小径只有一种公差带位置 H，其基本偏差为零；外螺纹大径和小径也只有一种公差带位置 h。外螺纹中径有两种公差带位置 e 和 c，e 和 c 的基本偏差为负值。内、外螺纹公差带的相互位置如图 5-14 和图 5-15 所示，基本偏差值见表 5-7。

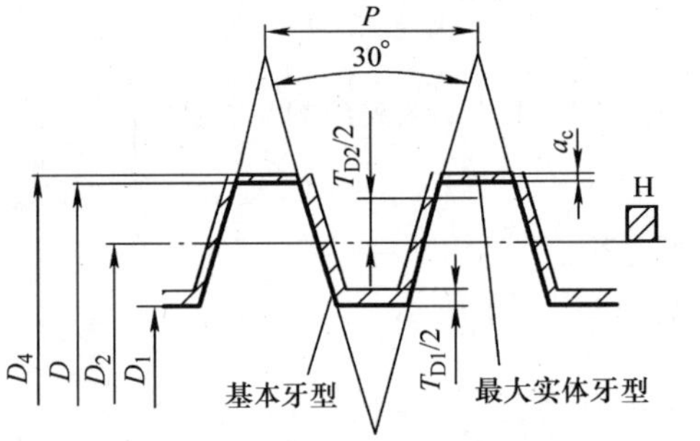

图 5-14　内螺纹公差带

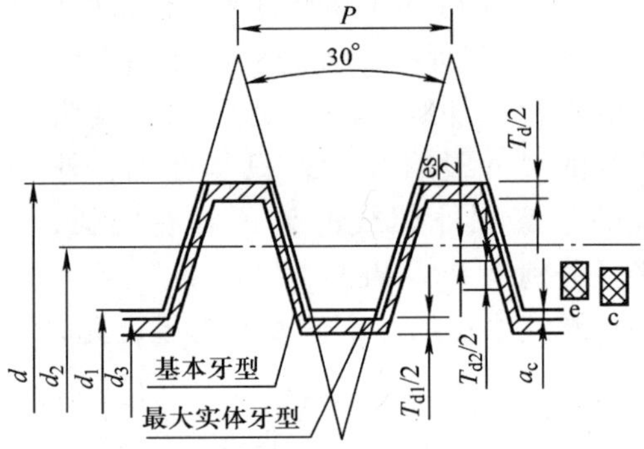

图 5-15　外螺纹公差带

表 5-7　内、外螺纹中径的基本偏差　（单位：μm）

螺距 P/mm	内螺纹 D_2	外螺纹 d_2	
	H（EI）	c（es）	e（es）
1.5	0	-140	-67
2	0	-150	-71
3	0	-170	-85
4	0	-190	-95
5	0	-212	-106
6	0	-236	-118
7	0	-250	-125
8	0	-265	-132
9	0	-280	-140
10	0	-300	-150
12	0	-335	-160
14	0	-355	-180

2. 梯形螺纹的公差等级

顶径公差的作用在于保持内、外螺纹旋合后有足够的接触高度，因此只有一个公差等级。中径公差是内、外螺纹配合的关键，所以设置了较多的等级供设计者选择。为了确保牙顶间隙和螺纹的强度，增设了外螺纹小径公差，小径公差等级永远和中径公差等级相同。国家标准规定梯形螺纹的公差等级见表5-8。

表5-8　梯形螺纹的公差等级

螺纹等级	公差等级
内螺纹小径 D_1	4
外螺纹大径 d	4
内螺纹中径 D_2	7、8、9
外螺纹中径 d_2	7、8、9
外螺纹小径 d_3	7、8、9

梯形螺纹的公差值见表5-9～表5-11。

表5-9　内螺纹小径公差 T_{D1} 和外螺纹大径公差 T_d　　（单位：μm）

螺距 P/mm	内螺纹小径为4级公差	外螺纹大径为4级公差
1.5	190	150
2	236	180
3	315	236
4	375	300
5	450	335
6	500	375
7	560	425
8	630	450
9	670	500
10	710	530
12	800	600
14	900	670

表5-10　内螺纹中径公差 T_{D2} 和外螺纹中径公差 T_{d2}　　（单位：μm）

公称直径 D、d/mm		螺距 P/mm	内螺纹中径公差			外螺纹中径公差		
			公差等级			公差等级		
>	≤		7	8	9	7	8	9
5.6	11.2	1.5	224	280	355	170	212	265
		2	250	315	400	190	236	300
		3	280	355	450	212	265	335

（续）

公称直径 D、d/mm		螺距 P/mm	内螺纹中径公差			外螺纹中径公差		
			公差等级			公差等级		
>	≤		7	8	9	7	8	9
11.2	22.4	2	265	335	425	200	250	315
		3	300	375	475	224	280	355
		4	355	450	560	265	335	425
		5	375	475	600	280	355	450
		8	475	600	750	355	450	560
22.4	45	3	335	425	530	250	315	400
		5	400	500	630	300	375	475
		6	450	560	710	335	425	530
		7	475	600	750	355	450	560
		8	500	630	800	375	475	600
		10	530	670	850	400	500	630
		12	560	710	900	425	530	670
45	90	3	355	450	560	265	335	425
		4	400	500	630	300	375	475
		8	530	670	850	400	500	630
		9	560	710	900	425	530	670
		10	560	710	900	425	530	670
		12	630	800	1000	475	600	750
		14	670	850	1060	500	630	800
		16	710	900	1120	530	670	850
		18	750	950	1180	560	710	900

表 5-11　外螺纹小径公差 T_{d3}　（单位：μm）

公称直径 d/mm		螺距 P/mm	中径公差带位置为 c			中径公差带位置为 e		
			公差等级			公差等级		
>	≤		7	8	9	7	8	9
5.6	11.2	1.5	352	405	471	279	332	398
		2	388	445	525	309	366	446
		3	435	501	589	350	416	504
11.2	22.4	2	400	462	544	321	383	465
		3	450	520	614	365	435	529
		4	521	609	690	426	514	595
		5	562	656	775	456	550	669
		8	709	828	965	576	695	832

（续）

公称直径 d/mm		螺距 P/mm	中径公差带位置为 c			中径公差带位置为 e		
			公差等级			公差等级		
>	≤		7	8	9	7	8	9
22.4	45	3	482	564	670	397	479	585
		5	587	681	806	481	575	700
		6	655	767	899	537	649	781
		7	694	813	950	569	688	825
		8	734	859	1015	601	726	882
		10	800	925	1087	650	775	937
		12	866	998	1223	691	823	1048
45	90	3	501	589	701	416	504	616
		4	565	659	784	470	564	689
		8	765	890	1052	632	757	919
		9	811	943	1118	671	803	978
		10	831	963	1138	681	813	988
		12	929	1085	1273	754	910	1098
		14	970	1142	1355	805	967	1180
		16	1038	1213	1438	853	1028	1253
		18	1100	1288	1525	900	1088	1320

3. 梯形螺纹的旋合长度

在国家标准 GB/T 5796.4—2005 中，根据螺纹的公称直径和螺距的大小，将旋合长度分为 N、L 两组。N 代表中等旋合长度，L 代表长旋合长度。

4. 梯形螺纹的精度等级

国家标准 GB/T 5796.4—2005 对内螺纹小径和外螺纹大径只规定了一种公差带（4H、4h）；标准还规定外螺纹小径的公差带位置为 h，公差等级与中径公差等级相同，所以梯形螺纹仅选择并标记中径公差带，代表梯形螺纹的公差带。

在标准中，将螺纹的精度等级划分为中等和粗糙两种。其选择原则为：中等精度的梯形螺纹适用于一般用途；粗糙精度的梯形螺纹适用于对精度要求不高的场合。

一般情况下应按表 5-12 选用中径公差带。

表 5-12　内、外螺纹公差带的选用

公差精度	内螺纹		外螺纹	
	N	L	N	L
中等	7H	8H	7e	8e
粗糙	8H	9H	8c	9c

三、梯形螺纹的标记

梯形螺纹的标记由梯形螺纹代号、公差带代号和旋合长度代号组成。

（1）梯形螺纹代号　梯形螺纹用 Tr 及公称直径 × 螺距表示。左旋梯形螺纹在螺纹代号后加“LH”，不标注时为右旋螺纹。

（2）梯形螺纹公差带代号　只标注中径公差带，公差带由公差等级的数字及表示公差带位置的字母组成。

（3）旋合长度代号　当旋合长度为 N 组时，不标注旋合长度代号。当旋合长度为 L 组时，应将组别代号 L 写在公差带代号的后面，并用“－”隔开，特殊需要时可用具体旋合长度数值代替组别代号 L。

（4）梯形螺纹副的公差带要分别注出内、外螺纹的公差带代号。Tr24×5－7H/7e，7H 是内螺纹公差带代号，7e 是外螺纹公差带代号，中间用斜线分开。

（5）标记示例

Tr40×7LH－7e

其中　Tr40×7——大径为 40mm、螺距为 7mm 的梯形螺纹；

LH——左旋螺纹（右旋螺纹不标注）；

7e——外螺纹中径公差带；

N（省略标注）——中等旋合长度。

【考点分析】

［**例 5**］　单选题

梯形螺纹的代号为（　　）。

A. M　　B. T　　C. Tr　　D. G

【解题指导】此题主要考查学生对梯形螺纹代号的掌握情况。

【参考答案】C

［**例 6**］　简答题

解释 Tr40×14(P7)－7H/7e 的含义。

【解题指导】此题主要考查学生对梯形螺纹标记的识读。

【参考答案】Tr40：直径为 40mm 的梯形螺纹；14（P7）：导程为 14mm，螺距为 7mm；7H/7e：内、外螺纹的公差带代号分别为 7H 和 7e。

【习题练习】

一、判断题

（　　）1. 梯形内螺纹的大、中、小径只有一种公差带位置 H，其基本偏差为零。

（　　）2. 梯形螺纹的牙型角一般为 55°。

（　　）3. 梯形螺纹的旋合长度根据螺纹的公称直径和螺距的大小，分为 N、L 两组。

（　　）4. Tr40×7－7H 标记中 7H 表示内螺纹的顶径公差带代号。

（　　）5. 中等精度的梯形螺纹适用于一般用途。

二、填空题

1. 梯形螺纹外螺纹大径和小径只有一种公差带位置________。外螺纹中径有两种公差带位置________和________，它们的基本偏差为________。

2. 在标准中，将梯形螺纹的精度等级划分为________和________两种。

3. 梯形螺纹标记由________代号、________代号和________代号组成。

三、解释下列螺纹代号

1）Tr40×6－7H　　2）Tr50×16（P8）LH－7e－L；　　3）Tr24×5－7H/7e

【参考答案】

一、判断题

1. √　　2. ×　　3. √　　4. ×　　5. √

二、填空题

1. h　e　c　　负值

2. 中等　　粗糙

3. 梯形螺纹　　公差带　　旋合长度

三、解释下列螺纹代号

1）Tr40×6－7H：梯形螺纹，直径为40mm，螺距为6mm，内螺纹的中径公差带代号为7H。

2）Tr50×16（P8）LH－7e－L：梯形螺纹，直径为50mm，导程为16mm，螺距为8mm，左旋，外螺纹的中径公差带代号为7e，旋合长度为L组。

3）Tr24×5－7H/7e：梯形螺纹副，直径为24mm，螺距为5mm，内、外螺纹的中径公差带代号分别为7H和7e。

第四节　螺纹的检测

【学习要求】

1. 了解螺纹检测方法的种类。
2. 掌握螺纹检测的基本方法。

【学习内容】

螺纹的检测方法分为综合检验和单项检验两类。

一、综合检验

普通螺纹的综合检验是指用量规对影响螺纹互换性的几何参数偏差的综合结果进行检验。在实际生产中，主要用螺纹极限量规（图5-16）检验螺纹零件的极限尺寸，以保证螺纹的互换性。螺纹综合检验只能评定内、外螺纹的合格性，不能测出螺纹实际参数的具体数值，但检验效率高，适用于批量生产中等精度的螺纹。

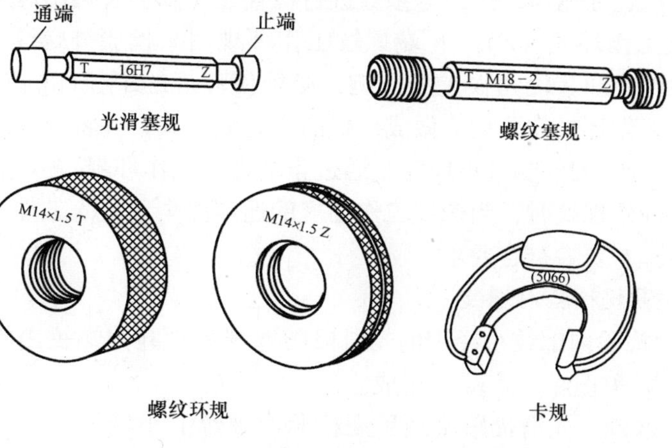

图5-16　螺纹极限量规与光滑极限量规

光滑极限量规与螺纹极限量规一样，分为工作量规、验收量规和校正量规三种。

螺纹工作量规有两种：按螺纹的最大实体牙型做成的通端螺纹量规，检验螺纹的可旋合性；按螺纹中径的最小实体尺寸做成的止端螺纹量规，控制螺纹的联接可靠性。

1. 用螺纹工作量规检验外螺纹

车间生产中，检验螺纹所用的量规称为螺纹工作量规。图 5-17 所示是检验外螺纹大径用的光滑极限卡规和检验外螺纹用的螺纹工作环规，它们都由通规（通端）和止规（止端）组成。

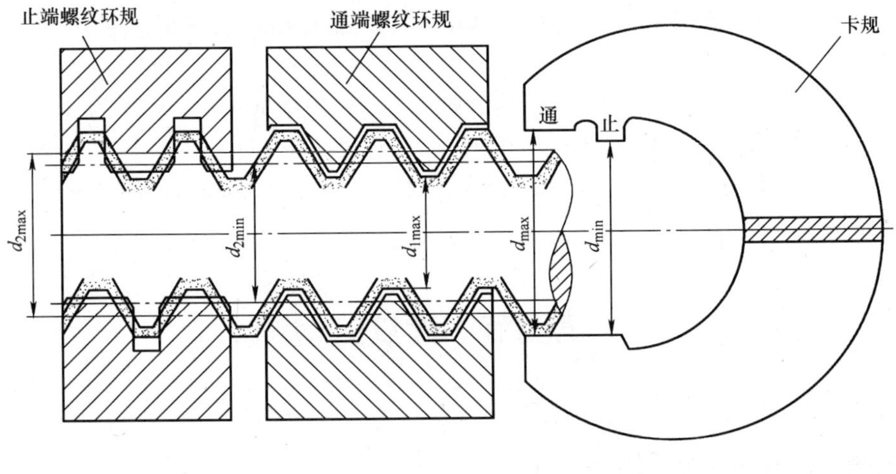

图 5-17　用卡规和环规检验外螺纹

（1）光滑极限卡规　光滑极限卡规用来检验外螺纹的大径尺寸。通端应通过被检外螺纹的大径，这样可以保证外螺纹的大径不大于其上极限尺寸；止端不应通过被检外螺纹的大径，以保证外螺纹的大径不小于其下极限尺寸。

（2）通端螺纹工作环规（T）　通端螺纹工作环规应有完整的牙型，其长度等于被检螺纹的旋合长度。合格的外螺纹都应被通端螺纹工作环规顺利地旋入，这样就保证了外螺纹的可旋合性，还保证了外螺纹小径不大于它的上极限尺寸。如果通规难以旋入，应对该螺纹的各部分直径、牙型角、牙侧角、螺距等参数进行检查，经修正后再用通规检验。

（3）止端螺纹工作环规（Z）　止端螺纹工作环规用来检验外螺纹单一中径一个参数。为了尽量减小螺距误差和牙侧角误差的影响，必须使环规的中径部位与被检验的外螺纹接触，因此止端螺纹工作环规的牙型应做成截短的不完整形式，并将止端螺纹工作环规的长度限制在 2 ~ 3.5 牙。合格的外螺纹不应完全通过止端螺纹工作环规，但允许旋合一部分。

综上所述，检验外螺纹时，当螺纹工作环规的通端能全部旋入工件，而止端不能全部旋入时，说明螺纹各基本要素符合要求。

2. 用螺纹工作量规检验内螺纹

图 5-18 所示为检验内螺纹小径用的光滑极限塞规和检验内螺纹用的螺纹工作塞规，它们都由通规（通端）和止规（止端）组成。

（1）光滑极限塞规　光滑极限塞规用来检验内螺纹的小径尺寸。通端光滑极限塞规应通过被检内螺纹的小径，而止端光滑极限塞规不应通过被检内螺纹的小径，这样就能保证内螺纹的小径不小于它的下极限尺寸，同时不大于它的上极限尺寸。

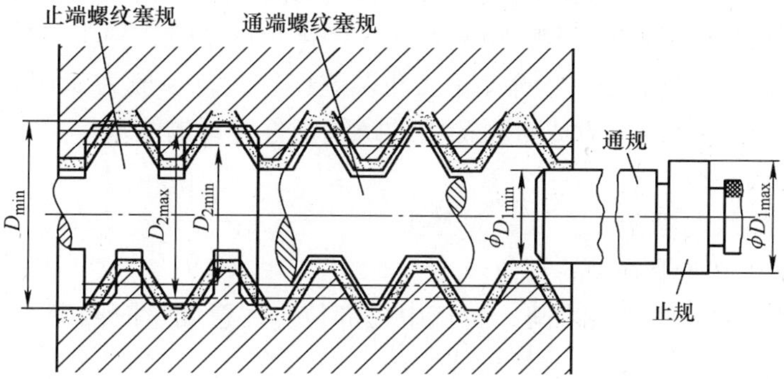

图 5-18　用塞规检验内螺纹

（2）通端螺纹工作塞规（T）　通端螺纹工作塞规有完整的牙型，其长度等于被检螺纹的旋合长度。合格的内螺纹应被通端螺纹工作塞规顺利地旋入，这样就保证了内螺纹的可旋合性，同时也保证了内螺纹大径不小于其下极限尺寸。同检验外螺纹一样，如果通规难以旋入，应对该螺纹的各部分直径、牙型角、牙侧角和螺距等参数进行检测，经修正后再用通规检验。

（3）止端螺纹工作塞规（Z）　止端螺纹工作塞规用来检验内螺纹单一中径一个参数。为了尽量减小螺距误差和牙侧角误差的影响，止端螺纹工作塞规的牙型应做成截短的不完整形式，并将工作部分的长度限制在 2～3.5 牙。合格的内螺纹不应完全通过止端螺纹工作塞规，但允许旋合一部分。

同样地，内螺纹合格的条件是螺纹工作塞规的通端能全部旋入工件，而止端不能全部旋入。

二、单项检验

单项检验是指对被测螺纹的各项几何参数分别进行测量。常用的单项检验方法有三种。

1. 用螺纹千分尺测量外螺纹中径

螺纹千分尺是在生产车间中，测量低精度外螺纹中径的常用量具。其构造与普通的外径千分尺相似，只是在两测砧上分别安装了可更换的锥形测头和 V 形测头，如图 5-19 所示。螺纹千分尺有一套不同规格的测头，以测量不同螺距的外螺纹。螺纹千分尺适用于低精度要求的螺纹工件的测量。

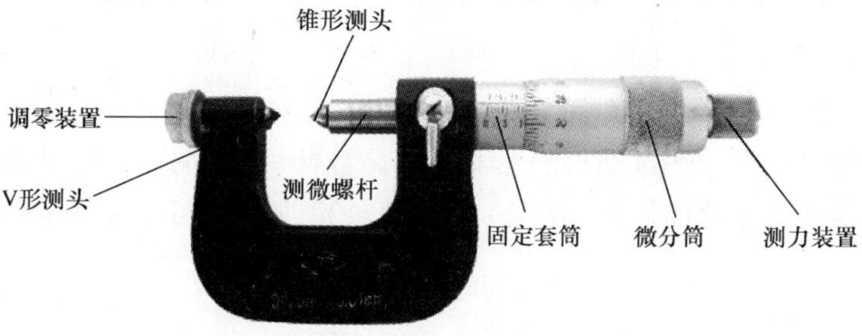

图 5-19　螺纹千分尺

用螺纹千分尺测量外螺纹中径时，测得数值是螺纹中径的实际尺寸，不包括螺距误差和牙型半角误差在中径上的当量值。但是螺纹千分尺的测头是根据螺纹牙型角和螺距的标准尺寸制造的，当被测量的外螺纹存在螺距误差和牙型半角误差时，测头与被测量的外螺纹不能很好地吻合，所以测出的螺纹中径的实际尺寸误差比较大，一般为0.05～0.20mm，因此螺纹千分尺只能用于工序间的测量或对粗糙级的螺纹工件进行的测量。

测量方法如下：

1）根据被测螺纹的螺距，选取一对测头。

2）装上测头并校准千分尺的零位。

3）将被测螺纹放入两测头之间，找正中径部位。注意测量时两测头卡入螺纹牙槽中的位置要正确，如图5-20所示。

4）分别在同一截面相互垂直的两个方向上测量中径，取它们的平均值作为螺纹的实际中径。

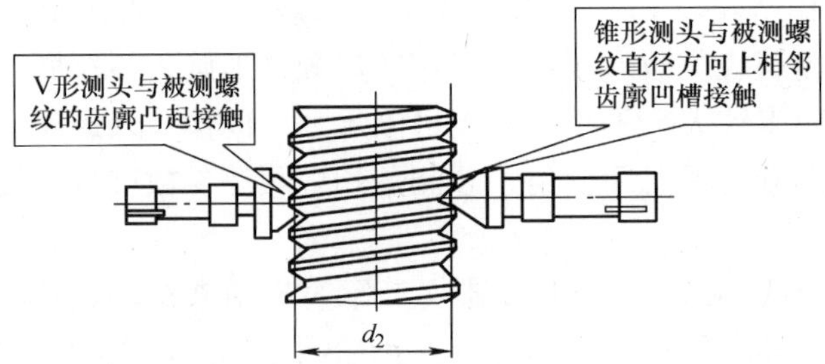

图5-20　测头位置示意图

2. 用三针法测量外螺纹的单一中径

用三针法测量外螺纹的单一中径属于间接测量法。如图5-21所示，将三根直径相同的精密圆柱量针分别放入被测螺纹直径方向的两边沟槽中，与沟槽的两侧面接触，然后用指示式量仪测量这三根量针外侧素线之间的距离 M。根据测得的 M 值、被测螺纹的螺距 P、牙型半角 $\alpha/2$ 和量针直径 d_0 计算出被测螺纹的单一中径 d_{2s}，即

$$d_{2s} = M - d_0\left(1 + \frac{1}{\sin\frac{\alpha}{2}}\right) + \frac{P}{2}\cot\frac{\alpha}{2}$$

对于普通螺纹，$\alpha = 60°$，则

$$d_{2s} = M - 3d_0 + 0.866P$$

对于梯形螺纹，$\alpha = 30°$，则

$$d_{2s} = M - 4.8637d_0 - 1.866P$$

为了避免牙侧角偏差对测量结果的影响，应使量针与被测螺纹沟槽两侧面的两个接触点之间的轴向距离等于螺距值的一半（$P/2$），如图5-22所示，可得最佳量针直径 $d_{0(最佳)}$ 的计算公式为

$$d_{0(最佳)} = \frac{P}{2\cos\frac{\alpha}{2}}$$

当 $\alpha=60°$ 时　$d_0=0.577P$

当 $\alpha=30°$ 时　$d_0=0.518P$

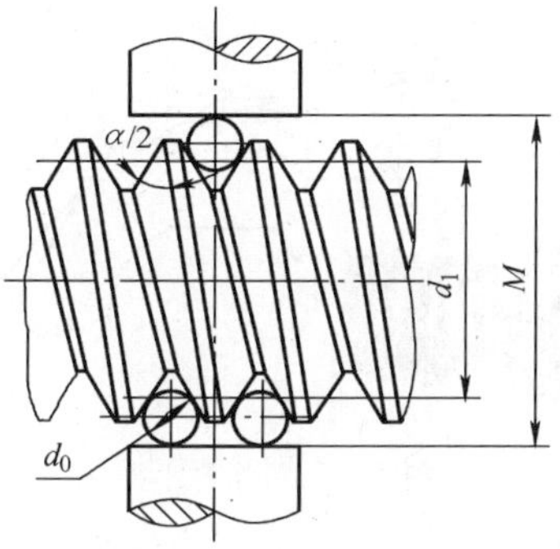

图 5-21　三针测量法

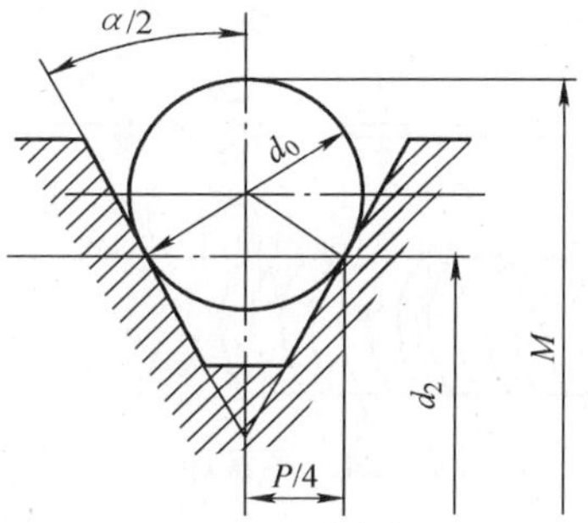

图 5-22　最佳量针直径

在用三针法测量外螺纹的单一中径时，应尽量选用最佳直径的量针。

测量方法如下：

1）根据被测螺纹的螺距，计算并选择最佳量针直径。

2）擦净被测螺纹，并将其夹持在支架上。

3）擦净公法线千分尺，并调整零位。

4）将量针分别放入螺纹沟槽内，旋转公法线千分尺的微分筒，使两测头与量针接触，然后读出 M 值，如图 5-23 所示。

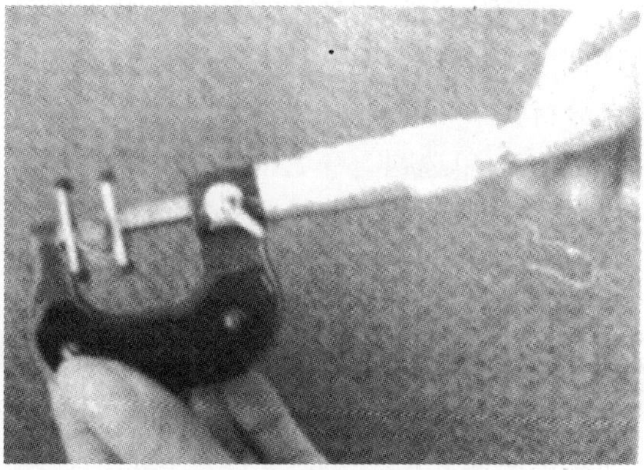

图 5-23　用三针法测量中径

5）在同一截面相互垂直的两个方向上分别测出 M 值，并将其平均值代入公式，计算出螺纹中径。

6）判断被测螺纹中径的合格性。

3. 用螺纹样板检验螺纹

螺纹样板是一种带有不同螺距的基本牙型的薄片，主要用比较法检验螺纹的牙型角和螺距等，经修正后再用螺纹量规检验。

测量螺距的方法如下：

1）用钢直尺沿着外螺纹轴线的方向量出五个牙的螺距总长。

2）读出钢直尺上五个螺距的长度 L。

3）计算出外螺纹的螺距：$P=L/5$，如图 5-24 所示。

测量时注意：测量螺纹螺距时，将螺纹样板组中齿形钢片作为样板，卡在被测工件螺纹上，如果不密合，就另换一片，直到密合为止，这时该螺纹样板上标记的尺寸即为被测螺纹工件的螺距。但是，需注意当把螺纹样板卡在螺纹牙廓上时，应尽可能利用螺纹工作部分长度，使测量结果较为正确。

测量牙型角：把螺纹样板沿着工件轴线的方向嵌入螺旋槽中，用光隙法检测外螺纹的牙型角，如图 5-25 所示。

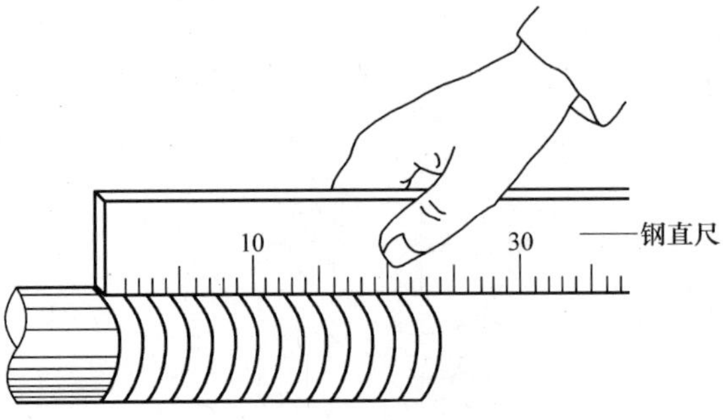

图 5-24　测螺距

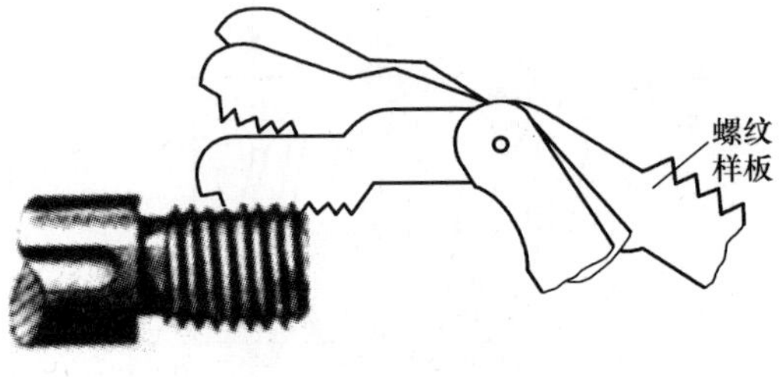

图 5-25　测量牙型角

测量时注意：测量牙型角时，把螺距与被测工件螺纹螺距相同的螺纹样板放在被测螺纹上面，然后检查它们的接触情况。如果没有间隙透光，被测螺纹的牙型角是正确的。如果有不均匀间隙透光，说明被测螺纹的牙型不准确。但是，这种测量方法是很粗略的，只能判断牙型角误差的大概情况，不能确定牙型角误差的数值。

【考点分析】

［**例 7**］　单选题

用三针法判断外螺纹中径是否合格，下列参数中需要进行计算的是（　　）。

A. 螺距　　B. 螺纹的单一中径　　C. 量针外素线的跨距　　D. 量针直径

【解题指导】 此题主要考查用三针法测量外螺纹单一中径的方法。先用指示式量仪测量三根量针外侧素线之间的跨距 M，然后根据测得的 M 值、被测螺纹的螺距 P、牙型半角 $\alpha/2$ 和量针直径 d_0，计算出被测螺纹的单一中径。

【参考答案】 B

［**例 8**］　填空题

螺纹工作量规中，检验外螺纹的量规称为________，检验内螺纹的量规称为________，它们都由________和________组成。

【解题指导】 此题主要考查综合检验法检测螺纹时所用螺纹工作量规的名称。

【参考答案】 环规　塞规　通规　止规

［**例 9**］　简答题

螺纹的检测方法分哪两大类？各有什么特点？

【解题指导】 此题主要考查对螺纹两大检测方法的掌握情况。

【参考答案】 螺纹的检测分为综合检测和单项检测两大类。

综合检测的特点是：通常利用螺纹量规和光滑极限量规进行综合检测。其中，光滑极限量规用于检验内、外螺纹顶径尺寸的合格性；螺纹量规的通规用于检验内、外螺纹作用中径及底径的合格性；螺纹量规的止规用于检验内、外螺纹单一中径的合格性。

单项检测的特点是：用于螺纹的工艺分析或螺纹量规及螺纹刀具的质量检查。所谓单项测量，即分别测量螺纹的每个参数，主要是中径、螺距和牙型半角三个参数。三者都可以在工具显微镜下测量，还可以利用量针测量螺纹中径，用钢直尺测量外螺纹的螺距，用螺纹样板测量外螺纹的牙型角。

［例 10］　能力题

用三针法测量 M24×2 的普通螺纹，求量针的最佳直径和千分尺的读数值 M。

【解题指导】此题主要考查三角形螺纹检测中，螺纹中径、量针的最佳直径及三根量针外侧素线之间的距离 M 的计算方法。

【参考答案】先求出螺纹中径和量针最佳直径：

$$d_2 = d - 0.6495P = (24 - 0.6495 \times 2)\text{mm} = 22.701\text{mm}$$

$$d_0 = 0.577P = 0.577 \times 2\text{mm} = 1.154\text{mm}$$

将 d_2、d_0 代入公式，得

$$\begin{aligned} M &= d_2 + 3d_0 - 0.866P \\ &= (22.701 + 3 \times 1.154 - 0.866 \times 2)\text{mm} \\ &= (22.701 + 3.462 - 1.732)\text{mm} \\ &= 24.431\text{mm} \end{aligned}$$

【习题练习】

一、判断题

(　　) 1. 极限光滑量规用来检验外螺纹的小径尺寸。

(　　) 2. 用三针法测量外螺纹的单一中径属于间接测量法。

(　　) 3. 螺纹综合检验只能评定内、外螺纹的合格性，不能测出螺纹实际参数的具体数值。

(　　) 4. 用螺纹通止规检测螺纹时，如果通止规都能顺利通过螺纹，说明被测螺纹合格。

(　　) 5. 螺纹千分尺适用于工序间或粗糙级的螺纹工件的测量。

二、填空题

1. 极限光滑量规中，检验孔的量规称为________，检验轴的量规称为________。

2. 螺纹工作量规按螺纹的________做成的通端螺纹量规，检验螺纹的________；按螺纹中径的________做成的止端螺纹量规，控制螺纹的________。

3. 螺纹样板是一种带有不同________的基本牙型的薄片，主要用比较法检验螺纹的________和________等。

4. 螺纹千分尺有一套不同规格的________，以测量不同________的外螺纹。螺纹千分尺适用于________要求的螺纹工件的测量。

三、简答题

1. 简述螺纹工作量规的特点与使用方法。

2. 简述梯形螺纹常用的测量方法。

四、能力题

1. 用三针法测量 Tr40×10 的丝杠，已知中径的公称尺寸和极限偏差为$35^{-0.15}_{-0.55}$mm，若用最佳量针直径，求千分尺的读数范围。

2. 加工小批量 M18×0.75－6g 精密外螺纹，请选择测量方法、测量工具，并写出测量步骤。

【参考答案】

一、判断题

1. ×　　2. √　　3. √　　4. ×　　5. √

二、填空题

1. 塞规　环规或卡规
2. 最大实体牙型　可旋合性　最小实体尺寸　联接可靠性
3. 螺距　牙型角　螺距
4. 测头　螺距　低精度

三、简答题

1. **答**：螺纹工作量规分为螺纹环规和螺纹塞规，螺纹环规用于测量外螺纹尺寸的正确性，螺纹塞规用于测量内螺纹尺寸的正确性，它们都由通规（T）和止规（Z）组成。

使用方法：首先清理干净被测螺纹的油污及杂质，然后在量规与被测螺纹对正后，用大拇指与食指转动量规，通规能全部旋入工件，而止规旋入螺纹长度在两个螺距之内为合格，否则判为不合格。使用时应注意，被测螺纹公差等级及偏差代号与量规标识的公差等级、偏差代号应相同。

2. **答**：梯形螺纹常用的测量方法为三针测量法。首先根据被测螺纹的螺距，计算并选择最佳量针直径；擦净被测螺纹，并将其夹持在支架上；擦净公法线千分尺，并调整零位；将量针分别放入螺纹沟槽内，旋转公法线千分尺的微分筒，使两测头与量针接触，然后读出 M 值；在同一截面相互垂直的两个方向上分别测出 M 值，并将其平均值代入公式计算出螺纹中径；最后判断被测螺纹中径的合格性。

四、能力题

1. **解**：先求出量针最佳直径，即

$$d_0 = 0.518P = 0.518 \times 10\text{mm} = 5.18\text{mm}$$

将 d_2、d_0 代入公式，即

$$\begin{aligned} M &= d_2 + 4.864d_0 - 1.866P \\ &= (35 + 4.864 \times 5.18 - 1.866 \times 10)\text{mm} \\ &= (35 + 25.196 - 18.66)\text{mm} \\ &= 41.536\text{mm} \end{aligned}$$

根据规定的极限偏差，千分尺读数值 M 在 40.986 ~ 41.386mm 范围内，中径才算合格。

2. **答**：1）检测方法：三针测量法。

2）测量工具：0 ~ 25mm 公法线千分尺，三根 ϕ0.433mm 量针。

3）测量步骤如下：

① 擦净被测螺纹，并将其夹持在支架上。

② 擦净公法线千分尺，并调整零位。

③ 将量针分别放入螺纹沟槽内，旋转公法线千分尺的微分筒，使两测头与量针接触，然后读出 M 值。

④ 在同一截面相互垂直的两个方向上分别测出 M 值，并将其平均值代入公式计算出螺纹中径，判断螺纹是否合格。

⑤ 测量结束，将量具擦净并放入盒内保管。

参考文献

[1] 梅荣娣．公差配合与技术测量［M］．南京：江苏教育出版社，2009.
[2] 王增春，王倩．公差配合与技术测量［M］．北京：机械工业出版社，2010.
[3] 甘永立．几何量公差与检测［M］．上海：上海科学技术出版社，2010.
[4] 徐茂功．公差配合与技术测量［M］．北京：机械工业出版社，2011.
[5] 张兆隆，张晓芳．极限配合与测量技术［M］．北京：北京理工大学出版社，2012.
[6] 何兆凤．公差与配合［M］．北京：机械工业出版社，2008.
[7] 孙开元，于战果．公差与配合速查手册［M］．北京：化学工业出版社，2012.
[8] 晏初宏．几何量公差配合与技术测量［M］．上海：上海科学技术出版社，2011.
[9] 浙江省教育厅职成教教研室．零件测量与质量控制技术［M］．北京：高等教育出版社，2010.
[10] 人力资源和社会保障部教材办公室．极限配合与技术测量［M］．北京：中国劳动社会保障出版社，2011.
[11] 赵贤民．机械测量技术［M］．北京：机械工业出版社，2011.